纺织服装高等教育“十三五”部委级规划教材

染色打样技术

RANSE DAYANG JISHU

（2版）

钱建栋 主编

東華大學出版社
·上海·

内容简介

本书为纺织服装染整专业教材，专门为染整专业学生掌握染色打样技能而编写，主要内容包括染料及其选用、常用助剂及其选择、染色打样常用仪器和设备、来样分析、染色打样基础知识、常用染色打样工艺、对色与调色、计算机测配色等，系统介绍样卡的制作和打样的工作过程，涵盖多种纤维和多种染料的染色打样方法，内容全面，既方便教学，也方便学生实践技能的培养。本书深入浅出地介绍染色打样所需的理论知识，重点突出染色打样的实践过程，具有很强的实用性和可操作性。

本书是职业教育教材，可作为高等纺织院校、职业技术学院染整技术专业染色打样等课程的教学用书，也可供纺织服装印染行业、企业的工程技术人员和管理人员学习参考。

图书在版编目(CIP)数据

染色打样技术 / 钱建栋主编. —2 版. —上海：

东华大学出版社，2019.6

ISBN 978-7-5669-1585-6

Ⅰ. ①染… Ⅱ. ①钱… Ⅲ. ①染色(纺织品)—打样—

教材 Ⅳ. ①TS193

中国版本图书馆 CIP 数据核字(2019)第 101218 号

责任编辑：张　静

封面设计：魏依东

出　　版：东华大学出版社(上海市延安西路 1882 号，200051)

本 社 网 址：http://dhupress.dhu.edu.cn

天猫旗舰店：http://dhdx.tmall.com

营 销 中 心：021-62193056　62373056　62379558

印　　刷：句容市排印厂

开　　本：787 mm×1092 mm　1/16

印　　张：11.75

字　　数：294 千字

版　　次：2019 年 6 月第 2 版

印　　次：2022 年 8 月第 2 次印刷

书　　号：ISBN 978-7-5669-1585-6

定　　价：43.00 元

前 言

对于染整加工而言，染色打样是染整企业中技术含量高、动手能力较强、与最终产品的质量密切相关的一个工作岗位。染色打样技术作为培养染整技术专业的学生的职业核心技能的实践性教学环节，在提高学生实践技能和专业能力方面起着非常重要的作用。

"染色打样技术"课程是纺织服装类高职院校染整技术专业的主干课程，与"染整前处理工艺""染色工艺""印花工艺""整理工艺"共同构成专业核心课程。本教材包括染料及其选用、常用助剂及其选择、染色打样常用仪器和设备、来样分析、染色打样基础知识、常用染色打样工艺、对色与调色、计算机测配色等内容，同时突出介绍单色样卡的制作、三色样卡宝塔图的制作、配色(仿色)打样、计算机测配色等环节。

本教材获江苏省精品教材建设立项，编写时根据染整技术专业的职业能力和就业岗位需求，结合染整企业生产现场和生产实际，按工作任务、工作过程设计教学内容，并参照项目化教学的要求，由浅到深，循序渐进，先基础再综合。特别是计算机测配色新技术的引入，大大加强了染色打样的科技含量，提高了染色打样速度，减少了工人强度，节省了成本，实现了染色打样环节"节能减排"，实现了企业生产的信息化管理，实现了纺织生产由劳动密集型向技术生产型的转变。

本书由苏州经贸职业技术学院钱建栋老师担任主编，在编写过程中参考了许多专家和学者的专著，并得到了多方的支持和指导，也得到了兄弟院校、企业专家和领导的关心和支持。在此一并表示衷心的感谢。

由于编者水平有限，书中存在的不足之处敬请广大读者批评指正。读者反馈意见和建议可发送至电子邮箱:1017341511@126.com。在此表示衷心的感谢。

编 者

目 录

第一章　染料及其选用

第一节　常用纤维染色用染料

不同的纤维材料需要的染料往往是不同的，下面主要对几类常用纤维染色用染料做介绍：

一、活性染料

活性染料也称反应性染料，染料分子结构中包含母体结构和活性基团两个部分，是一类发展速度快、应用越来越广泛的新型染料。

活性染料的母体结构比较简单，含有磺酸基等水溶性基团，影响染料的颜色及其鲜艳度、日晒牢度等，赋予染料水溶性和直接性；染料中的活性基团则赋予染料与纤维间的反应性，是区别于其他染料的特征基团，在适当条件下，能与纤维上的某些基团（如—OH、—NH_2、—COOH等）发生反应，染料-纤维间形成共价键结合，使染料分子成为纤维大分子上的一部分，所以活性染料的染色牢度（如耐洗牢度、摩擦牢度等）较高。

活性染料色谱齐全，色泽鲜艳，扩散性和匀染性好，价格低廉，而且应用比较方便，虽然部分活性染料的耐氯牢度较差，有的染料的固色率不高，部分染料的贮存稳定性略差，但随着对染料结构的不断调整和开发，以及对染色工艺的进一步完善，活性染料在实际生产中广泛用于纤维素纤维和蛋白质纤维等的染色和印花，在印染工业中具有重要地位。

根据活性基团的不同，活性染料可分为单活性基团和双活性基团活性染料。单活性基团染料又可分为二氯均三嗪型、一氯均三嗪型和乙烯砜型活性染料；双活性基团染料又可分为一氯均三嗪基与β-乙烯砜硫酸酯基混合型、双一氯均三嗪型活性染料。

活性染料中的活性基团不同，其染色性能各不相同，染色时对温度和碱剂的要求也不同。

(一) 二氯均三嗪型活性染料

此类染料又称低温型、冷固型或普通型活性染料，主要特性为：染料结构中含有两个活泼氯原子，染料反应性较高，而染料贮存稳定性和染液稳定性较差，尤其是在湿热条件下，极易发生水解而失去活性，导致染料固色率下降，利用率降低；染料分子结构小，扩散速率较高，匀染性好，但直接性较低，染料上染百分率低。如国产的X型活性染料即属此类。

因此，采用此类染料染色时，上染和固色温度宜控制在20～30 ℃（或室温），在染料上染阶段需根据染料用量加入一定量的促染盐（30～60 g/L），以提高染料的利用率。另外，在实际操作中应注意：染料溶解时间要控制在1 h之内，不能提前化料；最好采用小浴比染色，以便控制

和降低染料的水解，提高染料的上染百分率。

（二）一氯均三嗪型活性染料

此类染料又称高温型、热固型活性染料，主要特性为：染料结构中含有一个活泼氯原子，染料反应性低于二氯均三嗪型活性染料，需要在较高的温度（85 ℃以上）和较强的碱剂（如 Na_2CO_3 或 Na_3PO_4）作用下，才能与纤维发生共价键结合。此类染料的贮存稳定性和染液稳定性较好。如国产的 K 型活性染料即属此类。

（三）乙烯砜型活性染料

此类染料又称中温型活性染料，主要特性为：染料结构中含有的活性基为乙烯砜基，由于乙烯砜基不稳定，所以商品一般制成比较稳定的 β-硫酸酯乙基砜，染色时脱去硫酸酯基而形成乙烯砜基，然后与纤维反应，染料反应性能介于 X 型和 K 型之间，染料的贮存稳定性好，但染料-纤维键的耐碱性较差，生产时容易产生风印。此类染料宜采用 40～60 ℃上染、60～70 ℃固色。如国产的 KN 型活性染料即属此类。

（四）一氯均三嗪基与 β-乙烯砜硫酸酯基混合型

此类染料属异双活性基活性染料，两活性基之间具有协同效应，同时具备两种活性基的优点，其反应性比 K 型活性染料高，具有较高的固色率和色牢度，适用范围较广。此类染料宜采用 40～70 ℃上染、60～95 ℃固色。如国产的 M 型、B 型、ME 型等均属此类。属中温型活性染料。

（五）双一氯均三嗪型活性染料

此类染料属同双活性基活性染料，两活性基之间不具有协同效应，其反应性和染料-纤维键的稳定性均与 K 型活性染料相似，具有较高的固色率，工艺条件也与 K 型活性染料相似。如国产的 KD 型、KE 型、KP 型等均属此类。属高温型活性染料。

常用活性染料品种及其三原色见表 1-1-1。

表 1-1-1　常用活性染料品种及其三原色

<table>
<tr><th rowspan="2">类　型</th><th rowspan="2">使用温度</th><th colspan="3">三　原　色</th><th rowspan="2">生产厂家</th></tr>
<tr><th>浅　色</th><th>中　色</th><th>深　色</th></tr>
<tr><td>EF 型</td><td>中温型</td><td>活性金黄 EF-R
活性艳红 EF-5B
活性艳蓝 EF-GR</td><td>活性金黄 EF-R
活性艳红 EF-6B
活性深蓝 EF-2G</td><td>活性金黄 EF-2R
活性艳红 EF-8B
活性深蓝 EF-2G</td><td>上海染化八厂</td></tr>
<tr><td>FN 型</td><td>中温型</td><td colspan="3">活性黄 FN-2R、活性红 FN-R、活性蓝 FN-R</td><td>Cibacron 公司</td></tr>
<tr><td>X 型</td><td>低温型</td><td colspan="3">活性黄 X-4RN、活性红 X-6BN、活性蓝 X-GN</td><td>Clariant 公司</td></tr>
<tr><td>KE 型</td><td>高温型</td><td colspan="3">活性黄 KE-4R、活性红 KE-3B、活性蓝 KE-R</td><td>广东伟华化工</td></tr>
<tr><td>B 型</td><td>中温型</td><td colspan="3">活性黄 B-4RFN、活性红 B-2BF、活性蓝 B-2GLN</td><td>Megafix 公司</td></tr>
</table>

另外，在实际生产中采用活性染料进行染色时，还需根据具体情况选择合适的助剂来保证染色产品质量。如：

1. 匀染渗透剂的选用

虽然活性染料的匀染性较好，但有时为了增加匀染的安全系数，特别在加工一些紧密厚实的产品时，还需加入匀染渗透剂，以提高染液的渗透性能和扩散性能，使染料离子更容易从纤维表面向纤维内部扩散，避免染料分子过多地聚集在纤维表面而形成浮色，从而提高染料的上

染百分率和染色牢度。

2. 中性电解质、固色用碱剂的选用

中性电解质在染料的上染过程中能起到很好的促染作用，有效地提高染料的利用率，最常采用的主要是元明粉或食盐。选用时，要求中性电解质不能含有 Ca^{2+} 和 Mg^{2+}，因为活性染料固色用碱剂主要为纯碱、磷酸三钠等，若染液中含有 Ca^{2+} 和 Mg^{2+}，则易产生沉淀物，且沾附于被染物上，从而造成质量问题。另外，活性染料固色用碱剂也需要合乎纯净的质量要求。

3. 皂洗剂的选用

皂洗剂的主要作用是去除浮色。选择效果好的皂洗剂(如中性螯合分散皂洗剂 1546)，能有效地增加与未固着染料的亲和力并形成胶束，从而能有效地降低未固着染料与被染物之间的亲和力，提高未固着染料与水的接触概率，使未固着染料胶束能够比较稳定地分散在皂洗液中。值得注意的是，采用活性染料染色后皂洗时，切勿选用碱性的皂洗剂。因为在碱性条件下，染料-纤维键不稳定，易断裂，从而降低染料的上染百分率和色牢度。

4. 柔软剂的选用

柔软剂通常有阳离子型和阴离子型。阳离子型柔软剂虽然易使被染物手感柔软，但有些阳离子型柔软剂容易使被染物改变色光；而且，如果出现色差需要修色时，很难将其清除干净，给修色带来一定的难度。阴离子型柔软剂相对于阳离子型柔软剂来说，虽然价格较高，但它一般不会改变被染物的色光，而且无气味，被染物的吸水性也不会受到影响。所以，加工中高档产品时，宜选用阴离子型柔软剂进行处理。

二、还原染料

还原染料的优点主要是色谱齐全、颜色鲜艳、色牢度较高等。但是其价格较高，染色工艺复杂，难对色，而且某些浅色品种对纤维还有光敏脆损作用。在实际生产中，还原染料主要应用于纤维素纤维及其制品的染色。它虽然也能上染蛋白质纤维，但是因为在碱性条件下蛋白质纤维易受损伤，故其很少应用于蛋白质纤维及其制品的染色。

还原染料本身不溶于水，对纤维也没有亲和力，必须在碱剂(如 NaOH)和强还原剂(如 $Na_2S_2O_4$)的共同作用下，首先被还原为可溶性的隐色体钠盐(其与纤维间有亲和力)，然后经过氧化处理，隐色体又重新转化为不溶性的染料而固着在纤维上。因此，还原染料的染色过程可分为四个阶段，即染料的还原溶解、隐色体上染、隐色体氧化和皂洗后处理。

(一) 染料的还原溶解

在此阶段，还原染料由不溶转化为可溶，由对纤维无亲和力转化为具有一定的亲和力。对于浸染染色来说，染料的还原溶解可以预先进行，然后再按常规方法进行染色，这样可以有足够的时间让染料还原溶解。而对于轧染染色来说，只是染料的还原、溶解和上染通常在几十秒钟的汽蒸过程中实现，因此，对染料还原溶解的要求比浸染高(如浸染时还原剂保险粉的用量通常为3～12 g/L，而轧染时为 15～40 g/L)。这在设计染色处方时要多加注意。

还原染料的预先还原方法有两种，即干缸还原法和全浴还原法。

(二) 隐色体上染

各种还原染料的隐色体的结构和染色性能不同，要求采用不同的染色处方，常用的有甲法、乙法、丙法和特别法四种隐色体上染方法。

1. 甲法

此法适宜于染料分子结构较复杂、对纤维亲和力较高、易聚集、难扩散、匀染性较差的还原染料(如还原蓝 RSN)。此法需较高的烧碱浓度(30% NaOH 20～30 mL/L)和较高的染色温度(60 ℃);染色时通常不加促染盐,必要时加入适量的缓染剂,以提高染料的匀染性。

2. 乙法

此法适用的染料性能介于甲法和丙法之间,染色温度通常控制在 45～50 ℃,也介于甲法和丙法之间。此法需要的烧碱浓度不高,一般需控制在 30% NaOH 7～16 mL/L;为了提高染料的利用率,染中、深色时,需要加入适量促染剂,用量一般控制在 0～18 g/L。

3. 丙法

此法适用于分子结构简单、对纤维亲和力较低、不易聚集、易扩散、匀染性较好的还原染料。此法需要的烧碱浓度较低,一般控制在 30% NaOH 7～16 mL/L;需要的染色温度为低温(25～30 ℃)。为了提高染料的上染百分率,染色时需要加入适量的促染剂,用量一般控制在 0～24 g/L。

4. 特别法

此法适用于难还原,即还原速度特别慢且高碱条件下不易发生副反应的还原染料,如还原桃红 R。此法需要在较高浓度的保险粉(5～12 g/L)、较高浓度的烧碱(30% NaOH 35～45 mL/L)和较高染色温度(65～70 ℃)的条件下进行,一般不需要加入促染剂。

常见染料的隐色体染色法分类见表 1-1-2。

表 1-1-2 常见染料的隐色体染色法分类

染料名称	最适宜染色方法	可用染色方法	染料名称	最适宜染色方法	可用染色方法
还原艳紫 2R	甲法(低温起染)	乙法	还原黑 BB	甲法	60 ℃起染至 80 ℃
还原蓝 RSN	甲法	—	还原大红 R	乙法	甲法(加盐)
还原蓝 BC	甲法(50 ℃)	乙法	还原棕 BR	乙法	丙法
还原深蓝 BO	甲法	乙法	还原金黄 RK	丙法(加盐)	乙法
还原艳绿 FFB	甲法	乙、丙法	还原艳橙 RK	丙法	乙法
还原橄榄绿 B	甲法(加盐)	乙法	还原桃红 R	特别法	乙法
还原灰 M	甲法	—	还原棕 RRD	特别法(加盐)	乙法

(三) 隐色体氧化

隐色体氧化的目的是将上染到纤维上的可溶性隐色体转化为难溶的染料并固着在纤维上,即恢复还原染料本来的结构与色光,提高染色牢度。

隐色体氧化的方法主要有以下三种:

一是水洗、透风法:此法适用于易氧化即氧化速度较快的还原染料。此类染料多数为蒽醌类还原染料,如还原蓝 RSN、还原绿 4G 等。

二是氧化剂氧化法:此法常用的氧化剂有过硼酸钠、重铬酸盐等,主要适用于较难氧化即氧化速度较慢或特别慢的还原染料,如还原桃红 R、还原艳橙 RK 等。对于氧化速度特别慢的还原染料,常采用氧化能力较强的重铬酸盐溶液进行氧化。

三是特殊法:此法适用于一些特殊染料,如还原黑 BB,需要采用氧化剂——次氯酸钠,才

能使墨绿色转变为乌黑色。

（四）皂洗后处理

皂洗后处理的主要目的是去除被染物表面的浮色，使其色光稳定，提高色牢度。

常用的还原染料品种包括还原蓝直接黑 RB、还原蓝 RSN、还原棕 R、还原棕 BR、还原金橙 G、还原黄 3RT、还原橙 GR、还原金橙 3G、还原黄 G、还原绿 FFB、还原靛蓝等。

三、直接染料

直接染料能直接溶解于水，不需要任何介质就能上染纤维素纤维和蛋白质纤维，且染色方法简便。

直接染料属于阴离子型染料，在水中能电离出带负电荷的色素离子，而纤维素纤维在染液中也带负电荷，因此直接染料上染纤维素纤维时，染料与纤维带有相同的电荷，染料与纤维间存在静电斥力，不利于上染。尤其是当染料与纤维间的亲和力较小时，染料上染就比较困难。通常可采用加入食盐或元明粉等中性电解质的办法来促进染料的上染，提高染料的利用率。

根据直接染料的化学结构和染色性能的不同，可将其分为三类，即：

(1) 甲类（或称 A 类、匀染型、低温型）。此类染料的分子结构简单，易溶解，不易聚集，与纤维的亲和力较小，易扩散，移染匀染性好，易达到染色平衡；但上染百分率低，对中性电解质不敏感，即盐对其上染率的影响不大，耐洗牢度也较差。染色时，始染温度可略高（如 50 ℃），升温速度可略快，但染色温度不宜太高（一般为 70～80 ℃），保温时间可略短（如小于 30 min）。

(2) 乙类（或称 B 类、盐敏型、中温型）。此类染料的分子结构较复杂，含水溶性基团较多，溶解性好，对纤维的亲和力较高，较易吸附在纤维表面，但向纤维内部扩散的速率较低，匀染移染性略差。中性电解质对其上染率的影响较大，可借助于中性电解质的用量和时间来控制其上染速率，以提高匀染性和上染百分率。染色时，始染温度应略低（如 40 ℃），升温速度适中，染色温度以 80～90 ℃为宜，保温时间需略长；加入中性电解质可起促染作用，用量可多一些（如中色 5～8 g/L、深色 10～20 g/L），但要分批加入，一般在保温前中期加入。

(3) 丙类（或称 C 类、温敏型、高温型）。此类染料的分子结构也比较复杂，且含水溶性基团较少，溶解性较差，染料易聚集，对纤维的亲和力较高，易吸附在纤维上，上染率较高，但向纤维内部的扩散速率较低，移染匀染性差，对盐不敏感，即中性电解质对其上染百分率的影响较小。此类染料可借助于较高的温度来提高染料的扩散速率和匀染性。但是染色时应严格控制始染温度和升温速率，以保证匀染效果。染色时，始染温度要低（如低于 40 ℃），升温速度要慢，染色温度宜控制在 98 ℃，保温时间可略长（如大于 30 min）；中性电解质可根据染料用量酌情加入，但需控制好加入的时间和次数。

从化学结构来看，直接染料多为偶氮结构，分子中含有水溶性基团（如—SO_3Na 或—COONa），使染料上染纤维后易脱色。因此，大部分直接染料的染色牢度，特别是皂洗牢度不够理想，染色后需要进行固色处理，常用的固色剂有金属盐型和阳离子型固色剂。但是值得注意的是，固色后染色制品的色光往往会发生变化，并且对环境造成一定程度的污染，而且禁用染料中直接染料占大多数，因此，近几年来，环保型直接染料的开发已成为染料行业新品种开发的重点。

目前，环保型直接染料的品种主要有：

(1) 色泽鲜艳、牢度适中的环保型直接染料,如直接耐晒橙 GGL、直接耐晒黄 3BLL、直接耐晒绿 IRC、直接绿 N-B、直接黄棕 N-D3G、直接黑 N-BN 等。

(2) 色泽鲜艳、着色强度和日晒牢度高的环保型直接染料,如直接耐晒黄 RSC、直接耐晒红 F3B、直接耐晒艳蓝 FF2GL、直接耐晒蓝 FFRL 等

(3) 适用于上染涤/棉(或涤/黏)织物的环保型直接染料。涤/棉(或涤/黏)等混纺织物中,不同性能的纤维需同浴染色,要求染料在高温条件下具有优良的稳定性、提升力和重现性,同时具有较好的色牢度和环保性能。例如上海染料公司开发生产的直接混纺 D 型染料,是具有上述性能的环保型直接染料。该产品已达 25 种以上,主要有直接混纺黄D-R、直接混纺黄 D-3RLL、直接混纺大红 D-GLN、、直接混纺紫 D-5BL、直接混纺蓝D-RGL、直接混纺棕 D-RS、直接混纺黑 D-ANBA 等。

另外,Dystar 公司开发的 Sirius Plus 系列直接染料、Ciba 公司推出的 Cibafix ECO 直接染料、BASF 公司推出的 Diazol 系列直接染料、Yorkshire 公司推出的 Benganil 系列直接染料等,均属于环保型直接染料,具有相似的染色性能,如色泽鲜艳、耐晒牢度高、不含重金属、具有优异的高温稳定性,适用于涤/棉(或涤/黏)混纺织物一浴一步法染色等。

四、分散染料

此类染料的分子结构简单,水溶性很低,相对分子质量小,极性低。染色时,依靠分散剂的作用,主要以微小粒子状(一般要求染料颗粒直径≤2 μm)存在于水中,溶解成分子分散状态,上染至纤维,是最适用于结构紧密的疏水性纤维(如涤纶)的非离子型染料,也可用于醋酯纤维和聚酰胺纤维的染色。

分散染料通常有以下两种分类方法:

一是按应用性能分类(即按染料的升华性能及匀染性分类),可分为 S 型(高温型)、SE 型(中温型)、E 型(低温型)。其中:S 型升华牢度高,匀染性较差,适用于热熔染色法;E 型与 S 型相反,即升华牢度差,而匀染性好,适用于高温高压染色法;SE 型介于 S 型和 E 型之间。

二是按应用对象分类,可分为 A 型、B 型、C 型、D 型、P 型。其中:A 型适用于醋酯纤维和锦纶;D 型适用于涤纶;P 型适用于纺织品印花加工。

常用分散染料的三原色见表 1-1-3。

表 1-1-3 常用分散染料的三原色

类 型	三 原 色	备 注
低温型	分散黄 E-3G、分散红 E-4B、分散蓝 E-4R 分散黄 E-2G、分散红 E-3B、分散蓝 2BLN	浅 色
中温型	分散橙 SE-GL、分散红 SE-4RB、分散蓝 SE-5R 分散黄 M-4GL、分散红 SE-GFL、分散蓝 SE-2R	中色
高温型	分散橙 S-4RL、分散红 S-5BL、分散蓝 S-3BG 分散黄棕 S-2RL、分散红玉 S-2GFL、分散深蓝 HGL	深 色

分散染料的染色方法主要有两种:一是高温高压染色法;二是热熔染色法。

(一) 高温高压染色法

由于分散染料的分子结构简单,染料与纤维间作用力较小,因此,需在高于涤纶纤维的玻璃化温度的条件下进行染色。因为在涤纶纤维的玻璃化温度以上,纤维无定形区的分子链段

运动剧烈，纤维分子间的自由体积增加，染料分子的动能也会随温度的升高而不断增加，使染料颗粒容易解聚或升华，形成染料单分子而被纤维吸附，并迅速扩散进入纤维内部。染色后，随着温度降低，纤维分子链段运动停止，自由体积缩小，染料与纤维分子间依靠氢键、范德华力和机械作用力而固着。

综合分析温度对染料、纤维性能和上染率的影响表明，分散染料高温高压浸染时，染色温度最高可达 135 ℃，通常控制在 130 ℃左右，高温高压染色机设计的最高工作温度一般为 140 ℃。另外，染浴的 pH 值也是影响工艺重现性的重要因素之一。因为在高温条件下，改变染浴的 pH 值会导致染料性能改变，甚至破坏染料结构，使色光发生变化，工艺重现性变差。分析 pH 值对染料色光、染料稳定性和纤维性能及上染率的影响表明，分散染料高温高压染色时，pH 值必须稳定，并控制在弱酸性条件下，即 pH 值为 5 左右。染色时常采用醋酸调节，也可用磷酸氢二铵作为缓冲剂。

（二）热熔染色法

热熔染色法具有固色快、生产效率高等优点，但是在得色鲜艳度、染料固着率和染后织物手感等方面，均不如高温高压染色法。此法首先采用浸轧的方式将染料均匀地轧附在纤维的表面，然后烘干，再进行高温热熔。由于热熔温度远远高于涤纶的玻璃化温度，所以纤维无定形区的分子链段运动剧烈，纤维分子间的自由体积增加，同时染料颗粒解聚或升华，易形成染料单分子而被纤维吸附，并迅速向纤维内部扩散；染色后，随着温度的降低，纤维分子链段运动停止，自由体积缩小，染料与纤维分子间依靠氢键、范德华力和机械作用力而固着。

此法主要适用于涤纶短纤织物的染色加工。它属于一种干态高温固色的染色方法，多用于涤纶织物的连续加工。其主要过程包括浸轧染液、红外线预烘和热风（或烘筒）烘干、高温热熔，以及水洗或还原清洗等阶段。

分散染料上染涤纶的热熔染色法工艺流程和工艺条件如下：

1. 工艺流程

浸轧染液（二浸二轧，室温）→预烘（80～120 ℃）→热熔（180～210 ℃，1～2 min）→水洗或还原清洗。

2. 工艺条件

① 浸轧染液：室温，二浸二轧，轧余率控制在 40%～60%。

② 预烘温度：100～105 ℃烘干（采用无接触式预烘）。

③ 烘干温度：115～125 ℃。

④ 热熔温度：可根据分散染料的升华牢度选择，一般为 190～220 ℃，高温型可控制在 200～220 ℃，中温型可控制在 190～210 ℃。

⑤ 热熔时间：1～2 min。

五、酸性染料

酸性染料多数以磺酸钠盐的形式存在，只有极少数以羧酸钠盐的形式存在，易溶于水，在水中能电离成染料阴离子，属于阴离子型染料。酸性染料染色方便、色谱齐全、色泽较鲜艳，但耐洗牢度较差，因此用酸性染料染中、深色时，一般都需要进行固色处理，才能达到色牢度要求。酸性染料主要用于蛋白质纤维（如羊毛、蚕丝等）和聚酰胺纤维（锦纶）的染色，也可用于纸张、皮革、食品等的着色。

根据酸性染料的应用性能和染色性能，可分为强酸性染料和弱酸性染料，其中弱酸性染料包括弱酸浴和中性浴染色的酸性染料。

（一）强酸性酸性染料

此类染料是使用最早的酸性染料，匀染性很好，因此又称为匀染性酸性染料，主要用于羊毛的染色。染色时，需在强酸性条件（pH＝2～4）下，与羊毛纤维以离子键结合而上染到纤维上，通常用硫酸作为酸剂。此法的缺点是湿处理牢度很差，不宜染深浓色，不耐缩绒，染色后羊毛强度有损伤，手感较差。

（二）弱酸性酸性染料

此类染料的分子结构比强酸性染料复杂，相对分子质量较大，对纤维亲和力较高，主要用于蚕丝和聚酰胺纤维的染色。染色时，需在弱酸性（pH＝4～6）或中性（pH＝6～7）条件下，依靠与纤维间形成离子键和分子间力的共同作用而上染到纤维上。此类染料以弱酸性浴染色时，通常采用醋酸作为酸剂；中性浴染色时，通常采用醋酸铵作为酸剂。

该类染料的湿处理牢度比强酸性染料高，但匀染性不如强酸性染料，溶解度也比强酸性染料有所降低。这类染料在溶液中容易聚集，在接近沸点时，才能充分解聚而上染到纤维上。

常用弱酸性染料品种有弱酸性大红 F-3GL、弱酸性红 GRS、弱酸桃红 B 弱酸红玉 N-5BL、弱酸性大红 FG、弱酸性紫 N-FBL、弱酸性黑 VLG、弱酸性黄 P-L 弱酸性黄 GN01、弱酸性黄 A-4R、弱酸性黄 4R、弱酸艳红 B 等。

常用强酸性染料品种有酸性坚牢红 P-L、酸性红 BE、酸性红 E-BM、酸性红 2BL、酸性红 FRL、酸性红 2B、酸性紫 4BNS、酸性红玉 M-B、酸性棕 R 酸性蓝 AFN、酸性蓝 N-BRLL、酸性蓝 BL、酸性绿 6B、酸性深绿 B、酸性黄 2G、酸性黄 N、酸性黄 R、酸性匀染黄 GR 等。

六、阳离子染料

阳离子染料的色谱齐全、给色量高，是一类色泽浓艳的水溶性染料，在水中能电离成有色的有机阳离子和简单的阴离子。因为其染料分子结构中的阳离子部分具有碱性基团，所以《染料索引》中将阳离子染料与碱性染料归为一类。在我国，习惯称其为阳离子染料，而原来的一些老品种仍称为碱性染料。

采用阳离子染料染色时，通常在酸性介质中进行。此时，染料与纤维都处于电离状态，可通过电荷吸引力，与纤维的阴离子相结合。阳离子染料染聚丙烯腈纤维（腈纶）的日晒牢度和皂洗牢度均较高，到目前为止，仍是腈纶染色的专用染料，也可用于改性的涤纶和锦纶的染色。

阳离子染料的分子大小与腈纶纤维大分子静止状态时的间隙相接近。在这种状态下，染料分子很难或者不能进入纤维内部。因此，阳离子染料上染腈纶纤维时，在纤维的玻璃化温度以下是很难上染的。而当染色温度达到纤维的玻璃化温度以上，纤维分子链段发生剧烈运动时，因阳离子染料对腈纶的亲和力较大，致使染料的上染速率突然增大，加上阳离子染料的移染性较差，所以染色容易不均匀。

为了改善由于染料上染速率太快而造成的染色不匀现象，一是严格控制染色时的升温速率，并适当延长染料的吸净时间，或同时加入适当的助剂（如缓染剂 1227）；二是在拼色时要选择合适的拼色染料。因为腈纶纤维中染座的含量是有限的，如果各染料的配伍性不一致，则上染速率各不相同，就会产生竞染现象，影响得色和匀染性。所以，应严格控制上染过程，选择合理的拼色染料。

常用阳离子染料品种见表1-1-4。

表1-1-4 常用阳离子染料品种

染料品种	配伍值	pH值稳定范围	染料品种	配伍值	pH值稳定范围
黄X-8GL 250%	3.5	2~5	艳蓝2RL 500%	1.5	2~5
黄X-5GL 400%	5	2~6	蓝X-BL 250%	3	2~7
黄X-5GL 400%	3	3~6	蓝M-RL 250%	4	2~6
黄X-2RL 200%	2	3~7	蓝X-GRRL 250%	3	2~5
金黄-GL 250%	3	3~6	蓝X-GRL 300%	3	2~5
艳红X-5GN 250%	3	2~7	翠蓝X-GB 250%	3.5	3~8
红200%	2.5	2~8	蓝X-101 200%	3	3~6
红250%	1.5	3~8	藏青RB 300%	3	2~7
红250%	2.5	2~7	黑X-RL	3	3~6
红M-RL 200%	3	2~10	黑X-2RL	3	2~5
桃红X-FG 250%	4	3~7	黑X-2G	3	3~6
红3R 300%	1.5	3~8	黑X-5RL 300%	2.5	3~6
红X-6B	3	4~6	黑X-101 300%	3	3~6
艳紫X-5BLH 200%	3	3~6	黄DC-2RL 200%	3.0	2~7
紫3BL 250%	1.5	3~5	红DC-2RL 200%	2.5	3~8
黄X-5GL 400%	3	3~6	红DC-2BL 200%	2.5	2~7

七、中性染料

此类染料又称中性络合染料，是一种具有特殊结构的酸性染料。它是酸性金属络合染料的一种，由两个染料分子与一个金属原子络合而成，故又称1∶2型酸性金属络合染料。该类染料的分子结构复杂，各项染色牢度均较高，尤其是耐光色牢度。但由于染料的相对分子质量大，对纤维的亲和力高，初染速率较快，而且染后染料的移染性很差，使其匀染性较差。所以染色时需控制染浴接近中性(pH=6~7)，常用醋酸铵或硫酸氨作为酸剂，必要时可加入匀染剂(如平平加O 0.1~1.5 g/L)。染料与纤维间的结合力主要是氢键与范德华力，其染色原理与弱酸性染料相似，常用于蛋白质纤维的染色，也可用于锦纶和维纶的染色。

常用中性染料品种有中性艳黄S-5GL、中性深黄GRL、中性深黄GL、中性橙RL、中性枣红GRL、中性紫BL、中性蓝BNL、中性蓝2BNL、中性深蓝S-TRF、中性棕2GL、中性深棕BRL、中性卡其GL、中性灰S-GB、中性黑BGL、中性黑S-2R等。

八、冰染染料

冰染染料是一类需在冰冷却条件下，制备重氮盐和偶合显色的不溶于水的偶氮染料，所以又称不溶性偶氮染料。

冰染染料的染色过程，首先是将织物用色酚(偶合组分)的碱性溶液打底，再将打底后的织物通过用冰冷却的色基重氮盐(重氮组分)溶液，即在织物上直接发生偶合反应而显色，生成固着的偶氮染料，从而达到染色目的。由于色酚(打底剂)多为纳夫妥(萘酚)类的衍生物，所以冰染染料又称纳夫妥染料。

冰染染料色泽浓艳，色谱较齐全，多数能耐氯漂，水洗及日晒色牢度均较高，但摩擦色牢度较差。此类染料的合成路线简单、价格低廉，主要用于棉织物的染色，也可用于制备有机颜料。

色酚是冰染染料的偶合组分，又称打底剂，大多数是一些含羟基的化合物，主要为邻羟基萘甲酰胺类，此外还有稠环、杂环的邻羟基酰芳胺类，以及少数的乙酰基乙酰胺类。色酚按《染料索引》统一命名。

色基为冰染染料的重氮组分，又称显色剂，是不含磺酸基或羧基等水溶性基团而带有氯、氰基、硝基、芳胺基、三氟甲基、甲砜基、乙砜基或磺酰胺基等取代基的芳胺类化合物。色基常以其与色酚生成的颜色命名。冰染染料的色基必须经过重氮化反应才能用于显色，使用不够方便。如果将色基重氮化后制成较为稳定的色盐，即重氮盐，则染色时只需将色盐溶解，便可直接用来显色。

快色素类冰染染料是为了进一步简化冰染染料的染色工艺，染料生产厂家将特制的稳定重氮盐与色酚混合在一起，所制成的不需经过打底和显色、能直接用于印花的一种冰染染料。目前，工业中生产的有快色素、快磺素、快胺素三类。

（1）快色素。其稳定性较差，不易贮存，对酸特别敏感。应用快色素印花，汽蒸后需在酸性浴中显色，也可通过含酸的蒸汽显色。如快色素红 FGH。

（2）快磺素。应用快磺素印花后，需用重铬酸钠作为氧化剂进行氧化处理，再用汽蒸显色。如快磺素 G。

（3）快胺素。应用时和快色素一样，需用汽蒸和酸处理显色，但快胺素比快色素稳定。如快胺素 G。

常用冰染染料品种包括：

① 色酚系列，如色酚 AS、色酚 AS-BO、色酚 AS-OL。其他还有色酚 AS-BS、色酚 AS-BG、色酚 AS-CA、色酚 AS-E、色酚 AS-ITR、色酚 AS-IRG、色酚 AS-KB、色酚 AS-LC 等。

② 色基系列，如黄色基 GC、橙色基 GC、大红色基 RC、红色基 RC、紫 B、黑 LS、蓝 BB。其他还有红色基 KB、红色基 RL、大红色基 GGS、紫酱色基 GP 等。

第二节　选择染料的基本原则

染料选择是染色加工中的重要环节，不仅影响染色质量，而且直接关系到生产成本和经济效益。同一类染料可以上染不同类型的纤维，如活性染料可以上染纤维素纤维、蛋白质纤维，也可以上染锦纶；同样，同一类纤维也可以用不同类型的染料进行染色，如纤维素纤维可以采用活性、还原、直接、硫化等染料。不同类型的染料可以采用不同的染色方法，即使同一类染料有时也可以采用不同的染色方法。这为染料的选择带来了一定的困难。

染料类别的选择一般应依据纤维性能、颜色特征、质量要求、加工成本、设备条件、环保要求等因素。另外，拼色染料之间的配伍性是否一致，也是至关重要的。如果拼色染料之间的配伍性不一致或相差较远，则会影响得色和染色工艺的重现性，从而影响到染色生产过程的稳定性，增加工艺难度和复杂性。因此，印染工艺设计人员除了了解纤维性能、质量要求、设备条件

外，还必须充分了解和掌握各种染料的染色性能，并结合生产实际情况综合考虑。本节主要介绍制订染色工艺时选择染料应遵循的基本原则。

一、依据纤维类别

选择染料的最基本依据是纤维的类别。因为各类纤维的结构不同，染色性能就不同。

对于纯纤维及其制品，像纤维素纤维（如棉、麻）及其制品，由于其分子结构上含有较多的亲水性基团（如羟基），比较容易吸湿溶胀，对碱的稳定性也较高，并且在一定条件下能与活性染料中的活性基团发生化学反应，因此，染色时可选用的染料有活性、还原、直接、硫化染料和涂料等。像蛋白质纤维（如羊毛和蚕丝等）及其制品，由于在碱性条件下易使纤维大分子链中的肽键水解断裂，对碱的稳定性较差，因此，染色时通常选用酸性、中性和酸性媒染等染料。像聚酯纤维（如涤纶）及其制品，由于其分子结构上不含亲水性基团，属疏水性纤维，不易吸湿溶胀，且高温下不耐强碱，因此，通常采用分散染料在弱酸性条件下进行染色。

对于混纺或交织物染色，一般有三种情况。一是同质同色，如羊毛与蚕丝、蚕丝与锦纶等。对此类织物进行染色加工，在选择同种染料染色时，要充分考虑各种纤维的染色性能及同种染料在两种纤维上的得色性能，否则容易出现得色不匀（即色花）现象。二是不同质同色，如羊毛与丝光棉、蚕丝与天丝、锦纶与涤纶、涤纶与棉等。对此类织物进行染色加工时，可选择同类染料染色，也可选择不同类型的染料染色。例如：蚕丝与天丝混纺织物可选择活性染料染色；锦纶与涤纶混纺织物可选用分散染料染色，也可选用弱酸性/分散染料染色（弱酸性染料上染锦纶，分散染料上染涤纶）；涤纶与棉混纺织物，可选用混纺染料（或涂料）同时上染两种不同的纤维，也可选择分散/活性、分散/还原两种不同的染料分别上染不同的纤维。三是不同质纤维交织物染色留白，对此类织物进行染色加工，关键是选择染色对象，防止另一纤维沾色。如蚕丝/棉交织物染色留白，首先要选择上染对象。如果选择染棉，由于能够上染棉的染料均可一定程度地上染蚕丝，这样染色留白洁白就很难保证；如果选择染蚕丝，则可选用酸性染料或活性染料酸性浴染色，由于此条件下染料不上染棉，这样染色留白洁白就能得到保证。

总之，选择染料时，必须考虑染料与纤维性能的适应性。

常用纺织纤维染色所适用的染料见表 1-2-1。

表 1-2-1 常用纺织纤维染色所适用的染料

纤维名称	活性染料	直接染料	还原染料	硫化染料	可溶性还原染料	酸性染料	酸性媒染染料	中性染料	分散染料	阳离子染料	涂料
棉纤维	√	√	√	√	√	—	—	—	—	—	√
麻纤维	√	√	√	√	—	—	—	—	—	—	√
黏胶纤维	√	√	√	√	—	—	—		—	—	√
竹纤维	√	√	√	√	—	—	—	—	—	—	√
甲壳素纤维	√	√	√	√	—	—	—	—	—	—	—
Lyocell 纤维	√	√	√	√	—	—	—	—	—	—	√
蚕丝	√	√	—	—	—	√	√	√	—	—	√

续表

纤维名称	活性染料	直接染料	还原染料	硫化染料	可溶性还原染料	酸性染料	酸性媒染染料	中性染料	分散染料	阳离子染料	涂料
羊毛	√	—	—	—	—	√	√	√	—	—	—
大豆蛋白纤维	√	√	—	—	—	√	—	√	√	—	—
牛奶蛋白纤维	√	—	—	—	—	—	—	√	√	—	—
涤纶	—	—	—	—	—	—	—	—	√	—	√
腈纶	—	—	—	—	—	—	—	—	√	√	—
锦纶	√	—	—	—	—	√	—	√	√	—	√

二、依据标样要求

对于印染企业来说，生产的产品可分为两类：一类是客户来样加工；一类是企业自营产品。不管是哪类产品，对于印染技术人员，尤其是制订印染生产工艺的人员来说，都应该有一个标准样（即参考样）。此标准样可以是客户来样，也可以是产品设计人员的设计样。总之，印染工艺设计人员要依据标样在色泽、色差、色牢度、产品风格、产品用途等方面的要求，选择合适的染料、助剂，制订合理的生产工艺，并组织生产。通常情况下，适用于某一种纤维染色的染料品种往往有好多种，但并不是所有的适用染料都能满足标样的要求。有些染料的耐洗色牢度较高，但日晒色牢度较差；有些染料适用于染深浓色，有些染料只适用于染浅淡色，如可溶性还原染料适用于上染淡色或中色，还原染料则适用于上染中、浓色，而不溶性偶氮染料和硫化染料则适用于上染浓色，等等。这就需要充分了解各类染料特性及其应用性能，包括各类常用染料的色谱、匀染性、色牢度、染色方法、主要优缺点、价格及其适用性等，然后根据标样要求选用最适合的染料进行生产加工。如：黑色棉布可选用硫化元染色；大红、紫酱色棉布可选用不溶性偶氮染料染色；翠蓝色棉布可选用活性染料染色；等等。

总之，只有充分了解和掌握各类染料的性能，才能根据具体要求选择合适的染料，制订合理的染色工艺，从而生产出合格的产品。

纤维素纤维及其制品的常用染料的应用性能见表 1-2-2。

表 1-2-2　纤维素纤维及其制品的常用染料的应用性能

性　能	活性染料	还原染料	硫化染料	直接染料	可溶性还原染料	涂　料
色　谱	齐全	缺艳大红	不全	齐全	较齐全	齐全
匀染性	好	一般	一般	一般	好	一般
鲜艳度	鲜艳	鲜艳	一般	一般	鲜艳	鲜艳
耐洗色牢度	较好	好	好	较差	好	较好
摩擦色牢度	较好	较好	一般	较好	好	较差
日晒色牢度	较好	好	较好	一般	好	一般
染色方法	方便	较复杂	较复杂	简便	方便	简便
适用性	广泛	广泛	深浓色	较广	浅淡色	广泛

续表

性　能	活性染料	还原染料	硫化染料	直接染料	可溶性还原染料	涂　料
价　格	较低	较高	低	低	高	一般
主要缺点	固着率低，不耐氯漂	易光敏脆损	不耐氯漂，易贮存脆损	耐洗牢度低	易光敏脆损，递深率低	湿摩擦色牢度低，手感差

三、依据被染物的用途

不同用途的染色产品，对其染色质量控制的侧重点不同。例如，某产品经染色后，最终用来做窗帘，那么在选择染料时，就须考虑到此织物不需要经常洗涤，但是会经常受到日光的照射，因此，需选择日晒色牢度较高的染料。如果某产品经染色后，最终用来制作内衣或夏季浅色服装，那么在选择染料时，就须考虑到此织物需要经常洗涤，而且会经常受到日光的照射，因此需选择耐洗、耐晒、耐汗渍色牢度较高的染料。

四、依据工艺实施的基本条件

依据纤维性能、标样要求、染色工艺成本和货源等因素选定染料品种后，染色生产工艺就基本确定了。因此，工艺设计人员在选择染料的同时，还必须根据实际生产情况，充分考虑生产工艺的实施效果，如生产设备对工艺的适应性、操作职工的操作水平和技术素养，以及生产管理水平等，以保证制订的生产工艺顺利执行，从而保证产品质量。

五、依据染色方式

常用的染色方式可归纳为两类：一是浸染；二是轧染。不同的染色方式，对染料的性能和要求也不相同。如浸染用染料，应选择亲和力较大的。因为浸染时浴比往往较大，染料亲和力不高时，其上染率会降低，从而影响到染料的利用率。而轧染时所用染料，则应选择亲和力较小的染料。因为轧染时如果染料的亲和力较高，易产生先深后浅、色泽不一等疵病。

另外，采用热熔法对涤纶或涤棉混纺织物进行染色时，所用染料应选择升华色牢度较高的分散染料，这样，染料的上染固着率高，透染性好，染色物的牢度也高。而采用高温高压法对涤纶或涤棉混纺织物进行染色时，可选择升华色牢度稍低的分散染料，以利于染料的扩散。

六、依据工艺成本和货源

选择染料、制订染色工艺时，不仅要考虑染色产品的质量要求（如色泽、色差、色牢度等），同时还须考虑染色工艺成本（如染料、助剂的成本，水、电、汽的成本等），以及货源是否充足、便利等。在实际生产中，影响染色生产成本的主要因素有坯绸、染料、助剂等生产原料成本，以及染色过程中水、电、汽等能源消耗成本和管理成本等。因此，选择染料的基本原则是，在满足标样对产品色泽、色差、色牢度等质量要求的前提下，尽可能选用价格低、货源充足、能耗少、易操作、质量易控制、污染小的染料。

第三节　配色的基本原则

配色又称拼色，是指将两种或两种以上不同颜色的物质（如染料或涂料）拼混成另外一种颜色或改变原来色光的过程。在印染生产企业负责或承担配色打样工作的人员，除了须掌握必备的色彩知识和染整专业知识，以及具有敏锐的辨色能力外，还须掌握配色的基本原则，积累丰富的生产实践经验。

一、颜色的基本特征

人们知道，颜色可分为彩色和非彩色（或称消色）。这是因为物体对光具有吸收性能，而彩色是物体对可见光选择性吸收的结果，非彩色是物体对可见光非选择性吸收的结果。人眼所看到的物体颜色，是该物体所吸收的光的颜色的补色。因此，任何物质的颜色，只有将其放在光线下才能显示出来。

通常，人们将色调、纯度和亮度称为所看到的物体颜色的三个基本特征，或称为色的三要素。印染工作者，尤其是配色打样人员，掌握颜色的基本特征是胜任本职工作的基本要求。

（一）色调

1. 色调的含义

色调又称色相，可用来比较确切地表示某种颜色的色别，是色与色之间的主要区别，也是颜色的最基本性能，是颜色的质，如红、黄、蓝、绿等表示不同的色调。色调也可用来区分颜色的深浅。

2. 色调的表示方式

色调取决于物体选择吸收的光的最大波长及其组成，通常以光的波长表示。

（二）纯度

1. 纯度的含义

纯度又称饱和度、鲜艳度、彩度，可用于区别颜色的鲜艳程度。它表明颜色中彩色的纯洁性，即颜色中所含彩色成分和非彩色成分的比例，含彩色成分的比例越大，纯度就越高。因此，光谱色的纯度最高，而消色（即白色、灰色、黑色）的纯度最低。所以说光谱色是极限纯度的颜色。

2. 纯度的表示方式

纯度取决于物体选择吸收的光的波长范围，通常以彩色的白度的倒数表示。

（三）亮度

1. 亮度的含义

亮度又称明度，可用于区别颜色的浓与淡。它表示有色物体的表面所反射的光的强弱程度，即表明物体在明度程度上接近黑白的程度。明度值越大，表明越接近白色；反之，表明越接近黑色。

2. 亮度的表示方式

亮度取决于物体反射的光的强度，通常用光的反射率表示。反射率越高，反射光越强，亮度越高；反之，亮度越低。

总之，色的三个基本特征是互相联系的。要准确地描述一种颜色，三者缺一不可。同样，要判断两种颜色是否相同，首先要断定颜色的三要素是否相同。换句话说，如果两种颜色的三个基本特征中有一个不同，那么这两种颜色就不相同。

二、配色原理

色的混合虽然是一个较为复杂的过程，但是它遵循两个基本原理，即加法混色原理和减法混色原理。

（一）加法混色

1. 加法混色的定义

加法混色是指将彩色光重叠加合起来的混色方法。即指将两个或两个以上的有色光同时（或交替）射入人的眼睛时，所产生的不同于原来色光的新颜色感觉的方法。

2. 加法混色的理论依据

人的眼睛所看到的同样颜色的光，可以是混合光，也可以是单色光。如人眼看到的黄光，可能是红光和绿光的适当混合，也可能是波长为 580～590 nm 的单色光。也就是说，人的视觉无法分辨出色的光谱成分，但能辨别颜色。加法混色原理的理论依据就是人眼的这种视觉特征。

另外，相同颜色的光都是等效的。换句话说，如果光的颜色外貌相同，那么不管其光谱组成是否相同，其在色光的混合中，效果是相同的。如色光 X＋Y＝B，色光 A＋B＝C，那么色光 A＋（X＋Y）＝C。这一规律称为颜色替代律。

人们知道，有色光的拼混次数越多，亮度越大，越接近于白光，因为混合色光的总亮度等于组成混合色光的各色光的亮度之和。

如果两种颜色的光以适当比例混合能产生白光，那么这两种光互为补色光。

3. 加法混色的三原色

人们通常把红光、绿光、蓝光三种光的颜色称为加法混色的三原色，有三个原因：一是把这三种光以适当比例加法混合时，可得到白光；二是人眼的视觉对这三种光最敏感；三是这三种光混合后所得颜色范围最广。但是，三原色的选择不是唯一的，只要满足三原色条件（即它们之间必须是互相独立的，其中任何一种颜色都不能用另外的两种颜色拼混得到）的红、绿、蓝三种色光，均可作为加法混色的三原色。只是三原色不同，得到某种颜色所需的各原色的混合量就不同，混合所生成的颜色范围也不同。

因此，为了统一标准，1931 年国际照明协会（CIE）规定了加法混色的标准三原色为特定波长的单色光，它们的波长分别为：红色 λ＝700.1 nm，绿色 λ＝546.1 nm，蓝色 λ＝435.8 nm。

4. 加法混色的应用

加法混色适用于彩色光的混合，在印染工业主要用于荧光增白剂、荧光染料的混色；另外，还可用于色织物设计、彩色电视机、光学光路设计等。

（二）减法混色

1. 减法混色的定义

减法混色是指把两个或两个以上的有色物体叠加在一起，从而产生不同于原来各有色物体的颜色的混合方法。换句话说，减法混色就是把有色物体混合后，人眼所看到的颜色是各混合物成分所不吸收的光线（即从白光中减去被有色物体所吸收的光线）混合的结果。

例一：将红色的物体和黄色的物体（如染料）混合可得到橙色。红色物体较多地吸收可见光中的青光，较多地反射或透射红光；而黄色物体较多地吸收可见光中的蓝光，较多地反射或透射黄光。因此，将红色物体与黄色物体重叠混合，其结果是较多地吸收青光和蓝光，较多地反射或透射红光和黄光，人眼看到的混合物的颜色是红光与黄光混合后的颜色（即橙色）。

例二：某物体吸收了白光中的蓝色光，呈现出黄色；另一物体吸收了白光中的红光，呈现出青色。将这两种物体混合所得的混合物，既吸收蓝光又吸收红光，则较多地反射或透射绿光，呈现出绿色。

2. 减法混色的三原色

减法混色的三原色为品红色、黄色、青色。

品红色、黄色、青色以适当的比例混合可得到黑色。因为减法混色时，每个有色物体吸收光谱中的一部分；重叠后，吸收光谱的范围增大，而反射或透射的光谱范围缩小。所以，减法混色的结果最终可得到黑色（即绿光、蓝光、红光全部被吸收），亮度降低。

如果两种颜色的物质相混得到黑色，那么这两种颜色互为余色。

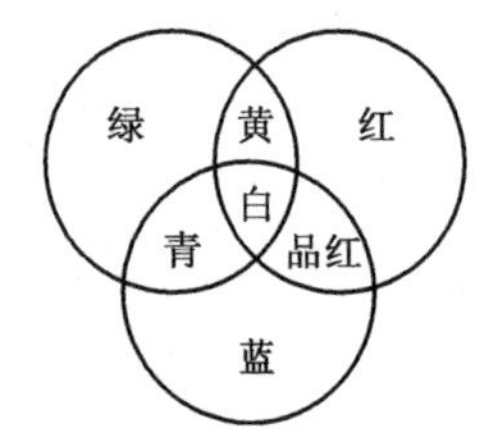

图 1-3-1 加法混色图

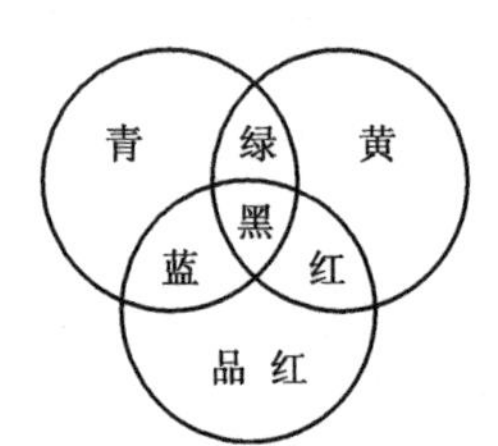

图 1-3-2 减法混色图

3. 减法混色的应用

减法混色适用于有色物质的混合。在印染工业，染料、颜料的混合就是减法混色的例子。减法混色也适用于油墨的混合。

（三）减法混色与加法混色的关系

减法混色三原色为品红色、黄色、青色的物质，它们各自吸收了它们的补色光，即品红色物质吸收白光中的绿光，黄色物质吸收白光中的蓝光，青色物质吸收白光中的红光。把这些被吸收的光加在透过物体的光上时，得到原来的白光。因此，品红和绿、黄和蓝、青和品红互为补色，即加法混色的三原色与减法混色的三原色互为补色。或者说，将加法混色三原色进行两两混色，可得到减法混色的三原色；将减法混色的三原色两两混色，可得到加法混色的三原色。

加法混色三原色与减法混色三原色的关系如图 1-3-3 所示。

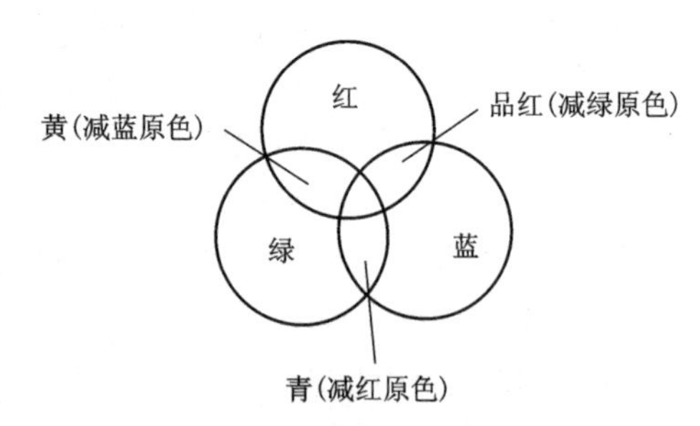

图 1-3-3 加法混色与减法混色的三原色关系示意图

三、配色基本原则

在印染工业，配色是指将两种或两种以上的染料或颜料混合起来，从而得到另外一种颜色或改变原来色光的过程，是对有色物质的混合。与光的混合不同，它遵循减法混色原理。配色

时需掌握以下基本原则：

(一) 染料类型相同

配色染料应选同一应用大类及小类的染料，以利于染色工艺的制订和操作。对于混纺或交织物染色，需采用不同类型的染料拼混时，要充分考虑染料的相容性和染色条件的一致性。否则染液不稳定，染色工艺的重现性差，且色光难以控制。

(二) 染料性能相同或相近

配色用染料的染色性能（如直接性、上染温度、上染速率、扩散性、染色牢度等）应相近，否则染色工艺的重现性差，染后易出现色光不一，使用过程中易出现褪色程度不同等现象。

各类染料的三原色通常是经过精心筛选的，因此，拼色时应优先考虑选用。

(三) 配色用染料的种数尽量少

一般不超过三种染料，以便于调整和控制色光，保证得色的鲜艳度。如果做主色的染料本身是由几种染料拼混而成的，则尽可能选取拼混主色染料的成分作为拼色的染料，以减少拼用染料的种数。

(四) 尽量利用余色原理调整色光

所谓余色原理是指互为余色的两种颜色可以相互消减的现象，即互为余色的两种颜色相混合能得到黑色。例如一绿光蓝色，拼色打样后认为绿光太重，为了消减绿光，可以加一点绿色的余色（即红紫色染料）。但值得注意的是，因为余色消减的结果是生成黑色，所以余色原理只能用来微量调整色光；如果用量稍多，就会影响色泽深度和鲜艳度，甚至影响到色相。

(五) 尽量做到"就近出发""就近补充""一补二全""多方供给"

例一：拼一绿色时，可采用"黄色＋蓝色"拼混得到。但是，由于黄色与蓝色的色光不同，拼色效果会受到影响，调整也比较困难。因此，在条件允许的情况下，最好选择一种比较合适的绿色染料作为主染料，即从"绿"出发，然后再选择其他染料调整色光。这就是做到"就近出发"。

例二：拼一带红光的蓝色时，尽量不要选用"红色＋蓝色"拼混得到，最好选择与蓝色相近的带红光的颜色（如紫色）来补充红光，做到"就近补充"。

例三：拼一军绿色时，尽量不要选用"绿色＋黄色＋灰色"拼混得到，而应选择"绿色＋暗黄色"拼混，使军绿色中的黄色成分由暗黄色提供，同时暗黄色补充了军绿色中需要的灰色成分，做到"一补二全"。

例四：拼军绿色时，也可以选择"暗绿色＋暗黄色"拼混得到，使军绿色中的灰色成分由暗绿色和暗黄色双方提供，做到"多方供给"。

总之，拼色是一项比较复杂而细致的工作，除了掌握必备的理论知识外，还需要积累丰富的生产实践经验，才能提高辨色的能力和工作效率。

本 章 小 结

一、活性染料的分子结构中包含母体结构和活性基团两个部分。染料中的活性基团不同，其染色性能各不相同，染色时对温度和碱剂的要求也随之不同。在适当条件下，活性基团能与纤维分子结构中的某些基团形成共价键结合，因此，染色牢度较高。

二、还原染料本身不溶于水，对纤维也没有亲和力，必须在碱剂和强还原剂的共同作用下才能上染纤维。其染色过程可分为染料的还原溶解、隐色体上染、隐色体氧化和皂洗后处理四个阶段。

三、直接染料属阴离子型水溶性染料，多为偶氮结构，在中性染液中与纤维带有相同的电荷，不利于上染。通常采用加入中性电解质的办法来提高染料的利用率。根据其化学结构和染色性能，可分为低温型、中温型、高温型三类。

四、分散染料染色时，通过溶解成分子分散状态上染至纤维，是最适用于结构紧密的疏水性纤维染色的非离子型染料。按其应用性能，可分为高温型、中温型、低温型三类。

五、酸性染料属阴离子型水溶性染料，主要用于蛋白质和聚酰胺纤维的染色。按其应用和染色性能，可分为强酸性和弱酸性染料，其中弱酸性染料包括弱酸浴和中性浴酸性染料。

六、中性染料是一种具有特殊结构的酸性染料，由两个染料分子与一个金属原子络合，故又称 1∶2 型酸性金属络合染料。其染色原理与弱酸性染料相似，常用于蛋白质纤维的染色，也可用于锦纶和维纶的染色。

七、阳离子染料是一类色泽浓艳的水溶性染料，通常在酸性介质中进行染色。到目前为止，它仍是腈纶染色的专用染料，也可用于改性的涤纶和锦纶的染色。

八、冰染染料是一类需在冰冷却条件下，制备重氮盐和偶合显色的不溶于水的偶氮染料。其染色过程是将织物先用色酚的碱性溶液打底，再将打底后的织物通过用冰冷却的色基重氮盐溶液，在织物上直接发生偶合反应而显色，达到染色目的。

九、染料选择是染色加工中的重要环节，一般应依据纤维性能、质量要求、加工成本、染料性能、配色原理、设备条件、环保要求等因素，综合考虑。

思考题

1. 常用纤维的染色用染料有哪些？分别主要染什么纤维？
2. 选择染料的基本原则和主要依据有哪些？
3. 什么是减法混色？
4. 配色的基本原则主要有哪些？为什么？

第二章 常用助剂及其选择

第一节　酸、碱、盐

一、酸

(一) 硫酸

硫酸分子式为 H_2SO_4，俗称硫镪水。纯硫酸为无色油状液体。浓硫酸具有强氧化性、吸水性和强腐蚀性。硫酸能与水以任何比例互溶，其水溶液呈强酸性。当浓硫酸与水混合时，会放出大量的热。稀释浓硫酸时，只可将浓硫酸慢慢地倒入水中，切不可将水倒入浓硫酸中，以免放热太多而引起酸液飞溅，甚至爆炸。硫酸中的杂质主要为铁质、硫酸铅、二氧化硫等。

(二) 盐酸

1. 基本性质

盐酸为氯化氢的水溶液，分子式为 HCl，学名为氢氯酸，俗称盐镪水。纯盐酸为无色溶液，但一般因含氯化铁、氯化砷而常呈黄色。盐酸呈强酸性，有高度的毒性和腐蚀性，且有挥发性。浓盐酸中的氯化氢容易逸出，有刺鼻的臭味，与空气中的水蒸气相遇则形成白雾。盐酸中的杂质主要为铁质、硫酸和硝酸等。工业中常用盐酸约含 32%氯化氢。

2. 盐酸在印染中的用途

(1) 冰染染料的重氮化剂。冰染染料是由显色剂的重氮盐与打底剂在织物上合成的染料，显色剂的重氮化反应需在盐酸与亚硝酸钠的共同作用下完成。

(2) 棉布漂白后的酸洗剂。可以代替硫酸。实际使用时，因成本较硫酸高，主要用于高级棉织物和绒坯织物的酸洗。

(三) 醋酸

1. 基本性质

醋酸为有机酸中应用最广的一种，学名为乙酸，分子式为 CH_3COOH，简写为 HA_C。纯醋酸为无色液体，在 16 ℃以下凝结成结晶，又名冰醋酸。醋酸有强烈刺鼻的酸味、易燃性、挥发性和高度腐蚀性，对皮肤有刺痛和灼伤作用；可与水以任意比例混合，其溶液呈弱酸性。醋酸中的杂质多为硫酸、盐酸、铁质和亚硫酸等。市售醋酸大多含 30%乙酸。

2. 醋酸在印染中的用途

(1) 弱酸性染料、活性染料染蚕丝纤维的促染剂。弱酸性染料和活性染料用于蚕丝及其制品染色时，为提高染料的利用率，可采用醋酸或中性盐促染。醋酸还可加强蚕丝及其制品的丝鸣感，提高颜色鲜艳度。一般控制染液 pH 值为 4～6，根据染色方法和染色浓度不同，醋酸

浓度控制在0.3～0.5 mL/L。

(2) 阳离子染料染腈纶的缓染剂。阳离子染料染腈纶时，因染料吸附过快，易导致染色不匀。加入醋酸可抑制腈纶纤维中酸性基团的电离，削弱纤维对阳离子染料的吸附力，降低染料的上染速率，获得匀染的效果。一般控制染液pH值为3～4；对于匀染性很差的阳离子染料，可以将pH值降低到2～3。

(3) 分散染料染涤纶的稳定剂。分散染料在染液pH值过高或过低时，均会因极性基电离而使色光发生变化，不利于染色的对色。同时，涤纶纤维本身耐酸不耐碱，在碱性条件下纤维分子中的酯键会发生水解而断裂，导致织物强力下降。常与醋酸钠混合使用，控制pH值为5～6。

(4) 冰染染料显色液的抗碱剂。冰染染料通常采用轧染法，织物首先浸轧色酚的碱性溶液，再浸轧显色液。此时，织物上的碱会不断带入显色液中，使显色液的pH值不断升高，影响显色剂的活泼性，及偶合反应的正常进行。在显色液中加入醋酸，可以吸收碱剂，使显色液的pH值保持稳定。

(5) 中和剂。在碱性条件下加工后，织物上的残留碱剂很难彻底洗除，对织物的某些性能或制品的颜色产生不同程度的影响。如羊毛、蚕丝织物在碱性条件下洗毛或脱胶后，残留碱会导致羊毛、蚕丝纤维的强力损伤，且使织物手感发涩。再如棉织物用含有β-硫酸酯乙烯砜基的活性染料(如KN型、M型和B型等)染色后，残留碱会引起染料和纤维之间的结合键水解断裂，导致织物色变，即产生“风印”。为确保产品质量稳定和保护织物品质，均可用稀醋酸溶液中和，调节织物的pH值至中性，又称为酸洗。

醋酸还可以作为多种固色剂的助溶剂，提高固色剂的固色效果。

(四) 草酸

1. 基本性质

草酸学名为乙二酸，分子式为$H_2C_2O_4 \cdot 2H_2O$。草酸为有机酸中的强酸之一，易分解，易被氧化。商品形状为无色透明晶体，风化后成为白色粉末。

2. 草酸在印染中的用途

草酸可用于洗除织物上的铁锈斑。在织造、运输、染色和整理加工中，常因机器或运输设备和贮存等原因，使织物上沾污锈斑，形成疵点，影响产品质量。草酸可与铁锈中的三价铁离子络合，形成易溶于水的阴离子络合物，即铁锈可以使用草酸溶液洗除。但浓草酸易损伤纤维，经草酸处理后，织物需用清水彻底洗净，以防烘干时草酸浓缩而损伤织物，严重时还会形成破洞。

二、碱

(一) 烧碱

1. 基本性质

氢氧化钠(NaOH)，俗称烧碱、火碱、苛性钠，常温下是一种白色晶体，具有强腐蚀性，易溶于水，其水溶液呈强碱性，能使酚酞变红。氢氧化钠是一种极常用的碱，是化学实验室的必备药品之一。氢氧化钠在空气中易吸收水蒸气，因此必须密封保存，且须用橡胶瓶塞，即不能敞口放置，因为空气中含有水蒸气(H_2O)、二氧化碳(CO_2)，而NaOH易被水蒸气潮解，易与二氧化碳反应生成碳酸钠，也就是会变质。它的溶液可以用作洗涤液。

2. 烧碱在印染中的用途

在纺织印染工业，烧碱可用作棉布退浆剂、煮练剂、丝光剂，以及还原染料和一些硫化染料的溶剂。棉织品用烧碱溶液处理后，能除去棉织品中的蜡质、油脂、淀粉等物质，同时能增加织物的光泽，使染色更均匀。

（二）纯碱

1. 基本性质

纯碱的学名为碳酸钠，实质属于碱式盐，在印染工业通常作为碱剂使用。其分子式为 Na_2CO_3。常温下为白色粉状固体，易潮解结块。易溶于水，其水溶液呈碱性，有滑腻的手感和热感。纯度一般在 95%以上。通常意义上的纯碱为碳酸钠的粗制品。纯碱中的杂质主要为碳酸氢钠、氢氧化钠、氯化钠、硫酸钠和少量铁质。

2. 纯碱在印染中的用途

（1）软水剂。当水中的钙、镁离子含量较多时，容易导致练漂和染色疵病，所以印染对用水的要求较高，一般需要软化处理。纯碱可与钙、镁离子形成不溶性盐而沉淀出来，但沉淀过多会附着于织物表面，所以纯碱软化法仅适用于水中的钙、镁离子含量较低的情况。

（2）直接染料、硫化染料的助溶剂。直接染料的溶解性差，不耐硬水，染色时加入纯碱可以保持染液的稳定性，有助于染料的溶解，防止病疵产生。硫化染料隐色体容易水解析出，加入纯碱可使硫化染料隐色体稳定，有利于提高得色量。作为助溶剂时，纯碱的使用浓度一般为 0.5～2.0 g/L。

（3）活性染料染纤维素纤维的固色剂。活性染料染纤维素纤维时，除了磷酸酯活性基外，其他活性基的染料与纤维的固着反应均需要在碱性条件下进行。所用纯碱浓度一般为 15～30 g/L，根据染色浓度和染料活泼性而定。

（4）助洗剂。纯碱有助洗作用，可作为精练、皂煮、脱胶和洗毛助剂。一是能促进纤维的膨化，有利于洗液向织物内部渗透，以及织物内部的污物排出；二是纯碱能提高洗涤剂的溶解性，从而提高洗涤剂的有效作用能力；三是纯碱能提高污物的溶解性，促使污物在洗涤液中稳定，从而防止对织物再次沾污。

（5）树脂整理后织物 pH 值中和剂。部分树脂与纤维交联反应的副产物呈酸性，而且使用的催化剂也呈酸性，对纤维素纤维产生损伤。采用纯碱中和，可以调节织物的 pH 值。

（三）泡化碱

1. 基本性质

泡化碱的学名为硅酸钠，分子式通常写作 Na_2SiO_3。实际上，硅酸钠是由不同比例的 Na_2O和 SiO_2结合而成的，所以分子式又写作 $Na_2O \cdot nSiO_2$，其中 n 为 1.6～4。n 值不同，硅酸钠的性质也发生变化。商品硅酸钠有固体和液体两种形式。固体为白色粒状；液体为无色的稠状，且略带绿色或灰色，因其外形很像玻璃，而且能溶解在水中，故俗称水玻璃。

2. 泡化碱在印染中的用途

（1）练漂的助练剂。棉布和蚕丝织物等天然纤维织物中含有大量杂质，通过练漂，溶落至练液中，再经水洗去除，但也有一些会吸附到织物上，影响织物手感和白度。特别是其中的含铁化合物，会在织物上产生铁锈。依靠泡化碱的胶体作用，可以吸附溶落在练液中的杂质。

（2）双氧水漂白的稳定剂。双氧水的漂白是依靠其分解产生的过氧氢离子（HO_2^-）对色素的分解、氧化等作用而完成的。第一，双氧水产生 HO_2^- 需在碱性条件下；第二，双氧水的分解速率过快会降低漂白的效果。加入泡化碱，既作为碱剂，又能控制双氧水的分解速率，使双氧水均匀、缓慢地分解。

需强调的是：一是泡化碱的用量不宜过高，过高反而会降低织物的毛细管效应，如棉布煮练时一般不超过 0.4%；二是泡化碱长时间和高温加工时会结垢，影响织物手感。

（四）液氨

氨在室温下为气体，经过加压后可转变为液体，即液氨。液氨的沸点为 −33.4 ℃。液氨在印染中常用作棉织物防皱整理剂。整理时，织物在一定张力下，在 −33 ℃液氨中浸渍 9 s，然后离开液氨，织物升温后液氨蒸发。在处理过程中，液氨在纤维的无定形区产生交联键，从而提高了织物的抗皱性和耐磨性，且手感柔软，缩水率降低。液氨整理是目前高档棉织物的加工方式之一。但氨气的刺激性强，会对人的眼睛和皮肤产生灼伤，所以加工时要做好回收和环境的通风工作。而且，液氨整理后，可能使染色产品产生色变，要做好检测工作。一般以液氨整理后的织物颜色为对色的色样较为合适。

除上述印染中常用的碱剂外，还有其他碱剂，包括：小苏打（学名碳酸氢钠），用作活性染料直接印花、轧染的固色剂；石灰，用作淡碱回收剂；三乙醇胺，用于活性染料半防印花；树脂稳定剂；等等。

三、盐

（一）食盐

1. 基本性质

食盐的学名为氯化钠，分子式为 $NaCl$。工业用食盐含 92%～98%氯化钠。食盐所含杂质主要为氯化镁、氯化钙、硫酸钙；如置于空气中，因氯化镁、氯化钙吸水而潮解。

2. 食盐在印染中的用途

（1）促染剂。食盐常作为多种阴离子染料的促染剂，如直接染料、活性染料、弱酸性染料、还原染料隐色体和色酚钠盐等。

（2）缓染剂。阳离子染料染腈纶时，加入食盐能够抢占染座，起缓染作用；但相对于阳离子型表面活性剂而言，其缓染作用较弱。强酸性染料染羊毛时，加入食盐可起同样的作用。

需注意的是，使用食盐时，其用量不宜过高，尤其是对于聚集倾向大的染料，如直接染料。在染色浓度较高时，食盐浓度过高会导致染料过度聚集，甚至沉淀，从而产生染色疵病。

（二）元明粉

元明粉的学名为硫酸钠，分子式为 Na_2SO_4，白色粉状或晶状。含 10 分子结晶水的硫酸钠又称为芒硝。工业用元明粉含 92%～98%硫酸钠，所含杂质主要为氯化物、铁盐和硫酸钙。元明粉在印染中的用途基本同食盐。

（三）醋酸钠

1. 基本性质

其分子式为 CH_3COONa，简写为 NaAc。无水醋酸钠为白色或灰白色粉末；商品醋酸钠为含 3 分子结晶水的无色晶体，含 58%～60%无水醋酸钠。

2. 醋酸钠在印染中的用途

（1）冰染染料的中和剂。冰染染料染色时，加入醋酸钠可中和显色剂重氮液中过量的盐

酸，使重氮盐由稳定状态转变为活泼状态，从而能与色酚偶合；而且，醋酸钠与盐酸反应生成的醋酸，与醋酸钠形成缓冲体系，有利于显色液的 pH 值稳定。

(2) 硫化染料的防脆剂。硫化染料染色时，常因染料中析出硫，氧化形成酸而使得棉织物脆损，强力下降。在染色结束后用醋酸钠溶液处理，可以中和织物上残留的酸，防止棉布脆损。

(3) 缓冲溶液的 pH 值稳定剂。在分散染料染色时，涤纶织物和分散染料对染液的 pH 值都十分敏感。pH 值的变化常引起染色色光的改变或涤纶织物的损伤。因此，加工时常采用醋酸与醋酸钠的缓冲溶液，以稳定染液 pH 值。

除以上常用盐之外，印染中使用的盐还有：

(1) 磷酸钠：一是用作软水剂；二是用作棉布煮练助剂；三是用作双氧水漂白加工的稳定剂；四是用作活性染料的固色剂。

(2) 硼砂：作为非耐久型阻燃剂。

(3) 磷酸氢二铵与磷酸二氢铵：作为耐久型阻燃剂和树脂整理的催化剂。

(4) 六偏磷酸钠：作为软水剂。

(5) 氯化镁和硝酸锌：常作为树脂整理的催化剂。

第二节　氧化剂与还原剂

一、氧化剂

(一) 双氧水

1. 基本性质

双氧水的学名为过氧化氢，分子式为 H_2O_2。纯的浓双氧水为无色无臭的油状液体。双氧水的稳定性差，易分解，浓度过高、受热、日光曝晒和剧烈振荡均易引起爆炸。有强氧化性，高浓度双氧水对皮肤有强烈刺激性。易溶于水，可与水以任意比例混合。为安全起见，工业用双氧水浓度通常为 30%～35%，浓度为 4.3%的双氧水通常用作外科消毒剂。

2. 双氧水在印染中的用途

(1) 天然纤维的漂白剂，如棉、蚕丝、羊毛等。双氧水漂白，最佳作用 pH 值为 10.5～11，且需加入稳定剂如硅酸钠等，以防止发生漂液中的重金属离子、金属屑、酶，以及有棱角的细小的固体物质对双氧水的无效催化作用，提高双氧水的利用率，减少对纤维的损伤。双氧水漂白，白度高且稳定，不易泛黄，能够去除天然纤维中的部分杂质。一般双氧水漂白的使用浓度为 2～6 g/L(双氧水以 100%计)。双氧水漂白成本较次氯酸钠高，适用于高品质织物的漂白。

(2) 还原染料显色的氧化剂。还原染料隐色体上染纤维后，需氧化才能恢复正常色光。部分用空气氧化较慢的染料，可以用双氧水溶液氧化。

(3) 剥色剂。当染色出现质量问题，如色花、色斑等严重的色泽不匀，无法通过修色纠正时，需剥色后重染。生产中通常使用成本较低的保险粉还原剥色。但对于部分染料，如蒽醌结构的染料，还原剥色后遇氧化剂容易复色。在这种情况下，用双氧水剥色的效果更好。

(二) 次氯酸钠

1. 基本性质

其分子式为 NaClO,为白色粉末。商品次氯酸钠为无色或淡黄色的液体,俗称漂白水。次氯酸钠易溶于水,其水溶液有腐蚀性,且溶液的成分复杂,随溶液 pH 值而改变,易分解或水解,稳定性差,在碱性条件下相对稳定。所以,商品次氯酸钠溶液为碱性,其 pH 值约为 13。次氯酸钠的有效成分以有效氯含量表示(即次氯酸钠溶液加酸后产生的氯的量)。

2. 次氯酸钠在印染中的用途

(1) 棉织物漂白剂。与双氧水相比,次氯酸钠的漂白温度低,一般为 20～30 ℃,冬季为 30～35 ℃,且价格低,漂白成本低,对棉籽壳的去除能力突出;但漂白后白度一般,且脱氯不净易引起泛黄,对棉纤维损伤较大,适用于中、低档棉织物漂白。次氯酸钠的使用浓度取决于漂白方式,一般控制在 0.5～3 g/L(以有效氯含量计),漂白液 pH 值为 9～11。

(2) 还原黑 BB 的氧化显色剂。因还原黑 BB 结构的特殊性,只有用次氯酸钠才能正常显色。

次氯酸钠还可用于维纶的漂白。

(三) 亚氯酸钠

1. 基本性质

其分子式为 $NaClO_2$。纯净的亚氯酸钠为纯白色,因常含有微量的二氧化氯而呈黄绿色。商品为无色粉末,也有含 3 分子结晶水或水液体形式。亚氯酸钠及其水溶液的性质稳定,不易分解。在酸性溶液中,亚氯酸钠能够分解并产生二氧化氯气体。二氧化氯有毒,且有强烈的刺激性。

2. 亚氯酸钠在印染中的用途

(1) 棉纤维漂白剂。亚氯酸钠漂白,白度洁白、晶莹透亮,织物手感好,同时具有很强的去杂能力,对棉纤维损伤小,但脱氯不净会引起泛黄。

(2) 涤纶漂白剂。亚氯酸钠用于涤纶漂白,能够获得其他漂白剂如双氧水、次氯酸钠等达不到的白度。

亚氯酸钠还可用于维纶、锦纶、醋酯纤维的漂白。

但亚氯酸钠漂白过程中产生的有毒气体二氧化氯,对环境污染严重,对排风要求高,对设备要求也高(需用钛板),在实际应用中受到限制。

(四) 红矾钠

1. 基本性质

其学名为重铬酸钠,又简称红矾钠或红矾,分子式为 $Na_2Cr_2O_7 \cdot 2H_2O$。商品形态为橘红色的晶体。红矾钠有毒,具有氧化性,易潮解。其商品含 95%～99%重铬酸钠晶体。

2. 红矾钠在印染中的用途

(1) 酸性媒染染料的媒染剂。通过其还原所产生的三价铬的络合作用,能够提高媒染染料的染色牢度。

(2) 显色剂。用作难氧化的还原染料的显色剂。

(3) 防染剂。用作快色素染料印花时的防染剂。

(五) 防染盐 S

其学名为间硝基苯磺酸钠,为白色或黄色粉末,易溶于水,在中性、碱性介质中具有一定氧

化性，耐酸、耐碱、耐硬水。防染盐S在印染中主要用作活性染料印花或染色后汽蒸加工的色光保护剂。因为汽蒸时蒸汽机中的还原性物质，或由高温汽蒸促使纤维水解所产生的还原性，会使染料色光改变，变暗变萎。加入防染盐S可以消耗这些还原性物质，防止其对染料的还原破坏。防染盐S也可用作还原染料色纱织物煮练的白地保护剂，利用其氧化作用阻止煮练下来的还原染料对白地沾色。防染盐S还可用作拔染印花的地色保护剂等。

印染加工中使用的氧化剂还有：漂白粉，用于棉织物漂白；氯胺T，用于植物纤维和人造丝漂白；过氧化钠和过硼酸钠，可以代替双氧水使用；亚硝酸钠，主要作为冰染染料色基的重氮化试剂。

二、还原剂

（一）保险粉

1. 基本性质

其学名为连二亚硫酸钠，又称低亚硫酸钠，商业中又称为养缸粉，分子式为 $Na_2S_2O_4$。保险粉不含结晶水时呈淡黄色粉末，含2分子结晶水时呈白色至灰白色结晶性粉末，有二氧化硫的特异臭味，具有强还原性，是印染中常用的还原剂。稳定性差，遇热、光、空气、水极易分解或水解，受潮或露置空气中会失效，而且可能自燃，至190 ℃时可发生爆炸。对眼、呼吸道和皮肤有刺激性，接触后可引起头痛、恶心和呕吐。宜密闭、阴凉、避光、干燥处保存。商品保险粉含 $Na_2S_2O_4$ 85%～95%。

2. 保险粉在印染中的用途

（1）还原染料的还原剂。还原染料为棉织物染色常用染料，但其本身不溶于水，对纤维素纤维没有直接性，染色时需在保险粉碱性溶液中，还原转变为可溶性的隐色体而上染纤维。保险粉的还原能力强，能够还原所有的还原染料。

（2）羊毛和蚕丝的漂白剂。保险粉的还原漂白成本较双氧水低，但易复色，一般与氧化漂白结合使用。

（3）剥色剂。当染色色泽严重不符或色泽不匀无法修复时，通常需剥色后复染。印染设备更换加工颜色时，为防止沾色，可用保险粉剥色清洗。

（三）雕白粉

1. 基本性质

其学名为次硫酸氢钠甲醛或甲醛合次硫酸氢钠，根据其商品形态不同，又称雕白块或雕白粒，分子式为 $NaHSO_2 \cdot CH_2O \cdot 2H_2O$。为半透明白色结晶块状、粉状或粒状，易溶于水。室温下稳定性好，没有还原力；在高温下具有较强的还原性，有漂白作用。高温下遇酸即分解，120 ℃下分解产生甲醛、二氧化硫和硫化氢等有毒气体。其水溶液在60 ℃以上就开始分解出有害物质。受潮、受热极易分解，贮存时一定注意密封，不可受潮、受热，且与酸隔离。若块状变粉状或粉状结为块状，都视为变质现象。故本品不宜久贮。

2. 雕白粉在印染中的用途

（1）纳夫妥地色等拔染印花的拔白剂或拔染剂。印花色浆在已染有地色的布上进行拔染时，需要采用具有还原性的印浆，一方面破坏地色，同时使花色固着在布上。常用的着色染料都是还原染料。室温下雕白粉的性质较保险粉稳定，在汽蒸100 ℃时还原能力最强。汽蒸时，使地色染料的发色基团破坏，达到拔除地色的目的，同时使色浆中的还原染料还原成隐色体而溶解并上染至纤维。雕白粉多应用于拔染纳夫妥、活性、铜盐等染料染成的地色布，尤以纳夫妥地色布拔染印花的应用最为广泛。纳夫妥地色拔染印花拔白浆中，雕白粉用量一般为160～250 g/L；还原染料着色拔染印花色浆中，雕白粉用量一般为 140～200 g/L。

(2) 阿尼林黑和印地科素染料地色防染印花的防白助剂。阿尼林黑地色防染印花的防白印浆由淀粉糊、纯碱、锌氧粉和荧光增白剂组成，也可加入少量还原剂(如雕白粉、亚硫酸氢钠)作为防白助剂，将阿尼林黑中的氧化剂——氯酸钠的作用力削弱，防止它氧化发色，从而获得更白的防白效果。

(3) 纳夫妥与印地科素同印时防止传色的助剂。传色为一种印花疵病，滚筒印花运转中，前面花筒已经转印在织物上的色浆，未被纤维全部吸收，而堆积在织物表面，经轧压黏附在后面花筒上，由刮浆刀不断刮入后面花筒的给浆盘内，使该色浆的色泽或色光改变，再转印于织物上，造成该花纹的颜色与原配色不符。采用纳夫妥与印地科素同印时，一般是纳夫妥先印花，印地科素后印花。在印地科素印浆中加入 0.2%～0.5%雕白粉，可以防止纳夫妥印浆传色到印地科素印浆中。由于雕白粉有还原力，能使传色过来的纳夫妥色泽消失，从而避免印地科素被纳夫妥沾污。但需指出，印地科素印浆中需补加亚硝酸钠，如雕白粉加入 0.2%，则亚硝酸钠补加 0.2%，使印地科素本身的发色不受影响。

其他还原剂及其在印染中的应用情况如下：

(1) 漂毛粉，又称漂毛剂，为 40%焦磷酸钠与 60%保险粉的混合物，最适宜于羊毛的漂白。

(2) 雕白剂 W，学名为二甲基苯基苄基氯化胺二磺酸钙，又称拔白剂 W 或咬白剂 W，主要用于还原染料为地色的拔白印花。由于能够与还原染料隐色体结合成可溶于碱的化合物，在以还原染料染地色的拔染印花中，克服了雕白粉拔白不白的问题。

(3) 亚硫酸钠，为棉布的煮练助剂，能使棉布中的天然杂质(如棉籽壳、蛋白质、果胶等)分解或水解，还可以防止氧化性物质(如空气中的氧)在高温煮练时对棉纤维的破坏作用，保护棉纤维，减少对纤维强力的损伤。

(4) 大苏打，学名为硫代硫酸钠，又称海波，通常用于棉布以次氯酸钠漂白后的脱氯剂。

第三节 表面活性剂

一、表面活性剂的基本知识

(一) 表面活性剂的定义

当液体和空气接触时，液体内部的分子，由于周围条件相同，四周所受到的引力均匀一致；而液体表面层的分子，由于分子的上部暴露在空气中，空气对这些分子的吸引力较小，结果使液体内部的分子对表面层分子的吸引力大于空气的吸引力，所以，液体表面就有向内收缩的趋势而呈球状。如荷叶上的露滴、玻璃板上的水银滴等，就好像在这些液滴的表面形成一层紧绷的薄膜。能使液滴在自然界中保持这种现象的力，通常叫作表面张力。液体表面张力的存在，使自然界中的液体不易发挥润湿、渗透、净洗、乳化等作用，从而不利于印染加工的进行。

为了提高试剂的润湿性、分散性、乳化能力、清洗效果，在印染加工时，通常在液体中加入

化学助剂来降低液体的表面张力，改变体系的界面状态，从而产生润湿、渗透、乳化、净洗、消泡等一系列改善印染加工质量的作用。加入的这种化学物质，通常称为表面活性剂。表面活性剂在纺织湿处理过程中应用很广泛。表面活性剂的分子结构由特殊亲水部分和特殊拒水部分组成。当它们的浓度达到一定程度后，溶液的表面张力会降低，形成胶束，从而赋予溶液新的特性。

(二) 表面活性剂的一般性质

1. 在水中的溶解性

在一般情况下，离子型表面活性剂的亲水性随着温度的升高而增大，至一定温度后，溶解度会增加很快。

由图 2-3-1 可见，离子型表面活性剂的溶解度随着温度的升高有一明显的突变点。此突变点时的温度称为克拉夫特点(Krafft point)，应用时，往往在此点以上。

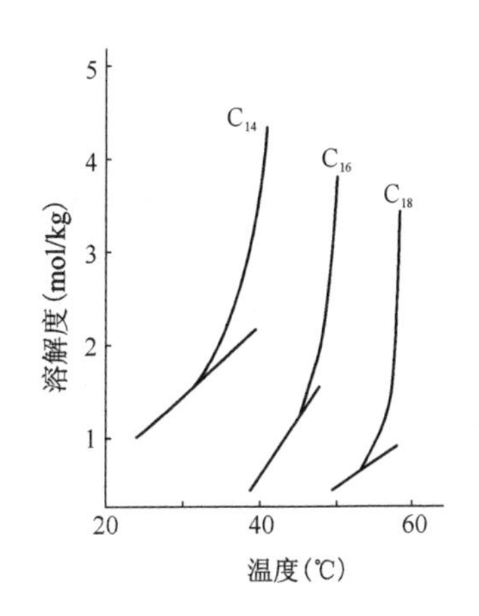

图 2-3-1 烷基苯磺酸钠溶解度与温度的关系

对于非离子型表面活性剂，其溶解度随温度变化的情况和离子型表面活性剂的差别很大。它们一般在低温时易溶，当温度升至一定程度后，其溶液发生浑浊、析出、分层的现象。析出、分层并发生浑浊时的温度，称为非离子型表面活性剂的浊点。

2. 耐酸碱性

阴离子表面活性剂在强酸液中不稳定。在强酸作用下，羧酸皂类表面活性剂易析出游离酸，硫酸酯盐易水解，磺酸盐较稳定；而在碱液中，它们均较稳定。

阳离子表面活性剂中，铵盐类在碱液中易析出游离氨，在酸性环境中稳定；季铵盐的耐酸碱性均较好。

非离子表面活性剂在酸、碱液中均较稳定，但羧酸的聚乙二醇酯或环氧乙烷加成物例外。

两性型表面活性剂易随 pH 值变化而改变其性质，在等电点时，形成内盐而沉淀析出。如分子中含有季铵盐结构，则无此现象发生。

值得注意的是，分子中含有酯键的表面活性剂，在强的酸性或碱性溶液中，均易发生水解。

3. 耐硬水性

离子型表面活性剂易产生盐析，多价金属离子对羧酸类表面活性剂的影响更大；非离子和两性型表面活性剂不易产生盐析。

4. 耐氧化性

离子型表面活性剂中的磺酸盐类和非离子型表面活性剂中的聚氧乙烯醚类的抗氧化性较好，结构最为稳定。从分子结构可知，C—S、C—F 和—O—键较稳定，不易破坏。

(三) 表面活性剂分类

根据表面活性剂水溶液的离子特点，将传统表面活性剂分为四大类：阴离子型、阳离子型、两性型和非离子型表面活性剂。实际使用时，根据离子类型和工业用途将表面活性剂进行分类最为普遍。

1. 按离子类型分类

在水中，凡能电离生成离子的称为离子型表面活性剂，包括：阴离子型表面活性剂，主要用作洗涤剂、渗透剂、润湿剂、乳化剂、分散剂等;阳离子型表面活性剂,主要用作柔软剂、匀染剂、防水剂、固色剂、抗静电剂等;两性型表面活性剂,主要用作柔软剂、匀染剂、抗静电剂等。具有活性基团,但在水中不电离,而又能发生水化作用的表面活性剂,称为非离子型表面活性剂,主要用作匀染剂、乳化剂、分散剂等。

2. 按用途分类

在印染工业中,按用途可将表面活性剂分为净洗剂、精练剂、润湿剂、渗透剂、分散剂、乳化剂、起泡剂、消泡剂、匀染剂、缓染剂、固色剂、剥色剂、柔软剂、防水剂、阻燃剂、抗静电剂等。具有抗静电作用的阳离子表面活性剂,往往同时具有柔软、杀菌和消毒作用。

二、常用表面活性剂及其性能

(一) 润湿、渗透剂

1. 太古油

太古油又名土耳其红油,简称红油。它为棕黄色油状液体,易溶解于水而呈乳浊液,暴露在空气中会变质。太古油具有优良的润湿、渗透能力和乳化力,但洗涤作用较差。太古油耐酸,耐硬水。

在染整加工过程中,因太古油具有优良的润湿、渗透、乳化等作用,常与肥皂一起用作棉布煮练助剂、纳夫妥 AS 类打底染色助剂、硫化染料染色助剂等。例如:硫化染料染色时,以适量太古油将染料调成浆状,加入硫化碱,通过汽蒸加热,等染料溶解后注入染槽。

2. 渗透剂 T

渗透剂 T 为淡黄色或棕黄色黏稠液体,属阴离子表面活性剂,可溶于水,1%水溶液的 pH 值为 6.5~7,本身不耐强酸、强碱、还原剂和重金属盐。具有很高的渗透能力,并且渗透快速、效果均匀,在低于 40 ℃和 pH 值为 5~10 时,渗透效果最好。当织物渗透完全后,其性能不再受酸、碱、温度等的影响。

渗透剂 T 主要用于棉纱染色和棉布煮练过程。但在棉布煮练加工中,不可将渗透剂 T 直接加入浓碱液中,应先加入碱,然后再加入渗透剂 T,用量通常为 1~6 g/L。

3. 渗透剂 M

渗透剂 M 是棕褐色液体,属阴离子型,易溶于水,具有极强的润湿、渗透能力,遇强酸不稳定,但耐碱。硬水中的钙、镁离子不影响其作用的发挥。

渗透剂 M 可代替太古油作为纳夫妥染料 AS 类打底剂调制时的润湿剂,以及打底浴中的渗透剂,用量为 30~50 mL/L。

4. 渗透剂 JFC

渗透剂 JFC 为透明淡黄色的黏稠液体,是非离子表面活性剂,水溶性好,在水溶液中稳定,耐强酸、强碱、次氯酸盐、硬水和重金属盐,能和阴离子、阳离子表面活性剂混用,具有优良的润湿、渗透和乳化能力,并有一定的净洗效果。

棉布退浆时,为提高退浆液的润湿、渗透能力,可加入 0.5~1 g/L 渗透剂 JFC,以加速退浆,并提高退浆效果;羊毛炭化时,加入 0.5~1 g/L 渗透剂 JFC,可缩短炭化时间,减少用酸量,提高炭化效果;树脂整理时,为提高渗透效果,常增加渗透剂 JFC 的用量,一般为 3~5 g/L。

5. 拉开粉 BX

拉开粉 BX 为阴离子表面活性剂,易溶于水,1%水溶液的 pH 值为 7~8.5,能耐酸、碱和

硬水，但在强碱中呈白色沉淀。拉开粉 BX 不能和阳离子表面活性剂共用，且铝、铁、锌、铅盐能使其沉淀。在染整过程中，拉开粉 BX 具有优良的润湿渗透性能，同时还具有乳化、扩散、起泡等性能，但几乎无净洗能力。

因拉开粉 BX 具有优良的润湿渗透能力，粉状染料可用 0.5%拉开粉溶液打浆，然后溶解。纳夫妥 AS 打底时可加 1～3 g/L 拉开粉，以代替太古油；涤/棉纱用分散染料高温染色时，通常加 2～3 g/L 拉开粉作为匀染剂。拉开粉 BX 也可用于煮练、酶退浆、羊毛炭化、氯化、缩绒等工序，用量一般为 0.1%～3%（按织物质量计）。

（二）乳化、分散剂

1. 乳化剂 OP

乳化剂 OP 为棕黄色膏状液体，属非离子表面活性剂，可溶解于各种硬度的水中。其在冷水中的溶解度高于热水，1%水溶液的 pH 值为 5～7，浊点为 75～85 ℃。此物耐酸、碱、还原剂、氧化剂、盐和硬水。当水中含有大量金属离子（铁、铬、锌、铝、铜等）时，其表面活性会下降。它具有优良的匀染、润湿、乳化、扩散等性能，同时也具有助溶、净洗和保护胶体的作用。乳化剂 OP 可与各类表面活性剂及染料、树脂初缩体混用，但一般不与阴离子表面活性剂同时用作匀染剂。

2. 乳化剂 EL 系列

该系列为蓖麻油与环氧乙烷的缩合物，属非离子表面活性剂，为茶黄色油状液体或糊状物，pH 值（1%水溶液）为 6～7，可溶于水，在冷水中的溶解度高于热水。此物能耐酸、硬水、无机盐，低温时耐碱，但遇强碱会水解。它们具有不同的 HLB 值和浊点，且随着环氧乙烷加成数的增加，HLB 值（6.4～15.8）和浊点不断升高。它们本身具有乳化性能，常作为 O/W 型乳液的乳化剂。

该系列表面活性剂具有较优良的润湿、乳化、净洗和抗静电性能。

3. 斯盘（20-80）系列

该系列为琥珀色油状液体或棕黄色蜡状固体，学名为失水山梨醇脂肪酸酯，属非离子型表面活性剂；能溶解于热油、脂肪酸和各种有机溶剂，不溶于水，可在热水中分散呈乳液状；耐酸、碱；是一种 W/O 型乳液的乳化剂，也可作为分散剂、润湿剂、增稠剂、润滑剂、防锈剂，常与吐温系列配合使用。

4. 吐温（20-80）系列

该系列为琥珀色油状液体或蜡状固体，学名为失水山梨醇脂肪酸酯聚氧乙烯醚，属非离子型表面活性剂，由斯盘与环氧乙烷反应而制得。它们均能溶于水和多种有机溶剂，但不溶于油，耐酸、碱，是一种优良的 O/W 型乳液的乳化剂，也可作为润滑剂、分散剂、稳定剂使用。与斯盘系列配合，可用作乳化剂、染料分散剂、润滑剂、防静电剂和柔软剂，在化纤油剂、印染行业有广泛的用途。

5. 扩散剂 NNO

扩散剂 NNO 又称扩散剂 N，外形为米棕色粉末，主要组分为亚甲基双萘磺酸盐，属阴离子型表面活性剂；易溶于水，1%水溶液的 pH 值为 7～9；能耐酸、碱、盐和硬水，具有良好的扩散性能和保护胶体性能，且不会产生泡沫；广泛用于还原染料悬浮体轧染、隐色酸法染色、分散染料染色等加工，也可用于丝/毛交织织物染色，在染料工业主要用作分散剂和色淀制造时的扩散助剂。

还原染料悬浮体轧染法时，加 3～5 g/L 扩散剂 NNO，有助于染料颗粒的扩散与稳定。隐色酸法染色时，用量一般为 2～3 g/L；靛族还原染料用隐色酸法染色时，用量可降至 0.6～1.5 g/L。

6. 分散剂 WA

其学名为脂肪醇聚氧乙烯醚硅烷，属非离子型表面活性剂，呈黄棕色透明液体，扩散力≥100%，1%水溶液的 pH 值为 6～8，浊点≥95 ℃(5% NaCl 溶液)，活性物含量≥17%。

分散剂 WA 主要用于毛/腈混纺织物的染色，作为酸性染料和阴离子染料的防沉淀剂，在丝绸工业作为真丝预处理和精练助剂。

7. 染料分散剂 WJ-300

其为亚甲基双萘磺酸盐和多种表面活性剂的复配物，属阴离子表面活性剂，外观呈棕黄色液体状，pH 值为 8±0.5，与大部分阴/非离子型助剂相溶。

此物主要用于染料的溶解和分散，能使染液更加均匀。在浆染联合机上靛蓝染料化料时，可使靛蓝染料颗粒更细腻、更均匀地分散在染液中，尤其能克服靛蓝隐色体扩散性差、染色过程中染液对纱线的渗透力弱的缺点。另外，其匀染性强，能提高纱线(特别是高支纱)的染色质量，但不影响染色工艺或所用染料的上染性能。

其用法是先加水，然后加适量染料分散剂 WJ-300，搅拌均匀再加入靛蓝染料搅拌。建议用量为 3～5 g/L。

8. 分散剂 IW

其学名为脂肪醇聚氧乙烯醚，属非离子型表面活性剂，呈白色至淡黄色片状物，1%水溶液的 pH 值为 6～7，主要用于毛/腈混纺织物或绒线一浴法染色加工中酸性染料和阳离子染料的防沉淀剂，亦可作为强力分散剂，以制备各种有机物乳化液。

9. 扩散剂 KF-M

其为阴离子型表面活性剂复配物，呈棕褐色透明液体状，固含量为 30%±2%，1%水溶液的 pH 值为 7～9，具有优良的扩散性和渗透性，可与非离子、阴离子助剂同时使用，但不能与阳离子染料或阳离子助剂混合使用，主要用作还原染料和分散染料的分散剂，可使染料色光鲜艳、着色均匀。

(三) 净洗剂

1. 肥皂

肥皂是传统的洗涤助剂，属阴离子表面活性剂，能溶解于冷水，更易溶解于热水。它不耐酸，不耐硬水。当肥皂在水中遇无机酸(如盐酸、硫酸)时，脂肪酸就会游离析出，析出的酸浮于液面上，会破坏肥皂的洗涤作用。在硬水中，肥皂会生成不溶性的脂肪酸钙和脂肪酸镁而沉淀，降低洗涤效能，并且生成的钙皂和镁皂黏附在织物上很难去除，从而影响产品质量。

肥皂常用作染后洗涤剂，有利于去除浮色，常规用量为 2～3 g/L。

2. 胰加漂 T

其为白色粉末或微黄色黏稠液状物，属阴离子型表面活性剂，能溶于热水，低于 10 ℃有浑浊现象，升温后会消失。它在酸、碱、硬水中稳定，但易被生物降解。胰加漂 T 主要用于羊毛、丝绸织物的洗涤，使其具有柔软、光泽感。它也是良好的匀染剂、湿润剂与渗透剂。

原毛、毛纱、绒线、呢绒等，都可以用胰加漂 T 洗涤，洗涤后纤维手感柔软，也不会影响以

后的染色，用量一般为 1～2 g/L；毛织物染色前如果含有少量油脂，可加胰加漂 T 0.5～1 g/L，在 30～40 ℃温度下处理 20 min，然后按照常规方法染色。

3. 净洗剂 209

净洗剂 209 为淡黄色胶状液体，主要组分为 N-油酰基-N 甲基牛磺酸钠，属阴离子型表面活性剂；易溶于热水，冷水中溶解较慢，溶液呈微碱性，pH 值为 7.2～8.5(1%水溶液)，活性物含量≥19%；能耐酸、碱、硬水。它具有较好的净洗、匀染、渗透和乳化性能，是良好的浸润剂和除垢剂，广泛用于动物纤维的染色和洗涤，以及棉的前处理过程，可赋予产品松软、滑爽的手感。

用于毛纺织物印染后洗去浮色，以及缩毛、缩绒处理和丝绸脱脂洗涤，一般用量为 1～2 g/L。在温度低于 10 ℃时，放置一段时间会发生浑浊，流动性降低，甚至有白色结晶析出；温度升高后又恢复原状，质量不发生变化。

4. 雷米邦 A

其为棕色黏稠液体，属阴离子型表面活性剂。它易吸潮，易溶于水，2%水溶液的 pH 值为 7～8；在酸性溶液中(pH 值<6)不稳定，在硬水、碱性溶液中稳定。当有少量纯碱存在时，它的净洗能力与胰加漂 T 相似。雷米邦 A 的脱脂能力很差，对皮肤的刺激温和，因此可用于洗涤头发和护肤。

在染整中主要用作丝绸精练剂，1 kg 雷米邦 A 可以代替 2 kg 丝光皂；还可用作直接染料的匀染剂，以及丝绸、羊毛洗涤剂。

5. 净洗剂 LS

净洗剂 LS 属阴离子型，易溶于水，耐酸、碱、硬水和一般电解质，是优良的净洗剂和钙皂扩散剂，适合用作高级毛织品的净洗和渗透助剂，可获得良好的手感和丰满感，且适用于活性、冰染等染料的印染织物的后处理，以及纺织工业中去除浮色等要求较高的净洗。净洗剂 LS 又可作为还原、酸性等染料的匀染剂。

其作为钙皂扩散剂，用量约为 1 g/L；在印花织物皂煮液中，加 0.5～1 g/L，可防止沾色，使白地洁白、色泽鲜艳；在还原染料染棉、酸性染料染羊毛时，加 0.2%～0.4%(对织物重)作为匀染剂，效果较好；原毛、绒线、呢绒等，可加 1～2 g/L 进行洗涤，洗后手感柔软，且不影响后续染色加工。

(四) 匀染剂

1. 超细纤维匀染剂 TF-212A

其为棕黄色透明液体，属特种表面活性剂复合物，阴/非离子型，固含量为 23.0%～25.0%，pH 值(1%水溶液)为 5.0～7.0，易溶于冷水。

此物适用于超细涤纶织物高温高压染色，加大用量可用于产品的回修。它具有超强的缓染性，能控制染色初期的上染率，发挥优秀的匀染作用。它的高温分散稳定性优良，可确保染色过程中无染料凝聚；移染能力也强，在春亚纺染色中有特效；消色现象很小，可得到很好的染色重现性，起泡性低。

该助剂用于超细涤纶织物高温染色时，可按以下常规工艺进行：

用量：0.5～2.0 g/L；浴比：1∶10；染色温度：125～130 ℃；保温时间：30～60 min。

具体工艺可根据试样情况酌情调整。

2. 高温匀染剂 EK-100L

其为深褐色透明液体，属阴离子型特殊表面活性剂，易溶于水，1%水溶液的 pH 值约为 7.5。

此物具有优良缓染性，可抑制染色初期染料瞬染性，不仅可促使升温时染料均匀吸收，而且匀染性和移染性优异，分散性能好，可防止分散染料热凝聚，获得鲜艳的色泽，并防止染斑等疵病。其耐高温性良好，具有低起泡性，可防止因起泡而产生的问题，与高温导染剂并用时可保证导染剂分散，可用于涤/毛混纺的染色，得到深且鲜艳的色相。

3. 全环保型涤纶高温匀染剂 HD-366A

其为表面活性剂复配物，外观呈浅棕色透明液体，耐酸、碱、电解质，1%水溶液的 pH 值为 6～8。

它具有良好的分散作用，匀染性、移染性佳，上染率高，色光纯正，重现性好；适用于涤纶或涤/棉织物和丝线的分散染料高温高压染色，推荐用量为 0.5～2 g/L。

它为新开发产品，环保型助剂，完全生物降解。

4. 分散染料匀染、剥色修色剂 LD

其为脂肪酸环氧乙烷缩合物，属非离子型表面活性剂，外观为棕色透明液体，极易溶于水，与非离子型、阴离子型、阳离子型助剂相容。

该助剂用于分散染料染涤纶时，具有优良的匀染、剥色作用，在快速升温条件下也能保持良好的匀染效果，提高了染料的选择性；用于经轴染色或卷装染色，可增进染料的渗透。

应用工艺举例如下：

(1) 预稀释。该助剂使用前需与水按 1∶4 的比例稀释于 60 ℃温水中。在染缸中加入分散染料前应用。

(2) 作为剥色剂或修补剂。用作剥色剂时，视剥色程度不同，需采用不同浓度。

① 剥色 20%～30%

LD　　1.5～3 g/L

醋酸　　调 pH 值为 4.5～5.5

在干净的缸中，于 130 ℃的温度下处理 30 min，还原皂洗和水洗。

② 剥色 60%～70%

LD　　5～10 g/L

醋酸　　调 pH 值为 9.5～10.5

在干净的缸中，于 130 ℃的温度下处理 30 min，还原皂洗和水洗。

③ 作为缓染剂

LD　　0.1～0.5 g/L

5. 棉用匀染剂 DC-100

其为特殊阴离子型高分子表面活性剂，褐色透明液体，pH 值为 6～9，活性物含量为 25%±1%。

此匀染剂在棉、麻及其混纺织物用活性染料或直接染料染色时，能有效防止产生色点，染色均匀；筒子纱染色时，可防止内外色差，能防止第二主族金属离子对染色的影响。它还有稳定 pH 值的作用，可使染色不匀疵布得到改善和修复。

6. 棉用匀染剂 NS

其为阴离子型表面活性剂复配物，棕黄色液体。

它能有效地分散和助溶染料，匀染性好；耐硬水和沉淀等杂质，对电解质稳定，耐酸、碱和常用化学品，无泡沫；对各类棉用染料都具有显著的匀染作用，是一种新型环保助剂。

推荐用量如下：

活性、直接染料染色	1～1.5 g/L
还原染料染色	0.5～1.5 g/L
成衣染色	0.5～1 g/L
染色/印花后皂洗	0.5～1.5 g/L

7. 活性染料匀染剂 LA-300

其为阴离子表面活性剂复配物，呈棕色液体，耐碳酸钠等，电解质，易溶于冷水中。

它主要用于活性染料的染色。对于不同种拼色染料，可获得均一上染率，从而消除色花、色差、条痕，提高得色量，但不影响色光。推荐用量为 0.5～1 mL/L。

8. 棉用匀染剂 450

其为多种阴离子型高效表面活性剂的复配物，呈淡黄褐色液体状，pH 值为 7～9。

它在活性染料与直接染料染色中具有匀染性能，还可防止染缸污染；在涤/棉染色中对棉染色时，可防止涤纶受到污染。它无毒无污染，为新型环保助剂。推荐用量为 0.5～2 g/L。

9. 棉用匀染剂 WT

其为特殊阴离子高分子表面活性剂复配物，呈棕褐色透明液体状，固含量为 28%±1%，易溶于水，可与阴、非离子助剂相容，耐酸、碱、硬水。

此产品是活性染料染棉、麻、黏胶及混纺的纤维素纤维专用匀染剂，其性能优于常用的非离子表面活性剂，其优良的分散性、匀染性、螯合性及低泡性，利于染料有秩序地进入染座，并可防止盐控、碱控所形成的染料凝析而产生色花，从而达到匀染效果。推荐用量为 0.5～1 g/L。

10. 酸性染料匀染剂 GES HWD

其为脂肪醇聚氧乙烯醚缩合物，属非/阴离子型，淡黄色透明液体，pH 值为 6～6.5。

它在酸性、中性和金属络合染料及毛用活性染料中用作匀染剂。推荐用量为 1%～1.5%。该助剂为高浓缩产品，1 t 可稀释成 5 t。

11. 酸性染料匀染剂 HD-362

其为特殊表面活性剂，呈淡黄色液体状，pH 值为 7～8，易溶于水，耐酸、碱、无机盐。

它可用作酸性染料或中性染料染锦纶、羊毛时的匀染剂。上染初期对酸性、中性染料有很好的亲和力，有优良的缓染作用，能有效地提高染料的溶解力和渗透性，无明显的变色和消色性。它同时具有较强的移染性，能有效地消除色花、色斑、染色不匀等现象，可作为剥色剂使用。这是一种环保型助剂。

推荐用量如下：

染色	0.5%(o. w. f.)～1.5%(o. w. f.)
剥色	3%(o. w. f.)～6%(o. w. f.)

12. 羊毛匀染剂 DM-2206

其为脂肪胺聚氧乙烯醚的复配物，属非离子型，呈淡黄色至黄色透明液体状，pH 值(1%

水溶液）为 6～7，可用水以任意比例稀释。

它适用于中性染料对羊毛染色，具有优良的移染性和缓染性，可获得均匀的染色效果。该产品属亲染料型匀染剂，可显著降低染料对羊毛纤维的上染率，增强拼色染料的同步上染性能，使染色重现性好，批差小，得色深，色光纯正、鲜艳，但对染色牢度基本无影响。

参考用量：1%（o. w. f. ）～2%（o. w. f. ）。

13. 匀染剂 OP

匀染剂 OP 也叫作乳化剂 OP，为棕黄色膏状物，是非离子型表面活性剂，可溶于各种硬度的水中。由于非离子表面活性剂存在浊点，其在冷水中的溶解度比热水中大。1%水溶液的 pH 值为 5～7，浊点为 75～85 ℃。该助剂耐酸、碱、硬水、氧化剂、还原剂等，对盐类也很稳定；但当水中有大量金属离子时，其表面活性会降低。它具有与平平加 O 类似的助溶、匀染、乳化、润湿、扩散、净洗等优良性能。

14. 匀染剂 1227

匀染剂 1227 为无色至淡黄色液体，是十二烷基苄基二甲基氯化铵，属阳离子型，易溶于水，1%水溶液的 pH 值为 6～8，耐酸、盐和硬水，但不耐碱。

它是阳离子染料染色的缓染剂、匀染剂和杀菌消毒剂，也可用作织物柔软剂和抗静电剂，目前主要作为阳离子染料染腈纶的缓染剂。

其用量根据染色深度、所用阳离子染料的特性而定，一般深色用量为被染物质量的 0. 2%～1%，中色为 1%～1. 5%，浅色为 1. 5%～3%。

15. 平平加 O

其为乳白色或米黄色软膏状物，学名为脂肪醇聚氧乙烯醚，属非离子型表面活性剂，易溶于水，1%水溶液的 pH 值为 6～8，浊点为 70～75 ℃；耐酸、碱、硬水；对直接染料、还原染料有高亲和力，在染液中和染料结合成一种不十分稳定的聚合体，在染色过程中，这种聚合体再缓缓释放出染料而上染纤维，所以是一种缓染剂。由于它和染料的亲和力强，所以加入过量的平平加 O，在氢氧化钠和保险粉染浴中有剥色能力，故又可作为剥色剂。它还可作为匀染剂、渗透剂、分散剂和乳化剂。

平平加 O 对各种染料具有良好的匀染性、缓染性、渗透性、扩散性，在染浴中作为匀染剂时，不宜与阴离子表面活性剂同浴使用。用作直接染料染棉的匀染剂时，其用量为 0. 2～0. 5 g/L，就可得到很好的匀染效果。以还原染料染棉时，加入 0. 02～0. 1 g/L 平平加 O 就已足够，用量过多会使上染百分率下降明显。

（五）抗静电剂、防水剂、柔软剂

1. 抗静电剂 SN

此物为棕红色油状黏稠物，属阳离子型表面活性剂；易溶于水，pH 值为 5～8，固含量为 52%±2%；对酸、碱稳定；可与非离子表面活性剂混用，适合用作合纤纺丝油剂、涤纶和腈纶织物的非耐久性抗静电剂、阳离子染料染腈纶的匀染剂、涤纶碱减量整理促进剂。

推荐用量如下：

（1）用作合成纤维纺丝油剂时，用量为 0. 2%（o. w. f. ）～0. 5%（o. w. f. ）。

（2）用作真丝静电消除剂，用量为 0. 75～1 g/L。

2. 1631 表面活性剂

其学名为十六烷基三甲基氯化铵，属阳离子表面活性剂，呈白色蜡状固体；能溶于水和乙

醇，1%的水溶液 pH 值为 7 左右，活性物含量为 68%～72%。

该产品主要用作杀菌剂、乳化剂、柔软剂及抗静电剂，能与阳离子、非离子和两性表面活性剂同浴使用。1631 表面活性剂用于腈纶针织品，不仅使织物蓬松、柔软、外观丰满，还可避免因静电作用产生的针孔疵病。但它不宜在 120 ℃以上的温度下长时间加热和使用。

3. 两性表面活性剂 BS-12

其学名为十二烷基二甲基甜菜碱，属两性型表面活性剂。它的外观为无色至浅黄色黏稠液体，活性物含量为 28%～32%，pH 值为 6～8，可溶于水。对次氯酸钠等强氧化剂稳定，不宜在 100 ℃以上长时间使用。

它用作纤维、织物柔软剂和抗静电剂、钙皂分散剂、杀菌消毒洗涤剂、兔羊毛缩绒剂等，能与各种类型的染料、表面活性剂配伍。

4. 抗静电柔软剂 ESF-930

此产品由非离子表面活性剂组成，为乳白色稠厚液体，1%水溶液的 pH 值为 6～7.5，易分散在 70 ℃以上的热水中，可与各种柔软剂、后整理剂同浴。

它适用于真丝、绢、羊毛等纤维及织物的抗静电整理，具有优良的抗静电性能，使织物手感柔软、滑爽、丰满，并增加亲水性。

5. 防水剂 PF

此产品为灰白色浆状液，有刺激性吡啶气味，扩散在 35～40 ℃的水中，属阳离子型表面活性剂。防水剂 PF 的水溶液呈微酸性，耐酸和硬水，但不耐碱，不耐大量硫酸盐、磷酸盐等无机盐，且不耐 100 ℃以上高温。它可与阳离子、非离子表面活性剂、合成树脂的初缩体等混用，但不能与阴离子表面活性剂或染料同浴混合使用。其分子结构中具有反应性基团，能与纤维起化学反应，能赋予织物柔软、不污、耐久防水的效果。

防水剂 PF 用于织物防水处理时，用量为 60～100 g/L。先用稀释的酒精调成浆状，然后用 35～40 ℃清水稀释至所需浓度。临用前需加入防水剂 PF 用量的 1/4 的结晶醋酸钠，充分搅拌备用，pH 值应调节为 6.5～7.0。应用工艺为：织物以上述溶液二浸二轧（温度 35～40 ℃）、预烘（70～80 ℃），再经焙烘（120～150 ℃，10～5 min）、热水洗、烘干、整理。用于柔软整理时，用量为 0.1～0.5 g/L，处理方法与防水处理类似，不需焙烘。

（六）消泡剂

1. 抑泡渗透剂 DTB

此物为无色透明液体，属表面活性剂复配物，可用于染色与后整理加工；具有优良的渗透性，有助于染料溶解，从而获得较深的着色，但不影响织物色光。

一般用量为 1～2 g/L。此物可生物降解。

2. 消泡剂 HB-100

其学名为烷基酚聚氧乙烯聚氧丙烯醚，属非离子型表面活性剂。其外观为无色至淡黄色透明液体，在低温下可溶于水，浊点为 5～15 ℃，pH 值（1%水溶液）为 5～7。

此物具有优异的消泡和抑泡作用，主要用作低温、低泡净洗剂和消泡剂、金属洗涤剂，还可用于纺织、印染、造纸等工业中的消泡剂。

3. 消泡王 R、3R

该产品为改性聚硅氧烷，是特种非离子型表面活性剂，呈乳白色液体状，pH 值为 6.5～7，耐温性≥100 ℃，消泡速率≤3 s，稳定性为 3 000 r/min、5 min 不分层。

该助剂在 pH 值为 4～10 范围内，消泡速度快，抑泡时间长，用量少，可用于前处理、染色和涂料印花浆中，用量为 0.1%(o.w.f.)～0.5%(o.w.f.)。该助剂是高浓缩产品，1 t 可稀释成 4 t。

4. 有机硅消泡剂

该产品为改性聚硅氧烷，属特殊非离子型表面活性剂。其外观为乳白色乳状液体，pH 值为 6～7，固含量为 22%～44%，经 2 000 r/min、25 min 离心试验，不分层、无沉淀。

它的消泡速度快，抑泡时间长，效率高，用量低；无毒，无腐蚀，无不良副作用；在水中极易分散，与液体产品的相容性好，不易破乳漂油；可消除溢流染色中产生的泡沫，而且不会像一般的有机硅消泡剂那样使染色织物产生“硅斑”。

它用于 85 ℃以下的染色工艺，用量为 0.4%(o.w.f.)～1%(o.w.f.)，可作为消泡、抑泡成分加入到纺织助剂、洗涤剂中。

5. 高温高压消泡剂 KW-9120

该产品为聚醚有机硅乳液，为乳白色液体，pH 值(1%水溶液)为 6～8，固含量为 20%，对酸、碱、硬水、氧化剂、还原剂稳定。

它为浓缩品，可直接使用，也可稀释 10 倍后使用。在练漂、染色、印花、整理等各道湿处理加工过程中，可抑制和消除泡沫，在高温或冷的发泡浴中均能呈现出快速消泡和长久抑泡功效。一般用量为 0.05～0.5 g/L。

第四节　固　色　剂

一、活性染料、直接染料固色剂

1. 无醛固色剂 HG

该助剂为无甲醛聚阳离子化合物，淡黄色至黄色黏稠液体。易溶于水，耐酸、碱、电解质和硬水。用于活性、直接、硫化染料染色物的后处理，可显著提高织物的摩擦、皂洗、汗渍等色牢度。固色工作液落色很少，不影响织物原有风格与色光，有效避免剥浅、色变的产生。

使用方法如下：

(1) 稀释。把高浓产品稀释成标准浓度后使用。一般情况下，可以常温稀释 3 倍使用，也可以按客户要求稀释。

(2) 进行固色处理之前，将染色织物充分漂洗，去除残存的染料、盐和碱，以保证后续的固色效果。

(3) 固色工艺。有两种固色方法：

① 浸渍法。稀释后固色剂：1%(o.w.f.)～6%(o.w.f.)；浴比：1∶15～1∶20；温度：30～50 ℃；时间：15～20 min。

② 浸轧法。稀释后固色剂：20～60 g/L；工艺流程：浸轧(室温，一浸一轧，轧余率 60%～70%)→烘干(90～100 ℃)。

2. 无醛固色剂 CS-7

该助剂为无甲醛聚阳离子化合物，淡黄色黏稠液体；不含游离甲醛，也不会释放游离甲醛，

符合环保要求；易溶于水，分子中具有反应性基团，可以进一步提高固色效果；适用于活性、直接等染料的染色或印花的固色处理，对活性染料的固色效果尤佳。

使用方法如下：

采用浸渍法。固色剂 CS-7：0.5%(o. w. f.)～2%(o. w. f.)；浴比：1∶15～1∶20；pH 值：6～7；温度：45～60 ℃；时间：20～30 min。

3. FC 无醛固色剂 SD101 和 SD102

该助剂为一种季铵盐类阳离子型水溶性高分子物，不含甲醛，浅黄色黏稠状水溶液；水解稳定性好，对 pH 值变化不敏感，抗氯性强；主要用于染料和印花织物的固色，耐摩擦色牢度、耐皂洗色牢度、耐氯色牢度和色泽保护度高，耐皂洗色牢度的提高更为显著，对直接、酸性和活性染料的效果尤佳。

使用方法如下：

采用浸渍法。FC 无醛固色剂：1%(o. w. f.)～6%(o. w. f.)；浴比：1∶15～1∶20；pH 值：6.0～7.0；温度：45～60 ℃；时间：20～30 min。

4. 无醛固色剂 DRS

该助剂为多胺型阳离子缩合物，无甲醛，淡黄色液体；易溶于水，耐酸、碱、电解质及硬水；适用于活性、直接、酸性、硫化染料染色或印花织物的固色处理，能显著提高皂洗色牢度和干湿摩擦色牢度，不影响织物原有风格、色光与手感。

使用方法如下：

① 浸渍法。固色剂 DRS：1%(o. w. f.)～6%(o. w. f.)；浴比：1∶15～1∶20；pH 值：6～7；温度：40～60 ℃；时间：20～30 min。

② 浸轧法。固色剂 MTB：20～80 g/L；工艺流程：浸轧(室温，一浸一轧，轧余率 60%～70%)→烘干(90～100 ℃)。

5. 无醛固色剂 MTB

该助剂为多胺型阳离子高分子复合物，无甲醛，棕黄色透明液体；易溶于水；适用于活性、直接、中性、酸性染料染色或印花织物的固色后处理，能显著提高皂洗色牢度、日晒色牢度，不影响织物原有风格、色光与手感。

使用方法如下：

① 浸渍法。固色剂 MTB：1%(o. w. f.)～ 3%(o. w. f.)；浴比：1∶15～1∶20；pH 值：5～7；温度：40～60 ℃；时间：20～30 min。

② 浸轧法。固色剂 MTB：5～20 g/L；工艺流程：浸轧(室温，一浸一轧，轧余率 60%～70%)→烘干(90～100 ℃)。

二、锦纶织物酸性染料固色剂

1. 尼龙固色剂 LAF-250

该助剂为弱阴离子型高分子化合物，暗褐色透明液体；易溶于水；适用于锦纶、羊毛、蚕丝织物经酸性染料染色或印花后的固色处理，可以显著提高皂洗牢度和汗渍牢度；固色后很少脱色，几乎不影响织物的色光和手感。

使用方法如下：

① 浸渍法。固色剂 LAF-250：3%(o. w. f.)～ 6%(o. w. f.)；冰醋酸：1%(o. w. f.)～2%

(o. w. f.)(调节 pH 值至 4～5)；浴比 ：1 ∶ 15～1 ∶ 20；温度：70 ℃；时间：20～30 min。

② 浸轧法。固色剂 LAF：10～30 g/L；冰醋酸(调节 pH 值至 4～5)：0.5 mL/L；工艺流程：浸轧(室温，一浸一轧，轧余率 60%～70%)→烘干(90～100 ℃)。

2. 锦纶固色剂 TF-506

该助剂为阴离子型芳香族磺酸类高分子缩合物，棕褐色透明液体，易溶于水；耐稀酸、耐碱，不耐浓酸、含铜电解质和硬水；可以提高酸性染料对锦纶染色后的湿牢度，在锦/棉混纺织物染色时，对直接染料在锦纶的上染有防染作用；适用于锦纶及其与棉、黏胶混纺织物的防染加工和固色处理。

采用浸渍法。固色剂 TF-506：2.5%(o. w. f.)～5%(o. w. f.)；冰醋酸：1%(o. w. f.)～2%(o. w. f.)(调节 pH 值至 4～5)；浴比：1 ∶ 15～1 ∶ 20；温度：70～80 ℃；时间：20～30 min。

三、摩擦色牢度增进剂

1. 干湿摩擦色牢度增进剂 A-12

该助剂为阳离子型半透明乳化液体，无甲醛，易溶于水；适用于以活性、酸性和硫化染料进行染色、水洗和印花的织物的固色处理，干摩擦色牢度可达 4 级，湿摩擦色牢度提高1～2 级，对染色制品有显著的增深作用和一定的匀染作用，且能增进织物手感柔软性。

采用浸渍法。干湿摩擦色牢度增进剂 A-12：13 g/L；浴比：1 ∶ 15～1 ∶ 20；温度：40～50 ℃；时间：3～5 min。

2. 湿摩擦色牢度增进剂 DMC-511

该助剂为多胺型阳离子高分子复合物，无甲醛，棕黄色透明液体，易溶于水；适用于以活性、直接、中性和酸性染料进行染色或印花的织物的固色处理，能显著提高皂洗色牢度、日晒色牢度，不影响织物原有风格、色光和手感。

使用方法如下：

① 浸渍法。固色剂：1%(o. w. f.)～3%(o. w. f.)；浴比：1 ∶ 15～1 ∶ 20；pH 值：5～7；温度：40～60 ℃；时间：20～30 min。

② 浸轧法。固色剂：5～20 g/L；工艺流程：浸轧(室温，一浸一轧，轧余率 60%～70%)→烘干(90～100 ℃)。

第五节 染 色 用 水

一、水质来源和水质对印染质量的影响

(一) 水质来源

根据水的来源不同，天然水一般分为地面水(河水、湖水)和地下水(泉水、井水)。自来水是经过自来水厂加工的天然水，质量较高；地面水是指流入江河、湖泊中贮存起来的雨水。雨水流过地面时带走一些有机和无机物质，当流动减弱后，悬浮杂质发生部分沉淀，但可溶性有机和无机成分仍然残留其中。地面中的有机物可能被细菌转化为硝酸盐，对印染加工过程无大妨碍。一般来说，地面水中的无机物含量较地下水中少得多，但有浅泉水流入的地面水中，

含矿物质较多，有时还具有一定的色泽。

地下水有浅地下水和深地下水之分。浅地下水主要指深度为15 m以内的浅泉水和井水，是由雨水从地面往下在土壤或岩石中流过较短的距离形成的。由于土壤具有过滤作用，浅地下水中含悬浮性杂质极微，但含有一定量的可溶性有机物和较多的二氧化碳。当它与岩石接触时，溶解的二氧化碳可使不溶性碳酸钙转变为碳酸氢钙而溶入水中，因此浅地下水中的含杂视雨水流过的地面和土壤情况而有较大的变异。深地下水多指深井水，由于雨水透过土壤和岩石的路程很长，经过过滤和细菌的作用后，一般不含有机物，但溶解了很多的矿物质。

天然水视来源不同而含有不同的悬浮物和水溶性杂质。悬浮物可通过静置、澄清（采用澄清剂，如明矾、碱式氯化铝）或过滤等方法去除，无很大困难；水溶性杂质的种类较多，其中最多的是钙、镁的硫酸盐、氯化物和酸式碳酸盐等，有时还有铁、锰、锌等离子，对产品的练漂、染色、整理质量和锅炉的影响很大，必须经过软化后再使用。

（二）水质对印染质量的影响

水质对印染质量的影响是多方面的，最明显的表现有以下几个方面：

1. 水质硬度

硬水用于练漂加工，不仅会影响产品质量，而且会增加各种化学药品的消耗量。在煮练过程中使用硬水，则煮练后织物的吸水性比用软水煮练的差；水中的钙、镁盐和肥皂作用后，生成的钙、镁皂沉淀在织物上，会对织物的手感、色泽产生不良的影响，如手感发滞、色泽发黄；同时肥皂的消耗量增加，每一立方米每一硬度（德度）的水需多消耗165 g肥皂（70%的油脂皂）。染色时若使用硬水，则使染料和某些助剂沉淀，从而造成色泽鲜艳度和牢度下降，并浪费染化料；严重者会造成织物或纱线染色不匀（如条痕、色花）的缺点，或导致毛织物呢面模糊不清。虽然有时少量沉淀在小样上并不明显，但到批量生产时会显现出来。

2. 水质中铁、锰的化合物

水中的铁离子、锰离子，一方面来自水流过的土壤和岩石，另一方面来自输水管道。这些铁离子和锰离子会使丝织物练白、棉纱煮练、毛织物白坯煮呢后色泽泛黄，甚至在织物或棉纱局部产生锈斑，影响产品的白度和外观质量。同时，水中若含有较多的铁、锰等离子，在漂白过程中易漂白不匀，影响织物洁白度，还会引起纤维的脆损，使织物强力下降，影响产品的服用性能；在染色时，会使染物色光萎暗，使有些染料发生色淀，影响摩擦色牢度，浪费染料。

3. 水质色度和纯净度

印染产品的色泽鲜艳度在很大程度上取决于练白绸的白度。对于白度不高的织物，即使采用品质再好的染料进行，也得不到漂亮的产品。而练白绸的白度与练漂用水的水质色度和纯净度密切相关，如使用色度和杂质含量较高的水质加工，会使练白织物色泽发黄，白度降低，使染色产品的鲜艳度下降。

4. 水质中游离氯

游离氯可来自于水中的次氯酸盐、次氯酸或氯气的分解，具有较强的氧化性，会在印染加工过程中吸附到织物上，与织物上的化学物质发生反应，从而对织物的某些性能产生不良的影响。当遇到织物上的含氮物质时，如棉布上未煮练去除的天然杂质、树脂整理时使用的含氮类整理剂等，游离氯与其作用会生成淡黄色的氯胺，使织物泛黄，白度下降。同时，形成的氯胺在湿、热条件下水解，释放出盐酸，导致纤维素纤维水解断键，织物强力下降，影响服用性能。

二、水质分类

(一) 硬水

硬水即未经过软化处理的天然水，又分为暂时硬水和永久硬水两种。

1. 暂时硬水

水煮沸时能把重碳酸盐转变成低溶度的碳酸盐，使水的硬度大部分去除，这种水叫作暂时硬水，其硬度称为暂时硬度或碳酸盐硬度。

2. 永久硬水

水中含有钙、镁等金属离子的硫酸盐和氯化物等杂质，经过煮沸仍不能去除，这种水叫作永久硬水。

暂时硬水、永久硬水都能引起硬度。

(二) 软化水

软化水是指经过软化处理，把水的硬度降低到一定程度的水；但是，在水的软化过程中，仅硬度降低，而总盐量不变。

(三) 脱盐水

脱盐水是指把水中易去除的强电解质减少到一定程度的水，含盐量一般为 1～5 mg/L（25 ℃）。

(四) 纯水

纯水又名去离子水，是指把水中易去除的强电解质去掉，再把水中难以去除的硅酸、二氧化碳等弱电解质减少至一定程度的水，含盐量一般在 1.0 mg/L 以下（25 ℃）。

(五) 高纯水

高纯水是指把水中的强电解质几乎完全去除，再把水中不离解的胶体物质、气体和有机物均减少至很低程度的水。这种水的剩余含盐量在 0.1 mg/L 以下（25 ℃）。

三、印染用水质量要求

印染厂用水量很大，而且水中的杂质对印染产品质量可能产生不良影响，所以印染厂对水质的要求较高，除了无色、无臭、透明、pH 值为 7.0～8.5 外，还要满足表2-5-1所示的要求。

表 2-5-1　印染厂对水质的要求

项　　目	标　　准
总硬度(以 $CaCO_3$ 含量计)	$<25\times10^{-6}$ mg/L
颜色	色度<10(无混浊悬浮固体)
耗氧量	<10 mg/L
铁	<0.1 mg/L
锰	<0.1 mg/L
溶解的固体物质	$65\times10^{-6}\sim150\times10^{-6}$ mg/L
碱度(甲基橙为指示剂，以 $CaCO_3$ 含量计)	$35\times10^{-6}\sim64\times10^{-6}$ mg/L
pH 值	7.0～8.5 mg/L

从理论上说，印染用水满足以上各项指标，就能保障练染质量，如练白绸的手感、染色绸的

匀染性和鲜艳度等。而在实际印染加工中，相同水质对不同工艺及染料的染色的影响不同，有些溶解性差的染料要求硬度低，如直接染料、还原染料、隐色体染色等；溶解性好的染料，即使硬度大一些，也不会引起染色质量问题，如部分企业用活性染料染色，用水总硬度在 100×10^{-6}以下时，都不会出现因水质引起的染色质量问题。另一方面，水的总硬度越低，水中含杂越少，水的色度越低，练、染、整的工艺越容易控制，练染产品质量越好。所以，有些印染企业为提高产品的竞争力，追求长期经济效益，正在以脱盐水或纯水取代软化水。

本章小结

一、染色中常用酸为硫酸、醋酸、盐酸。熟悉常用酸的化学性质和物理性质，熟悉它们在印染加工中的作用和使用情况，了解常用酸的浓度测定方法。

二、染色中常用碱有氢氧化钠、碳酸钠、硫化钠、硅酸钠、磷酸钠等。熟悉常用碱的化学性质和物理性质，熟悉常用碱在印染加工中的作用和使用情况，了解常用碱的浓度测定方法。

三、染色中常用盐为氯化钠、硫酸钠。熟悉它们在染色中的作用和使用情况。

四、染色中常用氧化剂为双氧水、重铬酸钾、次氯酸钠等。熟悉它们的性质和贮存条件，熟悉它们的使用条件和使用方法，了解它们的浓度测定方法。

五、染色中常用还原剂为连二亚硫酸钠、二氧化硫脲、防染盐 S。熟悉它们在染色加工中的作用。

六、染色中常用表面活性剂按类型分为阴离子型、阳离子型、非离子型和两性型，按其在染色加工中的作用分为净洗剂、匀染剂、乳化剂、分散剂、消泡剂和抗静电剂。了解常用表面活性剂的性质和使用浓度，会合理选用。

七、固色剂是染色中常用后处理用剂，能够不同程度地提高染色牢度，主要是耐洗色牢度和摩擦色牢度，部分能够提高日晒色牢度。固色剂品种繁多，且不断推陈出新。了解常用固色剂的性能，尤其是耐酸碱性和耐硬水性，熟悉常用固色剂的使用条件与方法。

八、影响印染产品质量的水质因素有很多，包括水的硬度、色度、重金属离子含量、游离氯等。了解水质分类，了解印染用水的处理方法，熟悉水质对印染产品质量的影响，熟悉印染用水指标要求。

思考题

1. 染色中常用的酸、碱、盐分别有哪些？并举例说明它们在印染中分别起什么作用。
2. 表面活性剂在印染中的应用主要有哪些？试举例说明。
3. 影响印染产品质量的水质因素主要有哪些？

第三章 染色打样常用仪器和设备

第一节 玻璃仪器

一、玻璃仪器种类

1. 杯类

杯类分为烧杯和染杯。烧杯分低型烧杯和高型烧杯，规格有 1 000 mL、800 mL、500 mL、250 mL、100 mL、50 mL 等。烧杯主要用于配制溶液、溶解试剂、润湿织物等，加热时应置于石棉网上，使其受热均匀，一般不宜干烧。染杯规格有 300 mL、250 mL，主要用于小样前处理或染色。

2. 瓶类

瓶类分为试剂瓶、称量瓶、容量瓶、锥形瓶和滴瓶。

试剂瓶规格有 1 000 mL、500 mL、250 mL、100 mL、50 mL 等，又有棕色和白色、广口和细口之分。细口瓶主要用于存放液体，如各种液体化学药剂、染料母液等；广口瓶用来存放各类固体。棕色瓶用来存放见光易分解的试剂，如保险粉等。

称量瓶分高型具磨砂玻璃塞称量瓶和低型具磨砂玻璃塞称量瓶。高型用于称量基准物样品；低型用于在烘箱中烘干基准物，磨口塞需原配。

容量瓶是一种细颈梨形的平底玻璃瓶，带有磨口玻璃塞或塑料塞。容量瓶塞要保持原配，漏水的不能用，可用橡皮筋将塞子系在瓶颈上。容量瓶通常用于配制一定体积和规定浓度的标准溶液。其瓶颈上标有标线，瓶肚上标有容积和使用温度（通常为 20 ℃），表示 20 ℃ 时液体凹面与标线平齐时的体积。容量瓶有 50 mL、100 mL、250 mL、500 mL 和 1 000 mL等规格。

锥形瓶规格有 1000 mL、500 mL、250 mL 等，可用于化学反应或染色，可在石棉网上加热，也可用水浴加热。

滴瓶用来存放需要滴加的溶液。

3. 移液管和吸量管

移液管是用来准确移取一定体积溶液的仪器。常用的移液管有 5 mL、10 mL、25 mL 和 50 mL 等规格。

吸量管是具有分刻度的玻璃管，又称刻度吸管，一般只用于量取小体积的溶液。常用的吸量管有 0.1 mL、1 mL、2 mL、5 mL、10 mL 等规格。

现在常常将移液管和吸量管统称为移液管，在下面的叙述中也不做区分。

4. 量器类

量器类有搪瓷量杯和量筒等。搪瓷量杯有 1 000 mL、500 mL 等规格，量筒有 500 mL、100 mL、50 mL、10 mL 等规格。两者常用于粗略量取液体体积。量筒不能加热，不能用作反应容器。

5. 干燥器

干燥器分白色干燥器和棕色干燥器。

6. 表面皿

表面皿有 9 cm 和 10 cm 两种规格，可作为固体称量器皿，也可在较高温度的染色时盖住染杯口，用于保温。

7. 过滤瓶

过滤瓶分具上嘴过滤瓶和具上下嘴过滤瓶。

8. 温度计

温度计有水银温度计、红水温度计。

9. 浮计

浮计有密度计和波美密度计，分别用于测量液体的密度和波美度。

10. 其他玻璃仪器

其他还有玻璃棒、玻璃砂芯漏斗、胶头滴管等玻璃仪器。

二、容量分析仪器使用规范

(一) 移液管

移液管是实验室中常用的卸量容器。使用时，须规范操作，方能确保移取溶液体积准确。

1. 移液管选用

移液管又称为胖肚吸管，精确度较高，其相对误差分 A 级和 B 级。A 级和 B 级通常在移液管的上端标注 A 或 B 字样。为了减小溶液移取时的体积误差，在使用前，需根据移取溶液的体积选择合适的移液管。

2. 移液管和吸耳球的拿取

使用时，右手拇指、中指和无名指拿移液管的上端色块处，小指放后面起辅助支撑作用，食指用来封堵管口。移液管管尖插入液面以下 1～2 cm，不宜过深或过浅：过浅，吸入空气；过深，管外壁沾附过多溶液。左手拇指和中指握吸耳球，食指调节吸耳球的排气和进气，用前排净空气，用后洗涤干净，最好竖放于移液管架上。

3. 移液管的洗涤

移取标准溶液前，移液管应该洗净，使整个内壁和下部的外壁不挂水珠。洗涤时，将吸耳球排净空气后，放于移液管上口，缓缓松动左手，让洗液液面上升至满刻度线以上，然后将液体排放掉。根据移液管的洁净程度，可选用不同的洗涤方法。移液管洁净的，先用自来水洗涤三次，再用纯净水或蒸馏水洗涤三次；不洁净的，先用洗液或表面活性剂溶液洗涤，再依次用自来水和纯净水(或蒸馏水)洗涤三次。

4. 移液管的使用

(1) 移取标准溶液前的润洗。洗涤干净的移液管，在移取标准溶液前，要用标准溶液润洗三次，以确保所用的标准溶液浓度不受影响。润洗前，先将内壁水分用吸水纸吸出，外壁水分用吸水纸擦干。润洗时，将标准溶液摇匀，右手握移液管，将移液管插入液面以下 1～2 cm，左手排净吸耳球内的空气，吸取约 1/5 体积的移液管的标准溶液后，迅速封住管的上口，离开标准溶液试剂瓶（禁止管内溶液流回标准溶液内，即使不小心吸多了，也不可放回）；然后把移液管平放，用双手拇指、食指和中指缓缓转动，使液体上移至满刻度以上，但不从上端流出；最后从移液管尖部将溶液排出至废液杯中。重复上述操作两次。

（2）标准溶液的移取。用移液管移取标准溶液时，规范操作是：首先将液面调整到移液管的满刻度；然后从满刻度放液，至接收容器所需体积为止；最后将管中剩余液体放回试剂瓶（做分析实验时要放掉剩余液体）。

吸取溶液前，将溶液摇匀。吸取溶液时，把移液管管尖插入液面以下 1～2 cm，左手拿吸耳球，先把球内空气压出，然后把吸耳球尖端接在管口，慢慢松开左手指，使溶液吸入管内（图 3-1-1）。当液面升高至刻度以上时，迅速移去吸耳球，立即用右手的食指按住管口，将移液管向上提，使其离开液面，并将管的下部沿试剂瓶内壁转两圈，以除去管外壁的溶液，必要时用滤纸擦净管外壁的液体。然后右手的大拇指和中指缓慢转动，使食指稍稍松动，让管中多余溶液缓缓流下，当移液管内溶液的弯月面与刻度标线相切时，立即用食指压紧管口。左手改拿接收器，将接收器倾斜，使内壁紧贴管尖并成 45°倾斜（图 3-1-2），移开右手食指，让管中溶液自由流入接收器，并停留规定时间（遗留在移液管尖端的溶液和停留时间要根据移液管的种类进行不同处理），转动一圈后取出。如不是满刻度移取溶液（如用 10 mL 移液管移取 7 mL 溶液），食指稍稍松动，使溶液自由地沿管壁流下，放至流出的液体体积为所需液体体积时，迅速用右手食指压紧管口，离开接收器，将剩余溶液放回试剂瓶内（或根据要求放掉）。

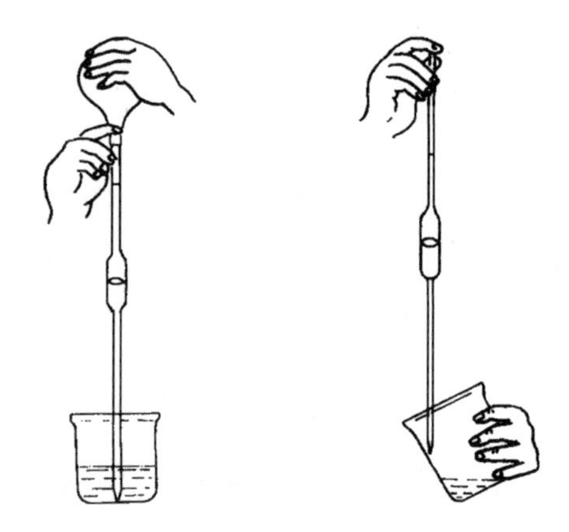

图 3-1-1　吸取溶液　　**图 3-1-2　放出溶液**

在印染中，常常用两种以上的染料拼色，一个染杯中通常要同时移取两种及两种以上的染料溶液。在移取第二种染料时，若不小心放入过量溶液，则需要重新配制染液，给配色带来很多不便。为此，在配色打样时，比较多地采用剩余溶液体积移取法。即首先调节移液管液面至管内剩余溶液体积等于需移取的溶液体积，再将移液管内的溶液放入染杯中。

（二）容量瓶

使用容量瓶配制溶液的方法如下：

1. 检漏

使用前检查瓶塞处是否漏水。具体操作方法为：在容量瓶内装入半瓶水，塞紧瓶塞，用右手食指顶住瓶塞，另一只手的五指托住容量瓶底，将其倒立，观察容量瓶是否漏水（图 3-1-3）。若不漏水，将瓶正立且将瓶塞旋转 180°，再次倒立，检查是否漏水。若两次操作，容量瓶瓶塞周围皆无水漏出，即表明容量瓶不漏水。经检查确认不漏水的容量瓶才能使用。

图 3-1-3　容量瓶检漏

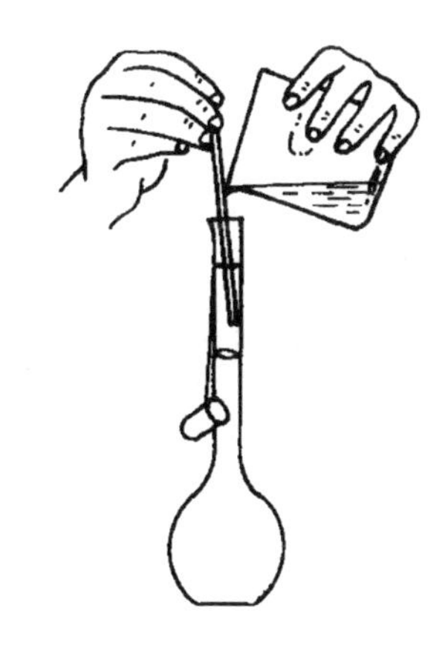

图 3-1-4　溶液转移

2. 称量与化料

将烧杯洗涤干净，擦净烧杯外壁的水分，放在电子天平上，清零后，少量多次加料，至需要量为止。用少量水溶解(根据需要可以采用不同的化料温度)，然后用玻璃棒引流，即将玻璃棒一端靠在容量瓶颈内壁上，同时不要让玻璃棒的其他部位触及容量瓶口，以防止液体流到容量瓶外壁上，把烧杯尖口处紧贴玻璃棒，缓缓将溶液转移到容量瓶内(图 3-1-4)。为保证溶质能全部转移到容量瓶中，要用水少量多次冲洗烧杯，且一并转移到容量瓶内。一般洗涤三次即可。但配制染料母液时，有些染料溶解不充分，洗涤三次较难将烧杯洗净。这种情况下应不拘泥于洗涤次数，以洗净烧杯为原则。

3. 定容

向容量瓶内加水至液面离标线 1 cm 左右时，应改用滴管小心滴加，最后使液体的弯月面与标线正好相切。若加水超过标线，需重新配制。

4. 摇匀

盖紧瓶塞，用倒转和摇动的方法使瓶内的液体混合均匀。静置后如果发现液面低于刻度线，是因为容量瓶内极少量溶液在瓶颈处润湿所损耗造成的，并不影响所配制溶液的浓度，故不要在瓶内添水，否则会使所配制的溶液浓度降低。

5. 注意事项

① 容量瓶的容积是特定的，刻度不连续，所以一种型号的容量瓶只能配制规定体积的溶液。在配制溶液前，应先明确需配制溶液的体积，然后再选用相同规格的容量瓶。

② 易溶解且不发热的物质，可直接用漏斗倒入容量瓶中溶解。其他不适宜在容量瓶内进行溶解的物质，应将物质在烧杯中溶解后转移到容量瓶中。

③ 用于洗涤烧杯的水的总量，不能超过容量瓶的规定容积。

④ 容量瓶不能加热。如果溶质在溶解过程中放热，须用烧杯溶解，待溶液冷却后再转移。因为一般的容量瓶是在 20 ℃的温度下标定的，若将温度较高或过低的溶液注入容量瓶，容量瓶会热胀冷缩，所量体积就会不准确，导致所配制的溶液浓度不准确。

⑤ 容量瓶只能用于配制溶液，不能储存溶液。因为溶液可能会腐蚀瓶体，从而使容量瓶的精度受到影响；或染料溶液在容量瓶内壁附着，导致清洗困难。

⑥ 容量瓶用毕应及时洗涤干净，为防止瓶塞与瓶口粘连，可在塞子与瓶口之间夹一纸条，

再塞上瓶塞。

⑦ 定容时，不能用手掌握瓶肚。因为这样会对其加热，从而造成定容体积和浓度产生误差。

三、玻璃仪器的洗涤、干燥和存放

(一) 洗涤剂和使用范围

根据玻璃仪器的沾污程度不同，常用的洗涤剂有肥皂、洗衣粉、去污粉、皂液、洗液和有机溶剂等。

肥皂、洗衣粉、去污粉和皂液，用于可以直接用刷子刷洗的玻璃仪器，如烧杯、三角瓶、试剂瓶等。

洗液多用于不便用刷子洗刷的玻璃仪器，如滴定管、移液管、吸管、容量瓶、蒸馏器等特殊形状的仪器，也用于洗涤长久不用的杯皿器具和刷子刷不下的污垢。用洗液洗涤仪器，是利用洗液本身对污物的化学作用，将污物去除。因此需要浸泡一定的时间，让洗液与污垢充分反应。

有机溶剂是针对各类油性污物的洗涤剂，是借助有机溶剂能溶解油脂的作用而洗除，或借助某些有机溶剂能与水混合且挥发快的特殊性，冲洗带水的仪器。甲苯、二甲苯、汽油等可以洗涤油性污垢，酒精、乙醚、丙酮可以冲洗刚洗净而带水的仪器。

洗液是根据不同的洗涤要求而配制的具有不同洗涤作用的溶液。常用洗液的制备及使用如下：

1. 铬酸洗液

铬酸洗液是用重铬酸钾($K_2Cr_2O_7$)和浓硫酸(H_2SO_4)配成的。重铬酸钾在酸性溶液中有很强的氧化能力，对玻璃仪器又极少有侵蚀作用，所以这种洗液在实验室内使用较广泛。但因其对坏境污染严重，应尽可能减少使用。铬酸洗液浓度从 5%到 12%不等，以重铬酸钾∶水∶硫酸＝1∶2∶20 的配方的去污效果为最好。没有水，则洗液不稳定，密闭放置 1 个月，会析出大量 CrO_3红色沉淀。

铬酸洗液的配制方法为:取一定量的重铬酸钾(工业品即可)，先用 1～2 倍的水加热溶解，稍冷却后，将工业品浓硫酸所需体积徐徐加入重铬酸钾溶液中(千万不能将水或溶液加入浓硫酸中)，边倒边用玻璃棒搅拌，并注意不要溅出，混合均匀。冷却后，装入棕色试剂瓶备用。

如配制浓度为 5%的铬酸洗液，于烧杯中称取工业用重铬酸钾 25 g，加水 50 mL，加热溶解，然后冷却至室温;在不断搅拌下缓慢加入工业硫酸 450 mL，冷却后放置在棕色磨口瓶中密闭保存。

新配制的洗液为红褐色，氧化能力和腐蚀性均很强，易烫伤皮肤，烧坏衣服，所以使用时要注意安全。当洗液经多次使用变为黑绿色，说明洗液已失去氧化洗涤效力。

2. 碱性洗液

碱性洗液用于洗涤有油性污物的仪器。洗涤时采用长时间(24 h 以上)浸泡法或浸煮法。必须注意的是，需戴乳胶手套进行清洗操作，不可直接用手从碱性洗液中捞取仪器，以免烧伤皮肤。

常用的碱性洗液有碳酸钠洗液、碳酸氢钠洗液、磷酸三钠洗液等，可根据需要配制成不同浓度。

3. 碱性高锰酸钾洗液

碱性高锰酸钾洗液适用于洗涤有油污的器皿，作用缓慢。配制方法为:取高锰酸钾 4 g，加

少量水溶解后，再加入10%氢氧化钠100 mL。

4. 纯酸纯碱洗液

根据器皿污垢的性质，直接用浓盐酸或浓硫酸、浓硝酸浸泡或浸煮器皿(温度不宜太高，否则浓酸挥发，刺激人)。纯碱洗液多采用10%以上的浓氢氧化钠、氢氧化钾或碳酸钠溶液，浸泡或浸煮器皿(可以煮沸)。

5. 有机溶剂

带有脂肪性污物的器皿，可以用汽油、甲苯、二甲苯、丙酮、酒精、乙醚等有机溶剂擦洗或浸泡。但用有机溶剂作为洗液浪费较大。能用刷子洗刷的大件仪器，尽量采用碱性洗液。只有无法使用刷子的小件或特殊形状的仪器，才使用有机溶剂洗涤，如活塞内孔、移液管尖端、滴定管尖端、滴定管活塞孔、滴管等。

6. 草酸洗液

将20 g草酸及约30 mL冰醋酸溶于1 000 mL水中(或根据洗涤用途，用少量浓盐酸代替冰醋酸)。草酸溶液既呈酸性又有还原作用和络合作用，可以洗涤织物上的锈斑，也可以洗除玻璃仪器的水垢及附着的染料颜色。

(二) 玻璃仪器的洗涤步骤与要求

根据玻璃仪器的用途不同，对清洁程度的要求不同，可以选用不同的洗涤方法。

1. 常规洗涤方法

(1) 用水刷洗。首先用水冲去仪器上带有的可溶性物质，再用毛刷蘸水刷洗，以刷去仪器表面黏附的灰尘。

(2) 用合成洗涤剂刷洗。用市售洗洁净(以非离子表面活性剂为主要成分的中性洗液)配制成1%～2%的水溶液，或用洗衣粉配制成5%的水溶液，刷洗仪器。它们都有较强的去污能力，必要时可将洗液加热，以提高洗涤效力，或经短时间浸泡后再洗涤。

(3) 用去污粉刷洗。将刷子蘸上少量去污粉，将仪器内外都刷一遍，然后用自来水冲洗，至肉眼看不见有去污粉时，再视需要，用软化水或蒸馏水冲洗2～3次。

(4) 碱洗。首次使用的玻璃仪器常附着有游离的碱性物质，可先用0.5%的去污剂洗刷，再用自来水洗净，然后浸泡在1%～2%的盐酸溶液中过夜(不可少于4 h)，再用自来水冲洗。

2. 做痕量金属分析的玻璃仪器

痕量分析是指物质中含量在万分之一以下的组合的分析方法。痕量金属分析对所用玻璃仪器的洁净度要求比较高，一般先使用1∶1～1∶9的硝酸溶液浸泡，然后进行常规洗涤。

3. 荧光分析

进行荧光分析时，玻璃仪器应避免使用洗衣粉洗涤(因为洗衣粉中含有荧光增白剂，会给分析结果带来误差)。

4. 铬酸洗液洗涤

这种洗液有强腐蚀性和强氧化性，使用时必须注意不能溅到身上，以防“烧”破衣服和损伤皮肤。同时，铬对人体有致癌作用，排放后对环境有很强的污染，应尽量减少使用。使用时，将洗液倒入待洗的仪器中，使仪器四周的壁浸洗后稍停一会再倒回洗液瓶。第一次用少量水冲洗刚浸洗过的仪器后，废水不要倒入水池和下水道，因为时间久了会腐蚀水池和下水道而且污染环境，应倒在废液缸中，缸满后经适当处理再倒掉。处理的方法是首先用废铁屑还原残留的六价铬，再用废碱液或石灰中和，使其生成低毒的 $Cr(OH)_3$ 沉淀。少量的洗液弃掉时如不便处理，应边倒边用大量的水冲洗。

一般染色用玻璃仪器，如染杯、烧杯等，洁净度要求不像分析仪器那么高，原则上只要能够保证仪器内壁附着物不影响染色色光、牢度、得色量即可。平时用去污粉洗涮，即可满足清洁要求；当有有色污垢附着时，可用草酸洗液或少量洁厕剂洗涤。

(三) 玻璃仪器的干燥

实验分析用仪器应在每次实验完毕后洗净干燥备用。不同实验对干燥有不同的要求，一般定量分析，以及染色用的烧杯、锥形瓶和染杯等仪器，洁净即可使用；而用于分析的仪器，很多要求干燥，有的要求无水痕，有的要求无水。应根据不同要求进行干燥。

1. 晾干

将洗净的仪器在无尘处倒置控去水分，让其自然干燥。可用安有支架可倒挂仪器的架子或带有透气孔的玻璃柜放置仪器。

2. 烘干

(1) 一般仪器。将洗净的仪器控去水分，放在烘箱内烘干，烘箱温度为 105～110 ℃，烘 1 h左右。也可放在红外灯干燥箱中烘干。

(2) 称量瓶。烘干后需放在干燥器中冷却和保存。

(3) 带实心玻璃塞的仪器和厚壁仪器。烘干时要注意慢慢升温，且温度不可过高，以免仪器炸裂。

(4) 硬质试管。可用酒精灯加热烘干，要从底部开始加热，将管口朝下，以免水珠倒流把试管炸裂。烘到无水珠后，将试管口向上，赶净水汽。

注意：量器不可置于烘箱中烘燥。

3. 热（冷）风吹干

对于急于干燥的仪器或不适于放入烘箱的较大仪器，可采用吹干的办法。先将仪器内的水分控去，倒入少量乙醇或丙酮（或最后用乙醚）摇洗，然后用电吹风吹。开始用冷风吹 1～2 min，当大部分溶剂挥发后，改用热风吹至完全干燥，再用冷风吹去残余蒸汽，以防其冷凝在仪器内。

第二节　染色打样仪器和设备

一、常温电热恒温水浴锅

(一) 普通电热恒温水浴锅

普通电热恒温水浴锅用于加热及蒸发等。常用的有 2 孔、4 孔、6 孔和 8 孔，分单列式和双列式。工作温度从室温至 100 ℃，恒温波动±1 ℃～±5 ℃。在水浴锅面板处有两个上下排列或平行排列的温度刻度盘。其中带调温旋钮的一个为设定温度盘，用来设置使用所需温度；另一个为显示温度盘，显示水浴的实时温度。

1. 普通电热恒温水浴锅的操作规程

(1) 关闭水浴锅放水阀门，注入蒸馏水至水浴锅内适当的深度（略高于或等于被加热仪器内的液位）。加蒸馏水是为了防止水浴槽体锈蚀，水质好的地区可用自来水。

(2) 将调温旋钮沿顺时针旋转到所需温度位置。

(3) 接通电源,打开水浴锅电源开关,红灯亮表示通电,开始加热。

(4) 在加热过程中,当显示温度达到设置温度时,红灯熄灭,绿灯亮,表示恒温控制器发生作用,水浴锅将保持恒温。

(5) 使用完毕,关闭电源开关,拔下插头。

2. 注意事项

(1) 水浴锅内的水位线不能低于电热管,否则电热管将被烧坏。

(2) 控制箱部分切勿受潮,以防发生漏电现象。在使用过程中,应随时注意水浴锅是否有漏电现象。一旦漏电,立即关闭电源,检修合格后方可使用。

(3) 调温旋钮度盘的数字并不表示水浴的实际温度。随时记录调温旋钮在度盘上的位置与水浴实际温度的关系,记录两者差值,以便标定和调节设定温度。另外,因散热作用,被加热杯内的液体温度一般略低于水浴温度。水浴温度与室温的温差越大,杯内液体温度与水浴温度的温差就越大。使用时,视温差大小,应保持水浴温度等于或略高于杯内液体需要的温度。

(4) 一般来说,设定的温度越高,升温速度越快。在开始加热时,为了提高升温速度,可将调温旋钮设定到最高温度。但要时刻注意水浴锅的显示温度,当快达到需要温度时,应将调温旋钮退回至合适的设定温度。

(5) 较长时间不使用水浴锅时,应将调温旋钮退回原位,并放净水浴锅内的存水。

(二) 自动振荡常温电热水浴锅

分为常温振荡式染色小样机和圆周平动式微电脑控制型常温水浴染样机,如 Rapid 常温振荡式染色小样机 L－12/24A(图 3-2-1)。

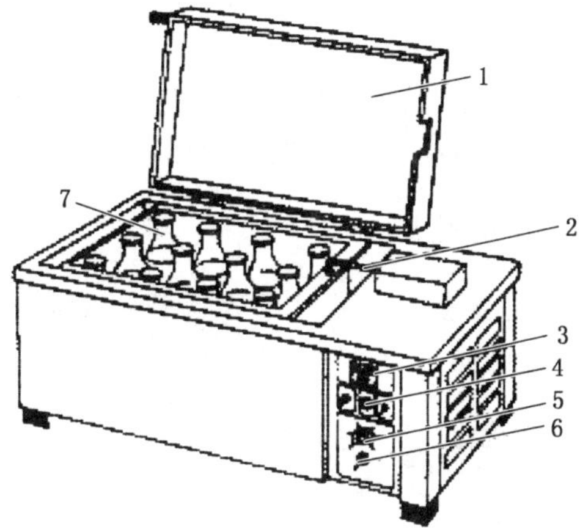

图 3-2-1　Rapid 常温振荡式染色小样机 L-12/24A

1—机盖;2—游戏杆;3—温度控制器;4—电源批示灯;5—马达转速控制器;6—马达;7—锥形杯

1. 常温振荡式染色小样机操作规程

(1) 开机前首先确定水槽内是否有足够的水。确认后方可送电。

(2) 温控仪温度设定操作:先按"＜"键,使数字右下方点闪烁,表示可设定温度;按"＜"键,使右下方闪烁点移动至预设定位置;按"∧"键增加数字,按"∨"键减少数字,设定温度至工艺要求之温度。

(3) 启动主马达开关,旋转马达调速旋钮调整马达转速至合适速度。

(4) 开启两段加热开关,可根据工艺要求选择一组或两组加热管进行加热。

(5) 到达设定温度后,调整振荡速度至"0"。

(6) 将盛装染液之锥形瓶置于固定夹中,调整振荡速度至合适速度,进行染色。

(7) 染色结束,关闭加热管开关,关闭振荡马达开关,取出锥形瓶。

2. 圆周平动式微电脑控制型常温水浴染样机操作规程

开机前准备:打开电源,检查温度传感器、电子调速器等电气是否正常;按平动开关,检查平动机构是否灵活。

(1) 将机内的水加至与染杯内染液齐平位置。

(2) 在染杯中加入染液,放入被染物,瓶口加盖橡皮塞。

(3) 打开电源开关,电源指示灯亮。

(4) 将调速旋钮调至最小(即逆时针旋转)。打开平动开关,平动指示灯亮,根据染色要求调节调速旋钮,实行电机调速,染杯做圆周平动运动。

(5) 电脑的操作:

① 按电源按钮,接通电源,电源指示灯亮。第一个数码管"—"闪动,按"+"键,直至第一位数显示的数字符合所需要的工艺号为止。按"运行"键,电脑即按该工艺曲线运行,直至该工艺结束,蜂鸣器呼叫。这时按"清除"键,电脑数码管上的数字全部消失,蜂鸣器停止呼叫,这时可开门取出杯子。

② 按工艺曲线中某些工步运行操作。按上述操作直至第一个数码管显示所要运行的工艺号,按"编程"键,再按"▶"键,直至所要运行的工艺参数出现。这时按"运行"键,电脑即从该工艺中的这一步开始运行。若要中途退出运行,须先按"运行"键,再按"清除"键,使运行终止。

(6) 放下门盖。当设定温度超过 75 ℃开盖时,注意防止槽内热水烫伤。

(7) 关闭电源开关,取出染杯。

二、小轧车

小轧车主要用于压轧已浸渍各种处理液的织物,使其均匀带液。染整实验室常用立式和卧式两种小轧车(图 3-2-2)。

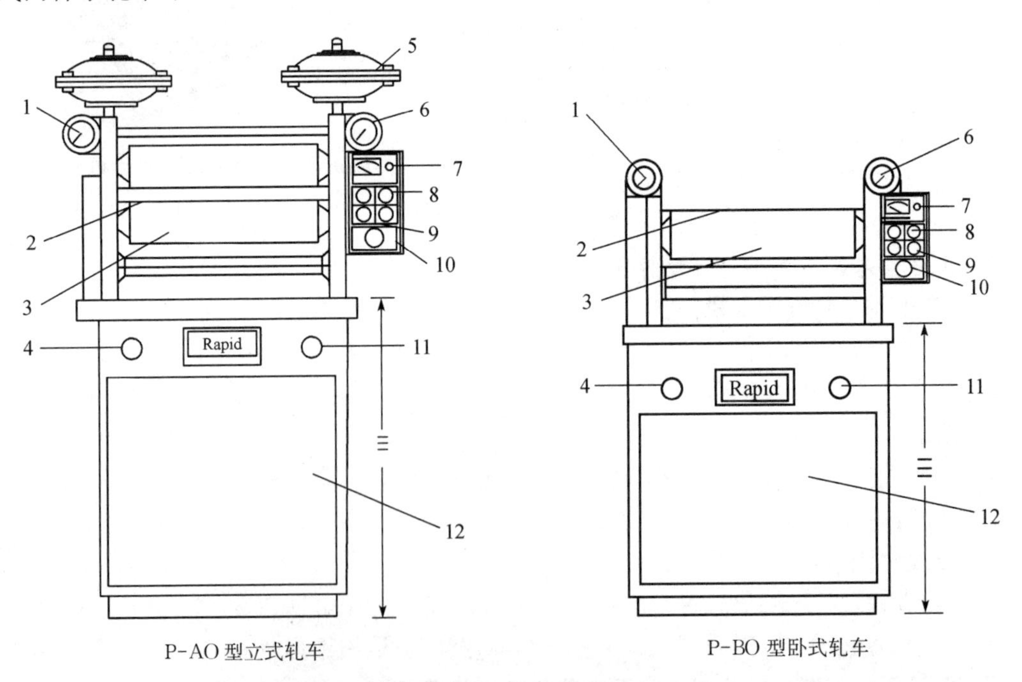

图 3-2-2　小轧车

1，6—压力表；2—保险杠；3—橡胶压辊；4，11—压力调节阀；5—膜阀；
7—特别指定选购转速可变才有的装置；8—电动机启动按钮；9—加压按钮；10—紧急触摸开关；12—安全膝压板

1. 小轧车的操作规程

(1) 接通电源、气源和排液管。卧式轧车压紧端面密封板,关闭导液阀。

(2) 按下电动机启动按钮和加压按钮,使轧辊旋转方向分别如图 3-2-3 和图 3-2-4 所示。

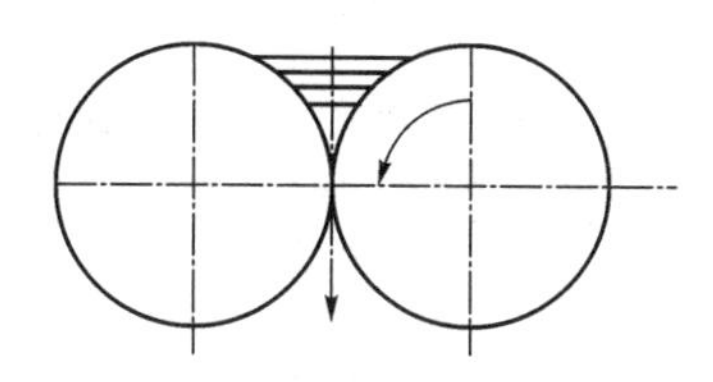

图 3-2-3 P-BO 型卧式轧车轧辊旋转方向

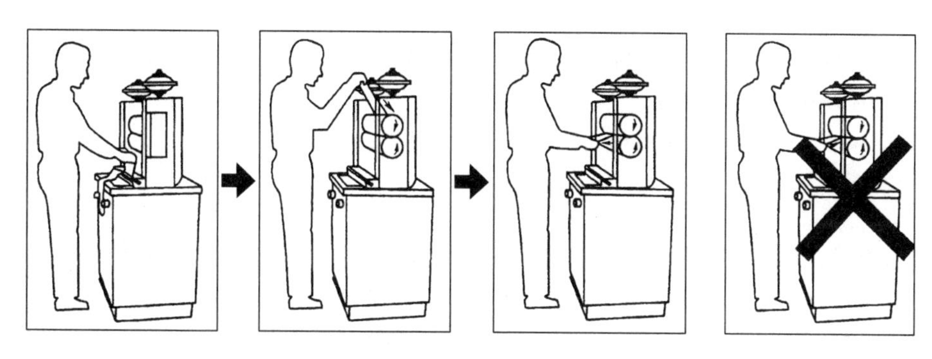

图 3-2-4 P-AO 型立式轧车轧辊旋转方向

(3) 分别调整左右压力阀(压力阀顺时针方向旋转为增加压力,反之为降低压力),然后按卸压按钮,再按加压按钮,重复 2～3 次,当确定所调压力准确无误后,向外轻拉调压阀到"LOCK"位置。

(4) 将轧余率测试调节布样浸渍后压轧、称重,计算轧余率。重复操作,直至轧余率达到规定要求。

(5) 配制试验用浸轧液,准备好织物。

(6) 用浸轧液淋冲轧辊,以防轧辊沾污试验织物。

(7) 浸轧织物。

(8) 试验完毕,清洗压辊。按卸压按钮和电动机停止按钮,关闭设备。

2. 注意事项

如遇紧急情况,按压紧急按钮或安全膝压板,机台会自动停止运转,同时轧辊释压并响铃。按下紧急按钮后,机台无法启动。若要重新启动机器,将紧急按钮依箭头指示旋转弹起后即可。

三、高温高压染色样机

高温高压染色样机分为油浴加热式和红外线加热式。因红外线加热操作方便、干净整洁,目前较常用。如 Rapid 新红外线染色试样机 LA2002-A,其结构示意图和控制面板图见图 3-2-5和图 3-2-6。

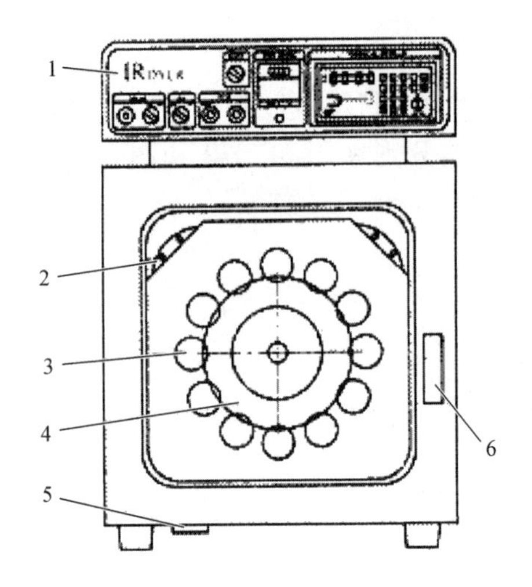

图 3-2-5 Rapid 新红外线染色试样机 LA 2002-A 结构示意图

1—控制面板；2—红外线灯管；3—钢杯位置；4—转轮；5—限制加热开关；6—门钮

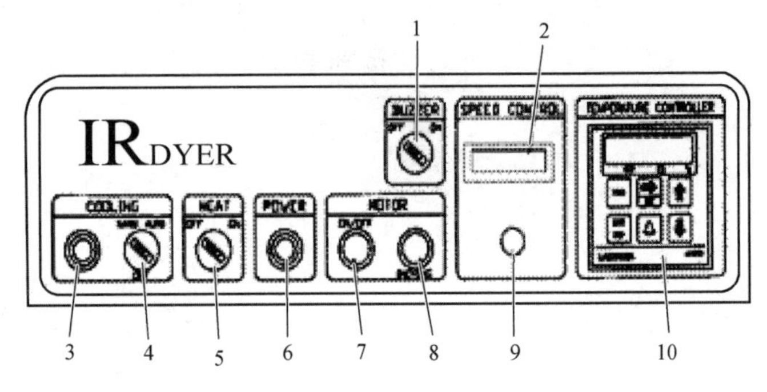

图 3-2-6 Rapid 新红外线染色试样机 LA 2002-A 控制面板图

1—电铃开关；2—速度表；3—电源指示灯；4—冷却开关；5—加热开关；6—加热灯；7—马达开关；8—马达开关或寸动；9—速度旋钮；10—温控器

红外线高温高压染色试样机适用于各种染料、助剂试验。它装有红外线加热装置，采用特殊探针控制红外线的照射，从而达到染色的目的；与传统的甘油浴加热高温高压小样机相比，工作环境清洁，操作方便，升温速率快，染杯内染液温度均匀，染色试样平整，匀染性好。

1. 红外线染色试样机的操作规程

(1) 将染杯置于转轮上，同时将探针插入探针杯内。注意，务必将感温棒放入侦测杯底。

(2) 选用已设定的染色程序。

(3) 开启加热系统，同时选择适度的转速。

(4) 开启仪器冷却系统。

(5) 按下电动机启动按钮，仪器将按预先设定的程序执行。程序运行完毕，自动响铃报警。

(6) 关闭加热开关，取出染杯，清洗布样和染杯。

2. 注意事项

(1) 必须先将染色流程设计好，再输入电脑程序。应特别注意设定升温速度，最高不可超过 3 ℃/min，更不可设“0”(0 表示全速升温)；降温速度可设为“0”(0 表示全速降温)。注意启动段的温度和时间设定，否则温度有漂动现象。

(2) 每次试验必须更换探针杯子中的水，水温与染杯内的温度相同。

(3) 因红外线染色机依靠侦测一只杯子内的温度来控制染色全过程的温度，每个杯子(含探针杯子)的水量应相同，其误差不得超过±1.5%。

(4) 为防止产生色花，在注射添加助剂时，每一杯注射后旋转 20 s，依次操作下一个杯子。

(5) 不可在中途加入染杯。

(6) 染色结束后，必须等待染杯冷却到规定温度(仪器自动鸣笛提示)方可打开门锁。

四、溢流染色试样机

溢流染色试样机主要用于小批量织物绳状染色，可根据需要采用常温常压或高温高压染

色。目前常用的溢流染色试样机的结构如图 3-2-7 所示。该机采用自动化系统控制，可实现染色全过程的自动控制，如加料、进水、水位、温度、时间、排水等。

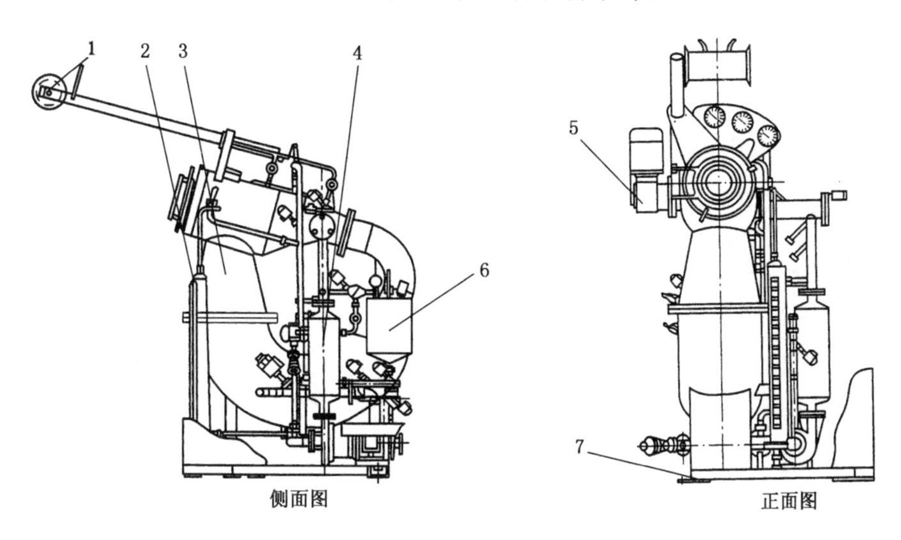

图 3-2-7　溢流染色试样机结构示意图

1—出布辊；2—水尺装置；3—缸体；4—热交换器；5—转鼓装置；6—染料桶；7—底座

溢流染色试样机的操作规程如下：

(一) 电源及操作模式选择

(1) 逆时针转动电控箱上的电源隔离开关手柄至闭合状态，接通电源。

(2) 按电源按钮，电源指示灯亮。

(3) 转动“AUTO/MANUAL”选择开关，选择操作模式(“MANUAL”即手动模式)。

(二) 编制染色程序的注意事项

对于自动操作模式，需在运行前编制需要的运行程序。在编制染色程序时，必须将安全保护步骤包括在内，具体如下：

1. 入水

(1) 禁止在入水操作程序前设置加热至 85 ℃的步骤。

(2) 禁止在入水操作程序前设置启动液流循环泵的程序步骤(除非已配备该种控制功能)。

(3) 如果入水操作程序后面是入布，必须包括不进行加热和冷却的液流循环工序，及手动执行下一工序的功能。

2. 排水

在执行排水工序前，必须设置一冷却程序能将机器温度降低到至少 85 ℃以下，并保持 5 min(带高温排放功能的除外)。

3. 取样

在染液温度高于 85 ℃时，必须有一程序能将机器温度冷却到至少 85 ℃以下，并保持 10 min，才能进行取样。

(三) 自动模式操作规程

(1) 进行机器操作前，按上述注意事项编制染色程序文件。

(2) 将电控箱上的“AUTO/MANUAL”选择开关转到“AUTO”位置。

(3) 按照使用规范步骤，将染色程序输入微型计算机控制器存储器内。但必须注意，此时还不能立刻启动程序，需要进行以下检查：

① 入水水位设定是否正确。

② 过滤器工作门是否已关闭上紧。

③ 入布后缸身前的工作门是否已关闭拧紧。

④ 节流阀是否已调节到正确位置。

⑤ 喷淋清洁阀是否已关闭。

⑥ 确认压缩空气源正常。

⑦ 确认手动排压阀已关闭。

⑧ 确认加料桶的模式选择开关已置放在“AUTO”位置（只适用于可编程注料系统）。

(4) 在确保上述各项准备无误后，选择正确的步骤和程序号，按下自动控制系统的启动按钮。

(5) 系统回应下列呼唤信号：

① 备料呼唤（染料）。

② 取样呼唤。

(6) 当取样呼唤信号灯亮时，按规范操作步骤进行取样操作。

五、连续轧染机

连续轧染机主要用于实验室打轧染小样等。根据染料扩散、固着条件不同，分为连续式热熔固色机和连续式压吸蒸染试验机。

(一) 连续式热熔固色机

连续式热熔固色机适用于使用干热空气焙烘或定形的工艺，如分散染料热熔染色、树脂整理等。常用的有的 PT-J 型连续式热熔固色机(图 3-2-8，图 3-2-9)。

其操作规程如下：

(1) 设定工艺流程。首先决定染色过程中是否包含热熔过程，即试验过程是否为：轧车轧液→红外线预烘→上层烘箱预热焙烘→下层烘箱热熔染色(如不需热熔过程，调整上层预热烘箱后面的落布袋，使试样通过上层烘箱后直接落入布箱内，不再通过热熔烘箱)。

(2) 设定工艺条件，包括轧车压力、传动链条速度、红外线预烘条件、风扇马达转速、预热烘箱温度。

(3) 准备试验布、染液。

(4) 清洗轧槽和轧辊并擦干，然后将染液加入轧槽，调整好试验布。

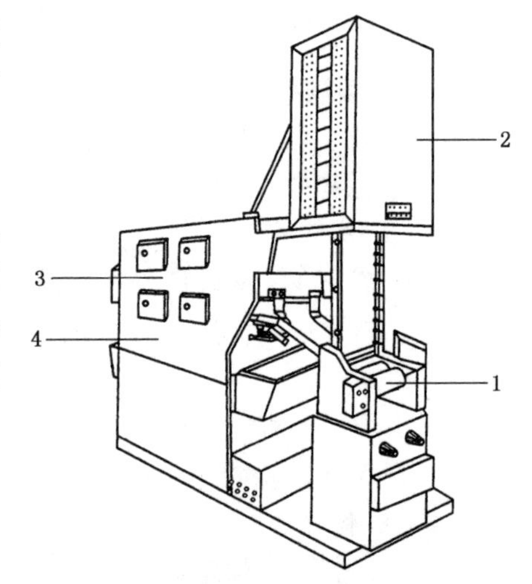

图 3-2-8 PT-J 型连续式热熔固色机

1—二辊卧式轧车；2—红外线烘干；3—热风烘干；4—热熔焙烘

(5) 按电动机按钮和加压按钮。织物浸渍染液后，经过轧辊轧压，即用两根夹布棒固定在连续运转的链条上。夹布棒可由链条上的夹子固定。

(6) 织物随链条运行，首先经过红外线烘干，再经中间烘干过程，即进入热熔烘箱，最后自动退料到存放槽中。

(7) 试验结束,清洗轧棍,按卸压按钮和电动机停止按钮。

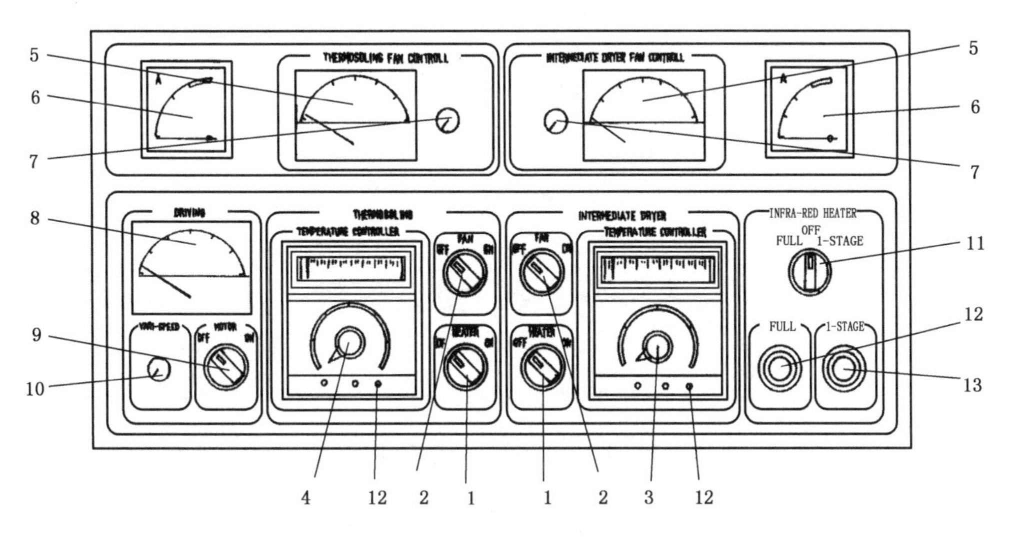

图 3-2-9　PT-J 型连续式热熔固色机控制面板图

1—加热器开关；2—风扇开关；3—电子温度显示计；4—调温螺丝；5—风扇转速显示器；6—负荷显示器；7— 风扇变速调整旋钮；8—马达变速滞留时间表；9—马达开关；10—马达变速调整旋钮；11—红外线加热开关；12—红外线满负荷加热显示器；13—红外线半负荷加热显示器

(二) 连续式压吸蒸染试验机

连续式压吸蒸染试验机适用于以饱和蒸汽固色的染料染色,如活性染料、还原染料和硫化染料的轧染等。它模拟大样生产工艺与操作,织物压吸染液后进入蒸箱内,经短时间汽蒸而固色,可避免空气氧化等,能获得较满意的色泽再现性。图 3-2-10 所示为PS-JS型连续式压吸蒸染试验机结构示意图。

其操作规程如下:

(1) 查看导布棍和轧辊是否清洁,压缩空气供应是否正常(最高使用压力为0.6 MPa);机器导布是否穿妥,同时另外准备一份导布。

(2) 依次开启主电源系统、空压机、蒸汽系统,检查温度是否到达所需温度。

(3) 调整轧辊压力大小至所需轧余率。

(4) 检查水封槽是否有水,并进行温度设定。

(5) 将配制好的染液或助剂倒入浸轧槽,按电动机按钮和加压按钮。

(6) 调整调速旋钮,并检查滞留时间表是否符合要求。

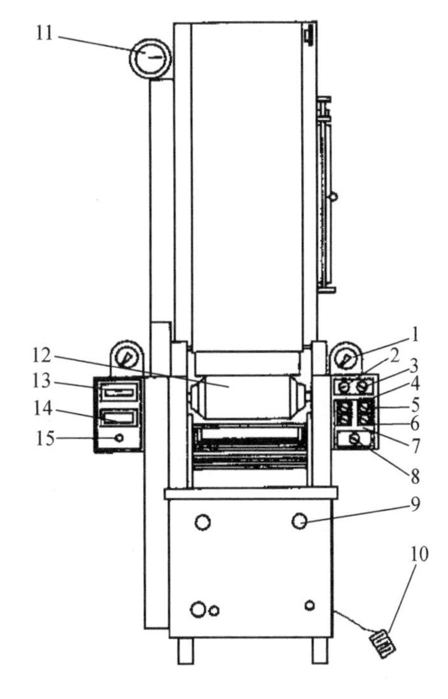

图 3-2-10　PS-JS 型连续式压吸蒸染试验机

1—压力表；2—染槽清洗指示灯；3—染槽清洗开关；4—加压按钮；5—电动机启动按钮；6—电动机停止按钮；7—释压按钮；8—紧急按钮；9—调压阀；10—脚踏开关；11—类比式温度指示表；12—橡胶轧辊；13—数位温度显示器；14—滞留时间指示；15—调速旋钮

(7) 织物浸渍、轧压,通过橡胶辊进入蒸箱。

(8) 将液槽升降开关拨到“ON”位置。

(9) 当织物通过水封槽后,按卸压按钮和电动机停止按钮。

(10) 取下织物,进行下道工序。

(11) 试验结束后,关闭蒸汽、水、压缩空气、电源等。

(12) 打开排水管阀,清洁导布杆和橡胶辊,排除水封槽中的水。

第三节 其他仪器

其他仪器主要指各类染色打样辅助仪器,包括电热烘燥箱、电熨斗、电炉、直尺、天平、酸度计、电吹风、滤纸、标准光源箱、色彩色差仪、酸度计、分光光度计、灰色样卡、各种规格的玻璃仪器刷、剪刀、搪瓷盘、吸量管架等。

一、电子天平

试验室常用的、较为精确的称量天平有电光天平和电子天平两种,根据不同的型号,称量精度为0.001~0.000 1 g (1~0.1 mg),甚至可达到0.001 mg(即1 g的百万分之一)。由于电子天平称量精确,使用方便,故应用较为广泛。

电子天平的规格较多,如TPL系列电子天平、FA/JA系列电子天平和上皿式电子天平等。

(一) 电子天平的校准

电子天平开机显示零点,不能说明天平称量的数据准确度符合测试标准,只能说明天平零位稳定性合格。因为衡量一台天平合格与否,还需综合考虑其他技术指标的符合性。因存放时间较长、位置移动、环境变化或为获得精确测量,天平在使用前一般都应进行校准操作。校准方法分为内校准和外校准两种。德国生产的沙特利斯、瑞士产的梅特勒、上海产的“JA”等系列电子天平,均有校准装置。如果使用前不仔细阅读说明书,很容易忽略“校准”操作,造成较大称量误差。下面以上海天平仪器厂JA1203型电子天平为例,说明如何对天平进行外校准:

校准方法:轻按“CAL”键,当显示器出现“CAL-”时即松手,显示器就出现“CAL-100”,其中“100”为闪烁码,表示校准砝码需用100 g的标准砝码。此时把准备好的“100 g”校准砝码放在称盘上,显示器即出现“---”等待状态,经较长时间后显示器出现“100.000 g”,则拿去校准砝码。此时显示器应显示“0.000 g”,若显示不是为零,则清零,重复以上校准操作。(注意:为了得到准确的校准结果,最好重复以上校准)。

(二) 电子天平的使用

以FA1604S上皿电子天平为例,其外形结构如图3-3-1所示。

1. 电子天平功能键介绍

TAR:消零键或去皮键; RNG:称量范围转换键;UNT:量制转换键; INT:积分时间调整键;CAL:天平校准键;ASD:灵敏度调整键;PRT:输出模式设定键。

2. 电子天平操作规程

(1) 天平水平调节。观察水平仪,如水平仪水泡偏移,则调整水平调节脚,使水泡位于水

平仪中心。

(2) 接通电源，此时显示器并未工作，预热 30 min 后，按键盘“ON”开启显示器进行操作。

(3) 天平进入称量模式“0.000 0 g”或“0.000 g”后，方可进行称量。

(4) 将需称量的物质置于称盘上，待显示数据稳定后，直接读数。

(5) 若称量物质需置于容器中称量时，应首先将容器置于称盘上，显示出容器的质量后，轻按“TAR”键，出现全零状态，表示容器质量已去除，即去皮重。然后将需称量的物质置于容器中，待显示数据稳定后，便可读数。当拿去容器时，天平显示容器质量的负值，再按“TAR”键，显示器恢复全零状态，即天平清零。

图 3-3-1　FA1604S 上皿电子天平外形图

1—称盘；2—盘托；3—水平仪；4—水平调节脚；5—键盘

(6) 称量完毕，轻按“OFF”键，显示器熄灭。

(7) 若长时间不使用，应切断电源。

(三) 电子天平的维护与保养

(1) 将天平置于稳定的工作台上，以避免振动、气流和阳光照射。

(2) 在使用前调整水平仪气泡至中间位置。

(3) 电子天平应按说明书的要求进行预热。

(4) 称量易挥发和具有腐蚀性的物品时，要盛放在密闭的容器中，以免腐蚀和损坏电子天平。

(5) 经常对电子天平进行自校或定期外校，保证其处于最佳状态。

(6) 如果电子天平出现故障，应及时检修，不可带“病”工作。

(7) 操作天平不可过载使用，以免损坏天平。

二、酸度计

酸度计是测定水溶液的酸碱度的仪器，在染整实验中常用来测定各种染液和其他溶液的 pH 值。酸度计的种类很多，常用的有国 25 型酸度计和 PHS-3C 型精密 pH 计等。PHS-3C 型精密 pH 计采用 3 位半十进制 LED 数字显示，测量精密，适用于实验室取样测定水溶液的 pH 值和电位值。

PHS-3C 型精密 pH 计的结构如图 3-3-2～图 3-3-4所示。

其操作规程如下：

1. 准备程序

(1) 将图 3-3-4 中的多功能电极架 1 按图 3-3-2所示插入插座中。

(2) 将图 3-3-4 中 pH 复合电极 3 按图 3-3-2 所示安装在电极架上。

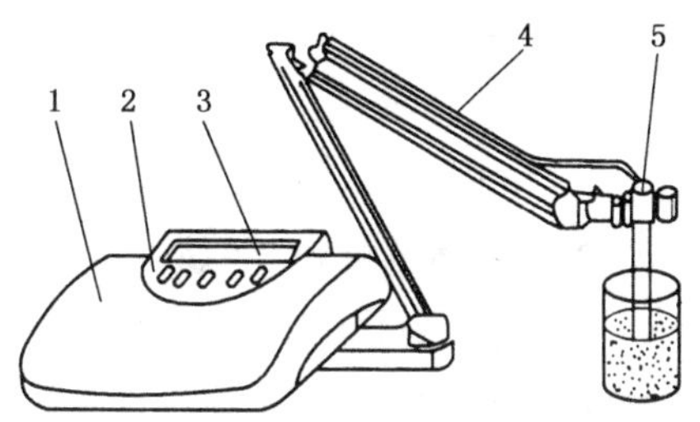

图 3-3-2　PHS-3C 型精密 pH 计外形结构

1—机箱；2—键盘；3—显示屏；4—多功能电极架；5—电极

(3) 拔下图 3-3-4 中 pH 复合电极下端的电极

保护套 4，并且拉下电极上端的橡皮套，使其露出上端小孔。

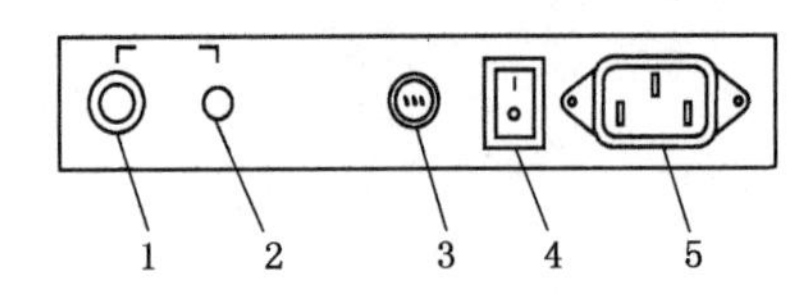

图 3-3-3　PHS-3C 型精密 pH 计后面板

1—测量电极插；2—参比电极接口；
3—保险丝；4—电源开关；5—电源插座

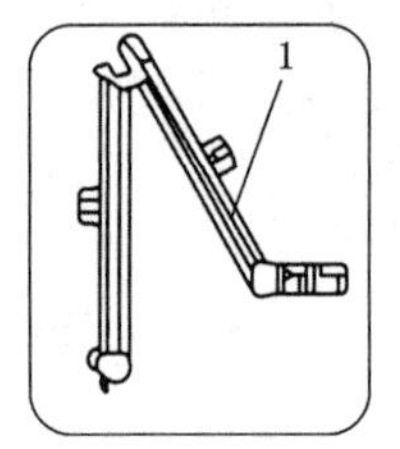

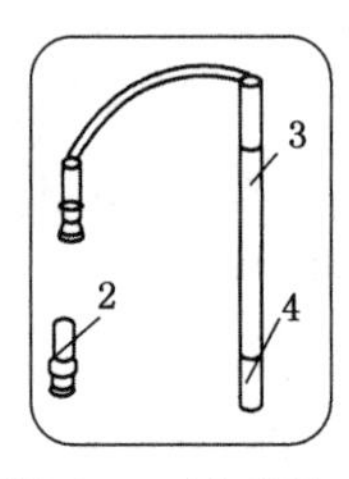

图 3-3-4　PHS-3C 型精密 pH 计附件

1—多功能电极架；2—Q9 短路插头；
3—E-201-C 型 pH 复合电极；4—电极保护套

(4) 使用蒸馏水清洗电极。

(5) 标准缓冲溶液配制：利用酸度计所附带的标准物质，根据被测溶液的酸碱性配制标准缓冲溶液，第一种为 pH＝6.86 的标准缓冲溶液，第二种为 pH＝4.00(被测溶液为酸性时)或 pH＝9.18(被测溶液为碱性时)的标准缓冲溶液。

2. 酸度计标定

(1) 拔掉图 3-3-2 中测量电极插座 1 处、如图 3-3-3 所示的 Q9 短路插头 2，插入复合电极 3(如不用复合电极，则在测量电极插座 1 处插入玻璃电极插头，在图 3-3-3 中参比电极接口 2 处插入参比电极)。

(2) 打开电源开关，按“pH/mV” 按钮，仪器即进入 pH 值测量状态。

(3) 按“温度”按钮，此时温度指示灯亮，显示溶液温度；再按“确认”键，仪器即回到 pH 测量状态。

(4) 用蒸馏水清洗电极，然后插入 pH 值为 6.86 的标准缓冲溶液中，待读数稳定后按“定位”键，使读数为该溶液当时温度下的 pH 值(此时 pH 值指示灯呈慢闪烁，表明仪器在定位标定状态)。再按“确认”键，pH 值指示灯停止闪烁，仪器即进入 pH 值测量状态。

(5) 用蒸馏水清洗电极。

(6) 把电极插入 pH 值为 4.00(被测溶液为酸性时)或 pH 值为 9.18(被测溶液为碱性时)的标准缓冲溶液中，待读数稳定后按“斜率”键，使读数为该溶液当时温度下的 pH 值(此时 pH 值指示灯呈快闪烁，表明仪器在斜率标定状态)。再按“确认”键，pH 值指示灯停止闪烁，仪器即进入 pH 值测量状态，标定完成。

注意：经标定后，“定位”键及“斜率”键不能再按。如果触动此两键，仪器 pH 指示灯就会闪烁。这时不要按“确认”键，而是按“pH/mV”键，使仪器重新进入 pH 测量状态，而无需再进行标定。一般情况下，在 24 h 内仪器不需再标定。

3. 测量被测溶液的 pH 值

(1) 若被测溶液和定位溶液的温度不同，则用温度计测出被测溶液的温度，按“温度”键，使仪器显示为被测溶液温度值，然后按“确认”键。

(2) 用蒸馏水清洗电极头部。

(3) 用被测溶液清洗电极头部。

(4) 把电极插入被测溶液内，用玻璃棒轻轻搅拌，待读数稳定后读出该溶液的 pH 值。

三、标准光源灯箱

标准光源灯箱是指由标准照明体制作的对色灯箱。标准照明体是指特定的光谱功率分布。这一光谱功率分布不是必须由一个光源直接提供，也不一定能用一个光源来实现。国际照明委员会推荐四种标准照明体A、B、C、D和三种标准光源A、B、C。随着国际纺织市场的变化和要求，后来又出现了D65、CWF、TL84、UV、HOR等多种标准光源。这些标准光源都是各国纺织品商根据销售市场需要而制定的。这些光源代表了不同的色温和照明条件，为了适应对色的需要，大多数标准光源灯箱由多支不同的光源灯管组合而成。常用的如TILO天友利对色灯箱、YG982A标准光源箱、T60(5)、P60(6)及CAC-600系列标准光源灯箱等，如图3-3-5所示。

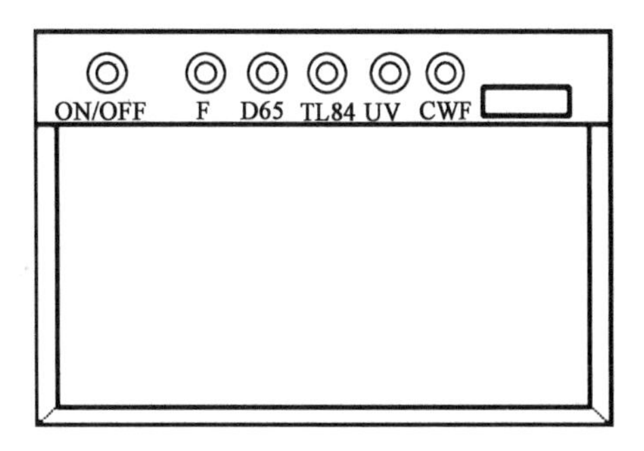

图3-3-5　标准光源灯箱

其操作规程如下：

(1) 将电源线插入灯箱背面的插口，接通电源，计时显示器会显示一个流水时间，提示电源已接通。

(2) 按“ON/OFF”键，计时显示为该灯箱已使用的总时间。

(3) 按“D65”“F”“TL84”或“UV”键，对应的灯管组即点亮，计时显示该灯管组已使用的时间。若需同时开启两种或多种光源，只需同时按下两键或多键。

(4) 将被检测物品放在灯箱底板中间，若比较两件以上物品时，应并排放在灯箱内进行对比。

(5) 观察角度以90°光源、45°视线为宜。光源从垂直入射角照射到被检测物品上，观察者从45°观察。

(6) 检测完毕，按“ON/OFF”键关机，并断开电源。

四、分光光度计

分光光度计是常用的比色分析仪器，在染整实验室中，通常用来测定染料的上染百分率等。其规格有721型、722型、722N型、723型等。常用722型光栅分光光度计，如图3-3-6所示。

(一) 仪器操作键介绍

(1) “MODE”键：用于设置测试方式。

仪器可供选择的测试方式有透射比方式、吸光度方式和浓度直读方式。使用“MODE”键，使用浓度直读方式前，需将标准样品的浓度值或K因子(FACTOR)输入仪器。

当显示窗右侧测试方式中的C窗口或F窗口亮时，仪器处于设置状态。按“ENT”键，将设置的参数存入仪器后，仪器自动进入测试状态。

(2) “100%T/OABS”键：用于自动调整100.0%T(100.0%透射比)或OABS(零吸光度)。当波长改变时，需重新调整100.0%T或OABS。

(3) “0%T”键：用于自动调整零透射比。

仪器开机预热后，将挡光体插入样品架，将其推或拉入光路，按“0%T”键调零透射比，仪器自动将透射比零参数保存在微处理器中。仪器在不改变波长的情况下，一般无需再次调整

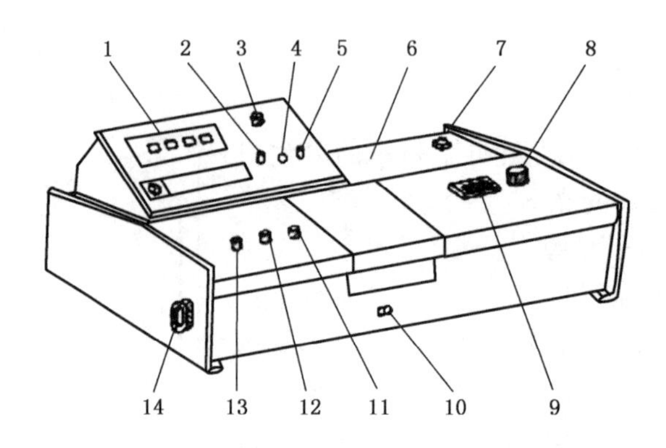

图 3-3-6　722 型光栅分光光度计外形示意图

1—数字显示器；2—吸光度调零旋钮；3—选择开关；4—吸光度调斜率电位器；5—浓度旋钮；6—光源室；7—电源开关；8—波长手轮；9—波长刻度窗；10—试样架拉手；11—100%T 旋钮；12—0%T 旋钮；13—灵敏度调节旋钮；14—干燥器

透射比零（在仪器长时间使用过程中，有时 0%T 可能会产生漂移。调整 0%T 可提高测试数据的精确度）。

（4）“波长设置”旋纽：用于设置分析波长。

（5）“参数输入”键：当测试方式指示在“C”或“F”时，仪器处于设置状态。

（二）分光光度计的操作规程

1. 样品测试前的准备

（1）打开电源开关，使仪器预热 20 min。

仪器接通电源后即进入自检状态。自检结束，仪器自动停在吸光度测试方式。

开机前，先确认仪器样品室内是否有东西挡在光路上。光路上有东西，将影响仪器自检，甚至造成仪器故障。

（2）用“波长设置”按钮将波长设置在需使用的分析波长位置；当波长重新设置后，须调整“100.0%T”。

（3）打开样品室盖，将挡光体插入比色皿架，并将其推或拉入光路，盖好样品室盖。

（4）按“0%T”键调透射比零。

（5）取出挡光体，盖好样品室盖，按“100%T”调 100%透射比。

2. 吸光度测定操作

（1）按“MODE”键，将测试方式设置为需要测试的参数（透射比/吸光度/浓度值），显示器显示“X. XXX”。

（2）用“波长设置”按钮设置所需要的分析波长，如 340 nm。

（3）将参比溶液和被测溶液分别倒入比色皿中（比色皿内的溶液面高度不应低于25 mm，且被测试样品中不能有气泡和漂浮物，否则，会影响测试参数的精确度）。

（4）打开样品室盖，将盛有溶液的比色皿分别插入比色皿槽中，盖上样品室盖。

一般情况下，标准样品放在样品架的第一个槽位中。

被测样品的测试波长在 340～1 000 nm 范围内时，建议使用玻璃比色皿；被测样品的测试波长在190～340 nm 范围内时，建议使用石英比色皿。

（5）将参比溶液推入光路中，按“100%T”键调整 100%T。

仪器在自动调整 100%T 的过程中，显示器显示“BLA”；当 100.0%T 调整完成后，显示器显示“100.0%T”。

（6）将被测溶液推或拉入光路中，此时，显示器上所显示的是被测样品的参数（透射比/吸光度/浓度值）。

（三）分光光度计的使用注意事项

（1）仪器连续使用不应超过 3 h，每次使用后需要间歇 30 min 以上。

（2）比色皿由两个面组成，即透光面和毛玻璃面，使用时应将透光面对准光路。

（3）在测定过程中，勿用手触摸比色皿的透光面。清洁透光面时不可用滤纸、纱布或毛刷擦拭，只能用镜头纸轻轻擦拭。

（4）盛待测液时，必须达到比色皿的 2/3 左右，不宜过多。若不慎使溶液溢出，必须先用滤纸吸干，再用镜头纸擦净。

（5）分光光度计的吸光值在 0.2～0.7（透光率为 20%～60%）时准确度最高，低于 0.1 而超过 1.0 时误差较大。如未知样品的读数不在此范围内，应将样品适当稀释。

（6）每次测试完毕或更换样品液时，必须打开样品室的盖板，以防止光照过久，使光电池疲劳。

（7）仪器所附的比色皿，其透射率是经过测试和匹配的。未经匹配处理的比色皿将影响样品的测试精度。

（8）比色皿的透光部分表面不能有指印、溶液痕迹，否则将影响样品的测试精度。

五、色差仪

色差仪分为桌面式和便携式分光测色仪及小型色差计。国内外常用的色差计有 MINOLTA（美能达）公司生产的系列分光测色计，如 CM-3700d 桌面式分光测色计、CM-2600d/2500d 便携式分光测色计、CR-10 小型色彩色差计等，以及 BYK Gaedner（毕克-加索纳）公司的 CG 系列分光色差仪和 X-Rite（爱色丽）公司的 SP 系列色差仪等。

下面以 CR-10 电脑色彩色差计为例来介绍色差计的使用方法：

1. CR-10 电脑色彩色差计的工作原理

自动比较来样与配色试样之间的颜色差异，输出 L、a、b 三组数据和比色后的 $\triangle E$、$\triangle L$、$\triangle a$、$\triangle b$ 四组色差数据。

$\triangle E$ 表示总色差；

$\triangle L > 0$ 表示偏白，$\triangle L < 0$ 表示偏黑；

$\triangle a > 0$ 表示偏红，$\triangle a < 0$ 表示偏绿；

$\triangle b > 0$ 表示偏黄，$\triangle b < 0$ 表示偏蓝；

$\triangle C > 0$ 表示偏鲜艳，$\triangle C < 0$ 表示偏暗；

$\triangle H > 0$ 偏逆时方向色调，$\triangle H < 0$ 表示偏顺时方向色调。

2. CR-10 电脑色彩色差计的操作规程

（1）取下镜头保护盖。

（2）打开电源“POWER”至“ON”的位置。

（3）按样品目标键“TARGET”，此时显示“Target L　a　b”。

（4）将镜头口对准样品的被测部位，按录入工作键，等“嘀”的一声响后才能移开镜头，此时显示该样品的绝对值“Target　L　**.*　a +－**.*　b +－**.*”。

(5) 再将镜头对准需检测物品的被测部位，重复上一步的测试工作，此时显示被检物品与样品的色差值“dL　**.*　da　+－**.*　db　+－**.*”。

(6) 根据前面所述的工作原理，由 dL、da、db 判断两者之间的色差大小和偏色方向。

(7) 重复第(5)和第(6)步可以检测其他被检物品与样品的颜色差异。

(8) 若要重新取样，需按“TARGET”键，再由第(4)步开始即可。

(9) 测试完毕，盖好镜头保护盖，关闭电源。

六、干燥箱

干燥箱用于物品的干燥，使用温度范围为 50～250 ℃，常用鼓风式电热干燥箱，以加速升温。鼓风式电热干燥箱规格很多，如 ALS-80、ALS-150、ALS-225 电热鼓风干燥箱等。以 ALS-225 电热鼓风干燥箱为例，其操作规程和注意事项如下：

1. 操作规程

(1) 将温度计插入插孔内(一般在箱顶放气调节器中部)。

(2) 通电，打开电源开关，红色指示灯亮，开始加热。开启鼓风开关，促使热空气对流。

(3) 注意观察温度计。当温度计温度将要达到需要温度时，调节自动控温旋钮，使绿色指示灯正好亮。10 min 后再观察温度计和指示灯，如果温度计上所指温度超过所需温度，而红色指示灯仍亮，则将自动控温旋钮略向反时针方向旋转，直调到要需要的温度上，并且指示灯轮番显示红色和绿色为止。自动恒温器旋钮在箱体正面左上方或右下角。它的刻度板不能作为温度标准指示，只能作为调节的标记。

(4) 工作一定时间后，可开启顶部中央的放气调节器将潮气排除，也可以开启鼓风机。

(5) 用于烘干染色织物时，为防止染料泳移，应将织物悬挂烘燥，且温度不能高于 60 ℃。

(6) 使用完毕，关闭开关，将电源插头拔下。

2. 注意事项

(1) 检查电源，要有良好的地线。

(2) 切勿将易燃易爆物品及挥发性物品放入箱内加热。箱体附近不可放置易燃物品。

(3) 箱内应保持清洁，放物网不得有锈，否则影响玻璃皿洁净度。

(4) 烘烤洗刷完的器具时，应尽量将水珠甩干再放入烘箱内。干燥后，待温度降至60 ℃以下方可取出物品。塑料、有机玻璃制品的加热温度不能超过 60 ℃，玻璃器皿的加热温度不能超过 180 ℃。

(5) 鼓风机的电动机轴承应每半年加油一次。

(6) 放物品时要避免碰撞感温器，否则温度不稳定。

(7) 检修时应切断电源，防止带电操作

本章小结

一、染色打样的玻璃仪器有染杯、烧杯、量筒、容量瓶、试剂瓶、吸量管、锥形瓶等。熟悉玻璃仪器的使用规范，重点是吸量管及容量瓶的使用。

二、玻璃仪器的洗涤方法有清水洗涤、洗液洗涤、去污粉洗涤、氧化剂洗涤及酸液或碱液洗涤。了解各种洗液的配制方法，掌握不同仪器的洗涤方法，熟悉玻璃仪器的干燥方法。

三、染色打样的仪器设备按温度分为常温常压染色样机和高温高压染色样机，按运行方式分为连续式轧染机和间歇式染色样机。常温常压染色样机分为手动搅拌式电热恒温水浴锅和自动振荡式染色小样机。连续式轧染机分为汽蒸式和热熔式。熟悉各种染色仪器的操作规范，熟悉各类自动染色样机的程序设计方法。

四、分光光度计在染色中通常用于测定染液的吸光度，或以此绘制吸收光谱曲线，或计算染料的上染率，以判断染色工艺是否为最佳工艺。常用分光光度计有721型、722型、722N型等规格。熟悉分光光度的使用方法。

五、电子天平是实验室常用称量仪器。熟悉电子天平的使用与保养方法。

六、标准光源灯箱是人工对色色差级别评定用工具。熟悉标准光源灯箱的使用与贮存方法。

七、色差仪是电脑测色配色的仪器，可用于色差评定和染色配方设计。熟悉色差仪的使用方法。

思考题

1. 染色打样常用玻璃仪器有哪些？移液管、容量瓶各有什么用途？
2. 染色打样常用仪器和设备有哪些？
3. 标准光源箱中的光源D65、CWF、TL84、UV，分别代表什么光源？

第四章 来样分析

第一节 概　　述

配色打样是指根据客户来样要求，设计染色工艺，并进行打样，直至小样获得客户或相关部门确认的工作过程。之后，技术人员根据小样实验结果，结合工厂生产设备条件及大小样在工艺与结果上的差异，依据经验，对小样处方做出适度调整，初步确定大样工艺处方及工艺条件，并上机试生产。若不符合要求，则应反复调整，直到获得客户认可。有时，小样确认后必须经过中样试验，方可进行大生产。在条件许可的情况下，标样与试样的色差应尽量满足客户的要求。但应注意的是，来样的形式不同，色差控制要求也不同，一般纸样色差最高达 3～3.5 级；标样与试样材料相同者，色差要求可高于 4 级；标样与试样基质材料不同者，色差最好控制在 3～4 级；多纤维混纺或交织物的匀染度色差一般≥3 级为宜。

当接到客户来样后，第一项技术工作就是审样。审样的主要内容有原料组成、织物组织结构、色泽特征、产品风格等。通过审样，了解待加工织物的加工要求，参考双方合同协议，从而合理制定生产工艺，并保证工艺的顺利实施。

1. 来样的原料成分

准确鉴定来样的原料成分是配色打样的基础。不同的纤维原料所选用的染料类别不同，染色工艺与加工方式不同，染前处理及染后处理工艺要求也不同。如纯棉织物需进行练漂前处理，以去除天然杂质，大多数情况下需经过丝光加工，从而保证染色的匀透性，所以染前工序长，加工要求高。而且纯棉织物可选染料范围大，一般需根据色泽、牢度等要求综合考滤。而纯涤纶织物含杂少，前处理要求低，一般只需要简单的水洗，常用的染料就是分散染料。所以通过审核来样的原料成分，有助于合理选择染料，选择染色工艺方法，制订产品的加工工艺流程。

2. 来样的色泽要求

相同原料的产品，若色泽、牢度等要求不同，选用的染料及工艺也不相同。如纯棉织物染大红色，可采用活性染料染色；染米黄色、浅棕色等，一般选用还原染料染色；染艳绿色，若色牢度要求高，可选择还原染料染色，色牢度要求一般则可选用活性染料染色。可见来样的色泽要求是影响产品染料选择、工艺制定的最关键的因素。

3. 来样的手感要求

根据来样的手感要求，制定相应的染整工艺。手感的调试主要在后整理加工，可通过各类后整理所用助剂的搭配、增减来控制相应的手感，达到规定的要求。

4. 来样的组织结构

织物的组织结构不同，产品的风格特征、色泽效果不同，染整加工方式也不完全相同。一

般染料染缎纹织物的色泽鲜艳度优于平纹、斜纹、提花织物，但在颜色深度上又较其他织物差。织物组织不同，所用的染色设备不同，加工浴比不同，小样的工艺设计应力求与染色大生产加工相同。

5. 来样的风格特征

不同风格的产品所选用的染色工艺及加工方式不同。如蚕丝/天丝交织物同色染色产品和双色染色产品工艺不同，同色可选择直接混纺一浴染色，双色则需用弱酸性染料与直接混纺二浴分步染色。又如涤/棉混纺与涤/黏混纺产品的风格不同，前者滑、挺、爽，属棉型产品，后者滑、挺、糯，为仿毛类产品，故涤/棉混纺织物可采用紧式加工，而涤/黏混纺产品宜采用松式加工。可见，只有充分了解产品的风格及要求，才能合理制定工艺，确保产品质量。

第二节　纤维成分鉴别

在纤维加工和织物制作，以及选用衣料时，常常需要鉴别纤维。纤维的鉴别方法有多种，包括感观鉴别、显微镜观察、热分解试验、相对密度测定、熔点测定、燃烧试验、溶解性试验、着色试验等方法。本书主要介绍较常用的感观鉴别法、燃烧法、纤维镜法、溶剂法和染色法五种。

一、纤维成分鉴别方法

（一）感观鉴别法

这是一类比较直观的纤维鉴别方法，是在纤维生产加工、销售使用过程中积累的丰富经验的总结。感官鉴别法是依据各种纺织纤维的外观形态和基本物理性能，通过人的感觉器官，用手、眼、耳、鼻对服装面料组成的纤维进行直观的判定。这些性能包括光泽、长短、粗细、曲直、软硬、弹性、强力等特征。纺织纤维的上述特征决定了由其构成的面料所具备的基本感官特征。

感官鉴别方法是通过感官获得的纤维信息，对照各种纤维的基本特性，从而鉴别出纤维的种类，它不需要任何药品和仪器设备。用此方法鉴别纤维时，一般先用目测，观察纤维或织品的外观形态、颜色、光泽度、长度、纤度、匀度、纯净度等基本特征，初步判断纤维种类。例如天然纤维都有一定卷曲，带有一定自然色彩，长度不一，粗细不匀，有一定疵点和杂质等；而化学纤维则普遍较匀整，光泽度较高等。在目测的基础上，可用手触摸，通过手感特征进一步确定纤维类型。手感主要包括纤维的平滑程度、温度感觉、手拉强度与弹性状况等基本特征。常见纤维的感官特征如表 4-2-1。

表 4-2-1　常见纤维的感官特征

纤维名称	感　官　特　征
棉	纤维短而细，有天然卷曲，无光泽，有棉结杂质；手感柔软，伸长度较小，弹性差
麻	纤维粗硬，略有天然丝状光泽，纤维较平直，有竹节状；弹性差，强力大，伸长度小
毛	纤维长度比棉、麻长，有明显的天然卷曲，光泽柔和；手感柔软、温暖、蓬松，极富有弹性；强度小，伸长度大
丝	天然纤维中唯一的长纤维，光泽明亮，光滑、平直；手感柔软，富有弹性，有凉爽感，易折皱
黏胶纤维	纤维柔软但缺乏弹性，质地重，外观平直光滑，强度小，湿水后强度更小
合成纤维	纤维长度、细度均匀，光亮，无疵。手感不够柔软，强度高，弹性好，伸长度适中(弹力丝的伸长度较大)。其中，锦纶手感绵软无身骨，腈纶握在手中摩擦发涩甚至发出“吱吱”的声音，丙纶呈亮白色

除此之外，感官鉴别方法中还包括了嗅觉和听觉特征的判别，例如醋酸丝纤维的酸味、桑蚕丝织物的丝鸣声等，但此类特征不具有普遍性，所以仅适合于部分纤维。

（二）燃烧法

各种纺织纤维由于化学组成不同，在燃烧过程中产生不同的现象。各种纺织纤维的主要燃烧现象见表 4-2-2。

表 4-2-2　各种纤维的燃烧状态

纤维名称	接近火焰	火焰中	燃烧气味	离开火焰后	灰烬
棉	软化 不收缩	燃烧不熔融	燃纸气味	继续燃烧	灰烬保持原形，柔软
麻	同棉	同棉	同棉	继续燃烧	灰烬保持原形，柔软
蚕丝	软化收缩	轻微熔融，慢慢燃烧	烧毛发味	缓慢熄灭	黑褐色颗粒，指压即碎
黏胶	软化 不收缩	燃烧不熔融	烧纸气味	继续燃烧	灰烬少，浅灰色或灰白色，柔软
丙纶	软化收缩	燃烧，白色明亮火焰，有黄色熔融滴落	烧焦的纸味，醋酸和氮的氧化物	缓慢燃烧	黑色硬块，能捻碎

可以根据这些具体现象来判断纤维类别。具体做法是：

从织物边抽出几根经纱和纬纱，退捻使其形成松散状作为试样；将酒精灯点燃，用镊子镊住一小束纤维的一端，将另一端移入火焰，放在火上燃烧，仔细观察纤维束燃烧中发生的情况，并注意以下现象：

（1）纤维束靠近火焰受热后，有无发生收缩及熔融现象；有熔融现象的，其熔落液体的颜色与性状如何。

（2）纤维燃烧的难易程度。

（3）纤维离开火焰后，是否继续燃烧。

（4）纤维燃烧时，火焰的颜色、火焰的大小与燃烧的速度。

（5）纤维燃烧时，是否同时冒烟，烟雾的浓度和颜色。

（6）纤维燃烧时，散发出的气味。

（7）纤维燃烧后灰烬的颜色和性状等。

燃烧法只适用于未经防火、阻燃等处理的单一成分的纤维、纱线和织物。

（三）显微镜法

对于燃烧性能及溶解性能相同或相近的纤维，或者混纺纤维，可以采用显微镜法进行鉴别。显微镜法是利用显微镜的放大作用观察纤维的切片，通过辨别纤维的横截面形态和纵向的观察结果，初步判断纤维的种类。

具体操作步骤如下：

纤维纵向观察：取 10～20 根纤维，放在载玻片上梳理平直，盖上盖玻片，并在其两对角上滴上一滴甘油或蒸馏水，使盖玻片粘住。将放有试样的载玻片放在载物台的夹持器内，调节显微镜，按规定步骤操作，并将在显微镜下观察到的纤维纵向形态描绘在纸上。取下试样，用滤纸揩去水或甘油，装上另一种纤维试样进行观察。

纤维截面观察：观察纤维的截面形态，需要将纤维进行切片，以获取纤维截面图。通常用纤维切片器（又称哈氏切片器）切片后观察，如图 4-2-1 所示。纤维切片是否成功，是显微镜法鉴别结果正确与否的关键。

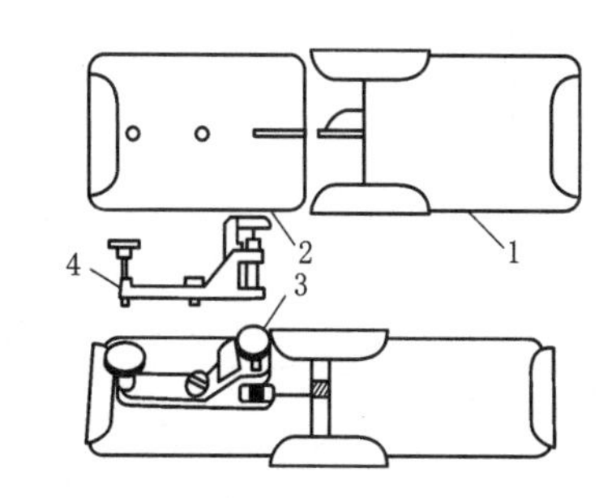

图 4-2-1 纤维切片器结构示意图

1，2—底板；3—匀给螺丝；4—销子

将切片器上的匀给螺丝向上旋转，使螺杆下端升离狭缝，提起销子，将螺座转到与底板成垂直位置。将底板 2 从底板 1 中抽出，把整理好的一束纤维试样嵌入底板 2 中间的狭缝中，再把底板 1 的塞片插入底板 2 的狭缝，使试样压紧，以能将纤维束轻拉时稍稍移动为度。用刀片切去露在底板正反两面的纤维，将螺座恢复到原来的位置并将其固定。此时，匀给螺丝的螺杆下端正对准底板 2 中间的狭缝。

旋转匀给螺丝，使螺杆下端与纤维试样接触，再顺螺丝方向旋转螺丝上刻度 2～3 格，使试样稍稍顶出板面，然后在顶出的纤维表面用玻璃棒薄薄涂上一层火棉胶。稍放片刻，用锋利的刀片沿底座平面切下切片。将第一片切片丢弃，再旋转螺丝上刻度一格半，涂上火棉胶，稍等片刻切片。按此法切下所需片数试样。

将切片放在载玻片上，滴上一滴甘油，盖上盖破片。将盖玻片置于显微镜下，按纤维纵向观察操作方法进行观察。

要注意的是，切片时，使纤维保持平直，防止纤维倒伏而影响切片质量。盖玻片合上后，应尽量排除空气，不能有气泡，以免影响观察效果。

鉴别纤维时，一般用显微镜观察放大 50～500 倍的纤维纵向和截面的形态。具体做法是：

将做好的纤维切片，放在显微镜载物台上进行观察，选取放大倍数，将镜头调节至最低，然后缓缓向上移动镜头，或左右、前后移动移到载物台，至观察到纤维形态为止。然后调整放大倍数，继续观察。根据观察的结果，可以判定试样是何种纤维，是单一纤维还是混纺纤维。值得注意的是，化学纤维，尤其是合成纤维，其形态结构取决于纺丝孔的形状，因此，普通显微镜法进行准确鉴别是很困难的。常见纺织纤维的形态特征见表 4-2-3。

表 4-2-3 常见纺织纤维的形态特征

纤 维		截面形状	侧面特征
纤维素纤维	棉纤维	腰圆形或椭圆形，有中腔	扁平带状，有天然转曲；粗细不均，表面有沟槽
	丝光棉纤维	多数为圆形，中间胞腔变小	表面光滑
	黏胶纤维	周围有锯齿形，皮芯结构	表面平滑，纵向有沟槽
	醋酯纤维	三叶形或不规则锯齿形	表面有纵向条纹
	竹纤维	狭长椭圆形，中间有线状胞腔	表面有竹节
	竹浆纤维	呈块状，块中有极小点状空隙，块与块之间有较大缝状空隙	表面光滑
	Lyocell	不规则圆形	表面光滑
	Modal	腰圆形，中间有胞腔，周围多个反光点	有较深沟槽
	亚麻	多角形，中间有点状胞腔	有横节，竖纹

续 表

纤维		截面形状	侧面特征
蛋白质纤维	羊毛	鹅卵石形	表面有鳞片
	兔毛	不规则四边形，中间胞腔大而暗	表面有规则环状鳞片
	蚕丝	近三角形	表面有沟槽
	柞蚕丝	狭长棒槌形	表面有细密沟槽
	大豆纤维	哑铃形，中间胞腔细而密	皮层结构明显
	牛奶纤维	耳形，中间有点状胞腔	表面较光滑
合成纤维	锦纶	圆形或异形	表面平滑
	腈纶	圆形或哑铃形，上有较多黑点	平滑或有条纹，表面多黑点
	涤纶	圆形或异形，有黑点	表面平滑，有黑点

(四) 溶解法

利用各种纤维在不同的化学溶剂中的溶解性能来鉴别纤维，称为溶解法。根据手感目测和显微镜观察等方法初步鉴别后，再用溶解法加以证实，可以确定各种纤维的具体品种，也可定量分析纱线的混纺比。它比前面的几种方法更可靠。必须注意，纤维的溶解性能不仅与溶剂的品种有关，与溶剂的浓度、温度及作用时间也很有关系，测定时必须严格控制试验条件。

由于组成与结构差异，导致纤维在不同的化学溶剂中、不同的温度条件下的溶解性能存在差异。溶解法适用于各种纺织纤维，特别是合成纤维，包括染色纤维或混合成分的纤维、纱线与织物。此外，溶解法还广泛用于混纺产品中的纤维含量分析。

当待鉴别的试样是纱线或织物时，需从织物中抽出经、纬纱，然后将纱线分离成单纤维。为了快速有效地鉴别出纤维种类，可先用显微镜观察，再用燃烧法复验。如果是合成纤维则可直接用化学溶解法。对于某些疑难的纤维，则需采用系统鉴别法。

溶剂法鉴别纤维的试验方法如下：

(1) 取样：取样应代表抽样单位中的纤维，如果发现有试样不均匀现象，应在不同部分取样。每个试样至少取样 2 份，每份质量为 100 mg。

(2) 试验次数：至少进行两次平等试验，如果溶解结果差异显著，应增加试验次数，以重合程度较高的结果为正确。

(3) 溶解试剂：一般采用符合国家标准和有关部颁标准的标准试剂，纯度要求达到分析纯和化学纯。

(4) 仪器设备：温度计、恒温水浴锅、封闭式电炉、天平、玻璃抽气滤瓶、密度计、量筒、25 mL 烧杯、500 mL 烧杯、木夹、镊子、玻璃棒、坩锅等。

试验步骤如下：

(1) 配制溶解试剂：按照《化学检验手册》的溶液配制方法，配制所需要的各种不同浓度的溶液。其体积计算到 0.1 mL，取整至 1 mL。

(2) 溶解试验：于常温(24～30 ℃)下将 100 mg 纤维试样置于 25 mL 烧杯中，并注入 10 mL 溶剂，观察溶剂对纤维的溶解情况。

需要注意的是，有些纤维在常温条件下很难溶解，此时需要加温至沸腾，用玻璃棒搅动 3 min，观察其溶解程度(加热时必须用封闭式电炉，在通风橱内进行试验)。

对一些用简单的方法，如感官鉴定和燃烧法等，尚不能完全区分的纤维，可进一步采取溶剂溶解的方法进行区分。如合成纤维中，涤纶与锦纶的感官性状、燃烧现象的区别不大，难以准确分辨清楚。此时可以利用两种纤维在酸液中的溶解性能的明显不同进行鉴别，具体情况见表 4-2-4。

表 4-2-4　各种溶剂对常用纤维的溶解性

名称	5%NaOH 煮沸 15 min	36%盐酸 室温 15 min	70%硫酸 室温 10 min	90%甲酸 室温 5 min	冰醋酸 15 min	DMF 煮沸 15 min	浓硫酸 室温	四氢呋喃 10 min
棉	×	×	溶	×	×	×	溶	×
麻	×	×	溶	×	×	×	溶	×
羊毛	溶	×	×	×	×	×	稍溶	×
蚕丝	溶	溶	溶	×	×	×	溶	×
黏纤	溶	×	溶	×	×	×	溶	×
涤沦	×	×	×	×	×	×	溶	×
锦纶	×	溶	溶	溶	溶	×	溶	×
腈纶	×	×	溶	×	×	溶	溶	×
丙纶	×	×	×	微溶	×	×	×	×
维纶	×	溶	溶	溶	×	×	溶	×
氯纶	×	×	×	×	×	溶	×	溶

（五）着色法

药品着色法是根据各种纤维对某种化学药品的着色性能不同来迅速鉴别纤维品种的方法。此法可用于未染色的纤维或纯纺纱线和织物。已染有中色及以上的试样或经树脂加工整理过的试样，不能直接进行着色试验，必须预先脱色及除去整理加工剂。而且，如不按规定的处理条件（温度、浴比、时间、浓度等）正确进行，则难以正确着色。鉴别纺织纤维用的着色剂有专用和通用着色剂两种。前者用以鉴别某一类特定纤维，后者是由各种染料混合而成，可对各种纤维染成各种不同的颜色，然后根据所染颜色的不同鉴别纤维。通常采用的着色剂有碘—碘化钾溶液和 HI 纤维鉴别着色剂。

碘-碘化钾溶液是将碘 20 g 溶解于 100 mL 的碘化钾饱和溶液中，把纤维浸入溶液中 0.5～1 min，取出后用水洗干净，根据着色不同，判别纤维品种。HI 纤维鉴别着色剂是东华大学和上海印染公司共同研制的一种着色剂。具体鉴别时可将试样放入微沸的着色剂溶液中，沸染 1 min，时间从放入试样后染液微沸开始计算。染完后倒去染液，冷水清洗，晾干。对羊毛、丝和锦纶可采用沸染 3 s 的方法，扩大色相差异。染后与标准样对照，根据色相确定纤维类别。几种纺织纤维的着色反应见表 4-2-5。

表 4-2-5　几种纺织纤维的着色反应

纤维种类	HI 纤维鉴别着色剂	碘-碘化钾着色剂
棉	灰	不染色
麻（苎麻）	青莲	不染色
蚕丝	深紫	淡黄

续 表

纤维种类	HI 纤维鉴别着色剂	碘-碘化钾着色剂
羊毛	红莲	淡黄
黏胶纤维	绿	黑蓝青
铜氨纤维	—	黑蓝青
醋酯纤维	橘红	黄褐
维纶	玫红	蓝灰
锦纶	酱红	黑褐
腈纶	桃红	褐色
涤纶	红玉	不染色
氯纶	—	不染色
丙纶	鹅黄	不染色
氨纶	姜黄	—

二、鉴别方法选用分析

各种天然纤维的形态差别较为明显，而同一种类的纤维形态基本上保持一定。因此，鉴别天然纤维主要是根据纤维外观形态特征。许多化学纤维，特别是合成纤维的外观形态基本相似，其截面多数为圆形。但随着异形纤维的发展，同一种类的化学纤维可以制成不同的截面形态，这就很难从形态特征上分清纤维品种，因而必须结合其他方法进行鉴别。由于各种化学纤维的物质组成和结构不同，它们的物理化学性质差别很大。因此，化学纤维主要根据纤维物理和化学性质的差异来进行鉴别。

(一) 单一纤维

现有待鉴别的材料为棉、羊毛、涤纶、锦纶、腈纶、丙纶、苎麻、黏胶，写出鉴别的步骤。

根据以上纤维品种的特点，可以采用感官法、燃烧法和溶剂法将其鉴别清楚。

(1) 首先从最简单的方法——感官鉴别法开始。观察以上纤维的外观形状和手感特征。可发现有的纤维长度不均一，细度不均匀，有一定杂疵，此可能为天然棉、麻、羊毛。进一步观察后可发现羊毛有自然卷曲，且手感柔软蓬松，富有弹性；苎麻纤维手感粗硬，强度高；长度、细度均匀、光泽度较好的为化学纤维。在这些纤维中，黏胶纤维的手拉强度低，湿态时强度明显下降。

(2) 以燃烧法进一步确认纤维的具体品种。观察纤维靠近火焰、燃烧过程及燃烧后的灰烬状况分辨纤维。因棉、羊毛、黏胶纤维燃烧时气味明显，灰烬特征明显有别于合成纤维，因此首先可确认此三种纤维。其余纤维中，锦纶燃烧时有刺激性氨味，腈纶纤维的灰烬易碎，可初步确认此两种纤维。所余涤纶和丙纶区别不明显，可进一步用溶剂法确认。

(3) 溶剂法。根据表 4-2-5 所示，选择浓硫酸室温条件下处理样品，溶解者为涤纶，不溶者为丙纶。

应注意的是，鉴别一组纤维可用的方法很多，以上仅是一种鉴别模式。在实际鉴别时，一般不能使用单一的方法，而是将几种方法结合起来运用，综合分析，才能得出正确的结论。选择鉴别方法时，一般遵循由简到繁的原则。鉴别纤维的步骤，一般先确定纤维的大类，如区别

天然纤维素纤维、天然蛋白质纤维、再生纤维和合成纤维，而后区分出纤维品种，最后做出结论。

（二）混纺或交织物

在鉴别混纺纤维、纱线或织物时，可用显微镜观察，确认其中包含几种纤维，然后再用适当方法逐一鉴别，方法同上。

三、常用鉴别方法的操作实例

（一）燃烧法

器具：镊子、酒精灯或火柴、试管、量筒、电炉子、打火机。

操作方法：将各种纤维进行编号，各取 15～20 cm 长的纤维或纤维束，用镊子夹住一端，将另一端点燃，稍停片刻离开火焰，观察燃烧的现象（冒烟、气味及灰烬的形态），做好记录，并与表 4-2-2 进行对比，确定纤维类别。

（二）溶解法

器具：烧杯（100 mL）、试管架、试管、温度计（100 ℃）、恒温水浴锅、电炉、量筒、天平、玻璃棒。

药剂：氢氧化钠（c. p）、盐酸（c. p）、硫酸（c. p）、二甲基甲酰胺、苯酚、四氯乙烷。

溶液准备：

（1）5%氢氧化钠溶液。

（2）36%盐酸溶液。

（3）70%硫酸溶液。

（4）二甲基甲酰胺（DMF）。

操作步骤：

（1）配制上述四种试剂。

（2）取 5 支大试管（或小烧杯），编号后分别放入上述各种纤维，再在各试管中分别加入 5%氢氧化钠溶液、36%盐酸溶液、70%硫酸溶液、二甲基甲酰胺，搅拌，观察溶解情况；如不溶解，可在恒温水浴锅或电炉上加热至沸，再观察溶解情况，记录其结果。

（3）参照表 4-2-5，确定纤维的种类。

第三节　混纺织物纤维含量分析

一、分析方法

（一）含两种纤维（双组分混纺产品纤维含量分析法）

对于混纺织物，知道混纺各纤维的比例是制定合理的染色工艺的前提。一般情况下，可用定量化学分析法来测定。其分析步聚如下：

1. 试样的预处理

试样预处理的目的是除去混纺产品中的非纤维物质，包括：天然伴生的非纤维物质，如油脂、石蜡和某些水溶性物质；纺织过程中的添加剂，如油剂、浆料、树脂等。这些非纤维物质，在分析过程中会部分或全部溶解，并计入溶解纤维的质量中。为了避免这种误差，在分析之前，必须除去试样中的非纤维物质。

试样预处理的方法常用溶剂萃取法。根据试样的纤维性质及纺织过程中的添加剂类型，选用合适的溶剂进行萃取，最后以清水彻底洗涤，然后挤干、抽滤（或离心脱水）、晾干。

2. 分析步骤

（1）预处理后试样的干燥。将预处理后的试样放入通风的烘箱中，在 105 ℃±3 ℃的温度下烘干。

（2）试样的烘干。将试样放入已知质量的称量瓶内，连同瓶一起放入烘箱内烘干。在 105 ℃±3 ℃下烘至恒重，一般需烘 2～4 h。烘干后，盖上瓶盖，迅速移入干燥器内，冷却、称重，直至恒重。

（3）选用合适的溶剂，以溶解其中的某组分纤维。根据纤维的性质，选用溶剂，对织物进行溶解，保留其中一种组分的纤维。

（4）不溶纤维的烘干。将不溶纤维放入已知质量的玻璃容器中，放入烘箱内烘干至恒重。

（5）冷却。冷却时间随室温而定，但一般不少于 20 min。

（6）称重。冷却后，从干燥器中移出称量瓶或玻璃滤，并在 2 min 内称出质量，精确至 0.000 2 g。在干燥、冷却、称重的操作过程中，不能用手直接接触玻璃滤器、称量瓶、试样和不溶纤维。

（7）操作方法。取预处理过的试样至少 1 g，将其剪成适当长度，放在已知质量的称量瓶内，烘干、冷却、称重。

（8）结果计算。

① 净干含量百分率计算：

$$p_1(\%)=100rd/m$$
$$p_2(\%)=100-P_1$$

式中：p_1——经试剂处理后不溶纤维的净干含量百分率（%）；

p_2——溶解纤维的净干含量百分率（%）；

r——经试剂处理后剩余的不溶纤维的干重（g）；

m——预处理后的试样干重（g）；

d——经试剂处理后不溶纤维的质量变化的修正系数。

d 值按下式求得：

$$d=m_1/r$$

式中：m_1——已知混入的不溶纤维的干重（g）；

r——经试剂处理后剩余的不溶纤维的干重（g）。

当不溶纤维的质量损失时，d 值大于 1；质量增加时，d 值小于 1。在 d 值未知的情况下，得出的试验结果是不可靠的。GB 2911 的附录中列举了混纺产品采用顺序法溶解方案的目录，试验时可遵照采用。

② 结合公定回潮率计算：

$$p_m(\%)=p_1(1+a_2/100)/[p_1(1+a_2/100)+p_2(1+a_1/100)]$$

$$p_n(\%) = 100 - p_m$$

式中：p_m——不溶纤维结合回潮率的含量百分率（%）；

p_n——溶解纤维结合回潮率的含量百分率（%）；

p_1——不溶纤维的净干含量百分率（%）；

p_2——溶解纤维的净干含量百分率（%）；

a_1——溶解纤维的公定回潮率（%）；

a_2——不溶纤维的公定回潮率（%）。

（二）含三种及以上纤维（三组分或多组分纤维混纺含量测定）

三组分或多组分纤维混纺含量的测定，理论上与两组分混纺纤维的含量测定是一样的。三组分纤维混纺产品的定量化学分析，是选择合适的溶剂，使混纺产品中的某一组分溶解，将混纺产品的纤维组分进行化学分离。三组分纤维混纺产品有四种溶解方案，需根据具体情况选择合适的方案。现将四种方案举例如下：

第一种方案：取两个试样，第一个试样将A纤维溶解，第二个试样将B纤维溶解，分别对未溶部分称重，从溶解失重算出每一溶解组分的质量分数。C纤维的质量分数可以从A和B的差值中求出。如测定毛(A)/丝(B)/黏(C)混纺比，可先取一个试样，用1 mol/L次氯酸钠溶液溶解毛、丝，求出黏纤的百分含量；再取一个试样，用75%硫酸溶解丝和黏纤，求出毛的百分含量；丝的含量则从两者的差值中求出。按以下公式计算：

$$p_3(\%)=100-(p_1+p_2)$$
$$p_1(\%)=(d_3\times r_2/m_2)\times 100$$
$$p_3(\%)=(d_2\times r_1/m_1)\times 100$$

式中：p_1，p_2，p_3——分别为A、B、C纤维的净干含量百分率；

m_1，m_2——分别为第一、第二个试样经处理后的干重；

r_1，r_2——分别为第一、第二个试样经试剂溶解后不溶纤维的干重；

d_1，d_2，d_3——质量损失修正系数。

第二种方案：取两个试样，第一个试样将A纤维溶解，第二个试样将纤维A和B溶解。对第一个试样示溶残渣称重，根据其溶解失重，可以算出A纤维质量分数。称出第二个试样的未溶解残渣，相当于C纤维，则B纤维可以从差值中求出。如测定毛/涤/黏混纺比，可用1 mol/L次氯酸钠溶解毛，剩余涤纶和黏纤，烘干后称重，可求出毛的百分含量；再将残渣中的黏胶用75%硫酸溶解，剩余涤纶，求出涤纶、黏纤各自的百分含量。按以下公式计算：

毛含量：　$p_1(\%) = 100-(p_1+p_2)$

涤含量：　$p_2(\%) = 100\times(d_1\times r_1/m_1)-(d_1/d_2)\times p_3$

黏纤含量：　$p_3(\%) = (d_3\times r_2/m_2)\times 100$

第三种方案：仍以测定毛/涤/黏的混纺比为例。取两个试样，一个用1 mol/L次氯酸钠溶解毛，另一个用75%硫酸溶解黏纤，即可求出毛、黏纤各自的百分含量，涤纶的含量可从差值中求出。按以下公式计算：

$$p_1(\%) = 100-(p_1+p_2)$$
$$p_2(\%) = (d_1\times r_1/m_1)\times(d_1/d_2)\times p_3$$
$$p_3(\%) = (d_3\times r_2/m_2)\times 100$$

第四个方案：以测定丝/棉/涤的混纺比为例。可取两个试样，一个用 1 mol/L 次氯酸钠溶解丝，求得丝的百分含量；另一个用 75%硫酸溶解丝和棉，可求涤纶的含量；棉的含量从差值中求出。按以下公式计算：

$$p_1(\%) = [d_2/d_1 - d_2 \times r_1/m_1 + r_2/m_2 \times (1 - d_2/d_1)] \times 100$$
$$p_2(\%) = [d_4/d_3 - d_4 \times r_2/m_2 + r_2/m_1 \times (1 - d_4/d_3)] \times 100$$
$$p_3(\%) = 100 - (p_1 + p_2)$$

对于超过三组分的多组分混纺含量试验，由于试样组分多，一般只能采用顺序法溶解。如毛/锦/麻/涤试样，可采用 1 mol/L 次氯酸钠、20%盐酸和 75%硫酸，依次将毛、锦、麻溶解，剩余涤纶，求出四种组分的百分含量。

二、实例分析

以棉与涤纶或丙纶纤维的混纺产品进行定量分析为例。

1. 原理

用 75%硫酸溶解棉，剩下涤纶或丙纶，从而使两种纤维分离。

2. 试剂

(1) 75%硫酸。

(2) 稀氨溶液。取氨水(d 值为 0.880)80 mL 倒入 920 mL 蒸馏水中，混合均匀，即可使用。

3. 操作方法

将试样放入带塞三角烧瓶中，每克试样加入 75%硫酸 100 mL，用力搅拌，使试样浸湿，温度保持在 40～45 ℃，时间 30 min，并不时摇动。待棉纤维充分溶解后，用已知质量的玻璃滤器过滤，将剩余的纤维用少量同温同浓度硫酸洗涤 3 次(洗时，用玻璃棒搅拌，洗后抽干)，再用同温度的水洗涤 4～5 次，并用稀氨溶液中和 2 次，然后用水洗至用指示剂检查呈中性为止。每次洗后必须用真空抽吸排液。最后，烘干、冷却后称重。

4. 计算方法

按上述方法进行计算，涤纶和丙纶的 d 值均为 1。

对于属于同一类别的双组分纤维的混纺产品，因其溶解性能完全相同，无法用化学溶解法来测定两组分的含量，如麻/棉混纺产品。为此，近年来发展了染色鉴别法。由于棉、麻纤维的微结构的差异，在规定的染色条件下，麻、棉纤维对同种染料的平衡吸附量不同。根据染料量平衡原理，麻、棉纤维在染色达到平衡时，纤维上总的吸附量与染浴中染料的减少量相等，用分光光度计测定残留染液浓度，通过标准工作曲线，即可计算出麻、棉纤维的百分含量。

第四节 染料鉴别

鉴别织物上的染料时，首先要根据纤维类别初步判断染料类型。例如：棉纤维上，可能是活性染料、直接染料、还原染料、硫化染料和不溶性偶氮染料；涤纶纤维上，则是分散染料；羊毛纤维上，可能是酸性染料、酸性含媒染料、酸性媒染染料或活性染料。然后根据各种纤维染色

常用的染料特性，再进行分析和鉴别。鉴别时，根据不同染料的溶解性能、耐酸碱性能、耐氧化还原性能及着色性能，综合运用化学法和染色法，可以较准确地判断织物上的染料类型。

织物上染料的初步鉴别，可先用显微镜观察纤维表面有无颗粒状色淀：若有，说明是用颜料着色；若没有，说明是用染料染色。然后再鉴别纤维上染料的类型。同时，成品染色织物可能含有浆料、柔软剂、树脂整理剂等，为了排除其对鉴定结果的影响，应首先设法将它们去除。常用方法如下：

(1) 用2%淀粉酶和0.5%渗透剂JFC，按1∶50的浴比配制溶液，将织物在90 ℃下处理10 min，然后充分洗净，以去除淀粉浆料。

(2) 将织物用1 g/L洗衣粉溶液在90 ℃下处理10 min(浴比为1∶50)，然后充分洗净，以去除柔软剂。

(3) 将织物按1∶50的浴比投入1%盐酸溶液中沸煮1 min，然后充分洗净，以去除树脂。

一、纤维素纤维(棉、黏胶)上染料的鉴别

通常，纤维素纤维染色主要用直接染料、硫化染料、还原染料、不溶性偶氮染料和活性染料。

(一) 直接染料鉴别

该类染料为水溶性染料，上染纤维后又能在水中溶解(氨水条件下)，且染料浸出液加食盐后能对纤维素纤维再度上染。因此，根据染样的染色情况，可以进行判断。

1. 实验材料、仪器及药品

(1) 实验材料：直接染料染色的棉织物、白色棉织物。

(2) 实验仪器：小烧杯、玻璃棒。

(3) 实验药品：浓氨水、食盐。

2. 实验步骤(直接染料移染)

将约0.3 g染色试样置于小烧杯中，加入约20 mL水及2 mL浓氨水，加热至沸，使织物上染料溶解于氨水溶液中(尽量使染料充分溶出)，取出试样。另外将约0.03 g白色棉织物及0.03 g食盐加入上述染料浸出液中，加热保持微沸3 min，取出染样，水洗。比较染样得色情况，若白色棉织物在含有食盐的氨水溶液中能染得与原染色棉织物几乎相同的深度，则表明织物上的染料为直接染料。

(二) 硫化、还原类染料鉴别

该类染料为非水溶性染料。在碱性保险粉溶液中，染料被还原成可溶性隐色体，颜色也发生变化，在空气中或氧化剂作用下，又能恢复原来的颜色。

1. 实验材料、仪器及药品

(1) 实验材料：硫化染料、还原染料染色的棉织物、白色棉织物。

(2) 实验仪器：试管、玻璃棒、滤纸、醋酸铅试纸。

(3) 实验药品：10%氢氧化钠、保险粉($Na_2S_2O_4$)、10%次氯酸盐、16%盐酸、镁带或锌粉。

2. 实验步骤

(1) 硫化或还原染料：将约0.1 g试样置于大试管中，加入5 mL水及2 mL 10%氢氧化钠，加热至沸，加0.03 g保险粉，保持沸腾3 s。如果是硫化或还原染料，能迅速变色，将试样夹出置于滤纸上，经5～6 min即恢复原来颜色。

(2) 硫化染料:用10%次氯酸盐溶液作用于试样上,数分钟后硫化染料被完全破坏。取0.1 g试样置于试管中,加入16%盐酸,加热处理约0.5 min,加0.005 g镁带或锌粉,置醋酸铅试纸于试管口,温热1 min,试纸变黑或变棕,即证明为硫化染料。

(3) 还原染料:将约0.3 g试样置于小烧杯中,加3 mL水及1 mL 10%氢氧化钠溶液,加热至沸,加0.02 g保险粉,继续加热,并保持沸腾1 min,取出试样。加0.05 g白色棉织物、0.02 g食盐,加热至沸并保持1 min,冷却。取出染样放在滤纸上氧化,若白色棉织物能上染,且与原试样色泽相同(仅有浓淡差异),即表明为还原染料(在检出或排除硫化染料存在后)。

(三) 不溶性偶氮染料鉴别

该类染料为非水溶性染料,能溶于有机溶剂(如吡啶)。碱性保险粉溶液能使该染料分解而遭破坏,即氧化,不能恢复原来的颜色。

1. 实验材料、仪器及药品

(1) 实验材料:不溶性偶氮染料染色的棉织物、白色棉织物。

(2) 实验仪器:试管、玻璃棒、滤纸。

(3) 实验药品:吡啶、10%氢氧化钠、保险粉($Na_2S_2O_4$)、酒精。

2. 实验步骤

(1) 吡啶萃取:取0.05 g试样置于试管中,加1～2 mL吡啶,加热至沸。所有的不溶性偶氮染料在一定程度上被萃取(通风橱内操作)。

(2) 将约0.2 g试样置于试管中,加入2 mL 10%氢氧化钠溶液及5 mL酒精,加热至沸,加5 mL水及0.05 g保险粉,再加热至沸,待染料被还原,冷却,过滤。滤液中加入0.02 g白色棉织物及0.03 g食盐,沸煮2 min,冷却,取出织物,如被染成黄色并在紫外光下显荧光,表明是不溶性偶氮染料。

(四) 活性染料鉴别

该类染料为水溶性染料。由于活性染料染色时,染料与纤维形成共价键,结合非常牢固,因而活性染料上染纤维后,不能被水解,也不能被有机溶剂萃取。因此,可以根据染料在二甲基甲酰胺溶剂中的溶解情况判断。

1. 实验材料、仪器及药品

(1) 实验材料:活性染料染色的棉织物。

(2) 实验仪器:烧杯、量筒、玻璃杯、电炉或常温水浴锅。

(3) 实验药品:二甲基甲酰胺(DMF)、水(1∶1)、二甲基甲酰胺、冰醋酸。

2. 实验步骤

置0.2 g试样于小烧杯中,加入二甲基甲酰胺∶水(1∶1)5 mL,加热微沸3～4 min,取出试样,将其置于DMF溶剂中,再加热微沸3～4 min,取出试样。将试样放入盛有5 mL冰醋酸溶液(冰醋酸∶水=1∶1)的小烧杯中,加热微沸3～4 min。经上述处理后,溶剂中若均未浸出或极少浸出染料,则可证明为活性染料。

二、合成纤维上染料的鉴别

常用的合成纤维包括涤纶、腈纶和锦纶。对不同的合成纤维,需用不同的染料进行染色。涤纶通常用分散染料染色,腈纶通常用阳离子染料染色,锦纶通常用酸性染料染色(鉴别方法同蛋白质纤维)。

(一) 分散染料鉴别

该类染料为非水溶性染料，但溶于有机溶剂。因此可利用有机溶剂的萃取方法来鉴别该类染料。

1. 实验材料、仪器及药品

(1) 实验材料：分散染料染色的试样(涤纶)。

(2) 实验仪器：试管、玻璃棒。

(3) 实验药品：间苯二酚、乙醚。

2. 实验步骤

将2 g间苯二酚置于试管中，并放0.1 g试样覆盖其上。小火加热，使间苯二酚熔融，并轻轻振荡，使试样完全溶于间苯二酚，冷却。注意，试管内壁自上而下出现液体凝固而底部尚未凝固时，沿试管壁小心加入约15 mL乙醚，萃取染料，过滤。若沉淀残渣呈白色或淡色，证明试样上的染料为分散染料。

(二) 阳离子染料鉴别

该类染料为水溶性染料，用染色及萃取方法可对该类染料进行鉴别。

1. 实验材料、仪器及药品

(1) 实验材料：阳离子染料染色的试样(腈纶)。

(2) 实验仪器：小烧杯、玻璃棒。

(3) 实验药品：10%冰醋酸、10%氢氧化钠、乙醚。

2. 实验步骤

(1) 染色实验：将约0.5 g试样置于小烧杯中，加入1 mL 10%冰醋酸及10 mL水，加热至沸，并沸煮1 min，取出试样。然后加入阳离子可染腈纶0.04 g，继续沸煮1 min。若能上染腈纶，则表明该种染料为阳离子染料。

(2) 萃取实验：若上述染液经染色后仍有颜色，可在该染浴中加入7 mL 10%氢氧化钠溶液并冷却，再加5 mL乙醚，盖上试管口，充分摇动、振荡，直至使阳离子染料被抽至乙醚层，静置，使其分层。加水直至乙醚层到试管口，将乙醚层小心倒入另一试管中，加五滴10%冰醋酸，盖上试管，振荡。三芳甲烷染料及苯乙烯(多甲川)染料的色素阳离子部分将离开乙醚层，在醋酸溶液中显出原来的颜色。

三、染料鉴别原则与注意事项

(1) 织物上染料鉴别前，首先要进行织物的纤维鉴别，以便推测可能的染料类别。

(2) 织物上如有浆料或树脂整理剂，会影响染料的准确鉴别，因此必须预先加以去除。一般方法是，用2%淀粉酶和0.25%润湿剂在90 ℃下处理1 min，以去除浆料；用1%盐酸溶液沸煮1 min，以去除树脂。然后，充分水洗、干燥，再进行染料鉴别。

(3) 还原染料鉴别时要注意蓝蒽酮隐色体亦为蓝色，与氧化后的颜色仅有微小差异。

(4) 有机溶剂加热时，要小心注意。低沸点有机溶剂一定要远离火源。

(5) 详细记录实验过程中观察到的现象，并用试样加以说明。

四、金属鉴定

金属鉴定常用灰分法。将约0.5 g试样在瓷坩埚中烧成灰，取其灰分约0.2 g置于瓷坩埚内，加入 0.4 g 碳酸钠与无水硝酸钠混合药剂，混匀，继续加热，在高温下使灰分氧化，然后冷却。

根据其氧化产物的颜色，可以判别如下：

黄色——铬（加醋酸溶解熔融物，加几滴醋酸铅溶液，生成黄色沉淀，进一步证明有铬存在）。

蓝色——钴（用浓硫酸与高氯酸灰化染料，稀释后加碱中和，取 1 mL 加入饱和硫氰酸铵的丙酮溶液中，溶液呈深蓝色——硫氰酸钴，证明有钴存在。要注意排除铁、铜金属的干扰）。

蓝绿色——锰（加水，过滤，加浓硝酸并加热，冷却后加高碘酸钠再温热，若溶液呈紫红色，证明有锰存在）。

第五节　客 户 要 求

配色打样的最终目的是满足客户要求，获得客户对加工产品质量的认可，特别是对色泽的认可。所以，在审样时，首先要明确客户的加工产品用途，明确客户对各个环节的具体加工要求，以减少与客户间的纠纷。同时，对部分有歧义的颜色、面料等情况，双方要明确具体要求或标准。

（一）客户对色泽浓度及染色牢度的要求

客户对色泽的要求，包括色泽深度、允许色差范围及色泽鲜艳度；对染色牢度的要求，包括具体的牢度要求指标及牢度级别。这是配色选择染料的首要依据。一般来说，染深浓色泽，宜选用高强度、高提深性、高湿摩擦色牢度的染料；染浅淡色泽，则选用高匀染性、高日晒牢度的染料。若对氯漂色牢度有要求，要选用耐氯染料；对耐干洗色牢度有要求，要选用耐有机溶剂的染料；对熨烫色牢度有要求，要选用升华牢度高的染料。

（二）客户无实物色样提供且对色泽描述模糊的，要明确客户具体要求

在客户的色单中，常常带“白色”色号，如自然白、象牙白和珍珠白等，但无实物标样。遇到这种情况，预先要弄清楚色单中的所谓“色光”，是指本白、漂白还是增白。若客户对此混淆不清，难以认定，要先打本白、漂白和增白三种样，给客户认可。如果认定为增白样，一般还要提供黄光、红光、蓝光三种小样，让客户确认。对这种情况，一定要认真对待，否则，在大货验收时，容易与客户产生色光分歧，甚至返工复修。

（三）明确客户对色的正反面

有正反面的斜纹织物，一般是以斜纹面为正面，但有时也有例外，以反面为正面，因此，要认真审定客户的来样。若发现色单中的色板反面朝上，一定要搞清楚，是反面为正面对色，还是客户把色板贴反了。千万不可经验主义，擅自更改。否则，小样重打是小事，若投入生产，将铸成大错。

（四）来样在光源下带有一定荧光

遇到这种情况，一般有两种可能：第一，要求布料在特定的光源下，应该具有荧光效果；第二，布料本身并不要求具有荧光，而是在染色时，为了增艳，施加了荧光增白剂。此时，必须先弄清客户的真实要求，而后才能根据要求打样。

（五）客户来样与指定加工的面料不同

在这种情况下，很难做到完全对样，必须对客户提供的来样重新认定，且要根据不同情况，

尽量做到以下几个方面：

1. **来样的组织规格与指定加工的组织规格不同**

组织规格不同的织物，往往会由于织物的吸光、反光和透光情况不同，使小样与来样色光难以一致。此时，应该多打几只深浅不同、色光不同的小样，供客户选择，这样才能提高客户的认可率。

2. **来样并非织物，而是印刷纸板**

由于纸样表面光滑，或纸样为涂料加工，而不是染色所致，使织物具有较强的光泽，在规定的光源照射下，染色小样的色光一般难以与来样相吻合。在这种情况下，只能多打几只深浅不同、色光不同的小样，供客户选择。

(六) 明确混纺或交织物中客户要求的染色对象

要求闪白或闪色的交织物，必须与客户确认何种纤维是何种颜色，一般不可变更。如若颜色颠倒，一般会产生两种情况：第一，大多是布面整体效果不符；第二，若混纺比例相当，织造规格又适当的情况下，布面整体效果基本相似，给人以错觉，但留下了潜在问题，即客户一旦发觉纤维错色，会拒绝收货，必须重染。因此，对闪色样应格外认真。

若客户提供的来样中，双组分纤维的色泽深浅与色光均一性差，有双色现象。这种情况可能是双组分纤维的色光深浅不同，系染色均一性差所致。此时，要与客户明确：第一，要保留这种双色效果；第二，不要双色效果，而要均一色。

(七) 明确加工织物中纤维的具体品种或规格

棉/锦或棉/涤织物中，所含的锦纶和涤纶，并非都是无光丝，有时也有有光丝。锦纶和涤纶的光泽强弱，对布面染色色光的亮度与艳度影响很大。因此，必须确定客户提供的来样中所含的锦纶或涤纶是有光丝还是无光丝。如果是有光丝，就要以同样的织物打样，若用无光丝的织物打样，色光肯定不符。如用荧光增白剂增艳，必须预先征得客户认可。

棉锦交织物中的锦纶组分，通常为锦纶 6，但也有锦纶 66。由于锦纶 6 的氨基含量比锦纶 66 高一倍多，所以，锦纶 6 对阴离子性染料的亲和力大，染深性好，易于染深浓色泽。而锦纶 66，由于氨基含量低，只适合染中浅色泽。因此，打样前，一是尽量向客户问清楚锦纶的类别，二是尽量用锦纶 6 坯染深浓色泽。如果用锦纶 66 坯染深浓色泽，即使采用酸性浴、超高温(100 ℃)饱和染色，往往也难以达到深度要求。即使小样达到深度，大样的重现性往往也很差，且存在色牢度低、污水严重的问题。

(八) 客户对光源的要求

颜色存在同色异谱现象，即在不同光源下观察，色泽不同(即通常所说的色光跳灯性)，容易因辨色光源不同引起与客户的纠纷。所以客户提供的打样色单中，都有明确的光源要求，如自然光、日光灯光、D65 光(人造日光)、TL84 光(欧式百货公司白灯光)、CWF 光(美式百货公司白灯光)、F/A 光(室内钨丝灯光)、UV 光(紫外线灯光)等。但在工厂的实际操作中，仍存在以下问题：

1. **标准灯箱使用的灯管不同**

不同品牌的灯箱和灯管，对色光存在一定的影响。从而可能导致在标准灯箱中对色时，在工厂灯箱内色光相符，而在客户公司的灯箱内产生色光偏差，使得小样和大样色光认可困难。因此，标准灯箱，特别是灯管，一定要选用符合国际标准的产品。

2. 标准灯箱使用不当

如在灯箱的灰色底板上，摆放色卡样卡，甚至在灯箱灰色内壁贴处方纸和色样板等，都会给色光造成一定的影响。因此，使用灯箱要规范，以消除灯箱使用不当而造成的标准灯箱不标准，产生对色差异。

3. 将D65光源与自然光源混同

有些客户认为D65光就是自然光。实际上，D65光与自然光源相比，它们对颜色色光的反应并非完全一致。所以，常常产生打样色单规定为D65对色，而验收小样（或大样）时，采用自然光对色，因此，工厂与客户之间往往产生分歧。对此，必须事先与客户沟通，统一认识，避免误解。

（九）合理解决色光跳灯性，尽量满足客户要求

有的客户要求用两种不同光源对色，甚至要求两种光源同时开启，用混合光源对色。遇到这种情况，通常会产生明显的跳灯问题。即在不同的光源下产生不同的色光，甚至面目全非。

要解决拼色染料的跳灯问题，一种途径是做染料配伍试验。不同的染料具有不同的结构，对不同的光源有不同的吸光反光性，拼色时选用对光源配伍性好的染料。如活性红M-3BE、活性黄M-3RE、活性黑KN-B组合，德司达公司的活性红3BS、活性黄3RS、活性蓝FBN组合，活性红B-2BFN、活性黄B-4RFN、活性黑KN-B组合等，在不同光源下，跳灯程度相对较小。而活性黑KN-G2RC、活性黑N等拼混染料，一般跳灯严重，使用时要注意。

第二是选用色光跳灯性小的染料，即同色同谱染料拼色打样。如常用的还原染料有还原蓝RSN、还原橄榄绿B、还原大红R、还原黄G等，在不同光源下，其色光跳灯性较小。

总之，配色打样时，为减少与客户的争端，需严格遵守以下原则：

（1）必须按照客户色单的质量要求选用染料。

（2）必须以客户指定的光源对色。

（3）客户选中的认可样，须和客户提供的原样贴在一起，作为复样、放样、大货生产的对色依据。

（4）必须以客户认定的原样（或第一次确认样）为依据打样。在一般情况下，小样色泽深浅应控制在5％以内，色光应控制在4级以上。如果原始样与认可样质地严重不同，则色泽与色光只能尽力上靠。

（5）应注意客户提供的原样和确认样，必须经客户签字。因为在实际生产中，有时客户在中途调换标样，或以另一块标样来验收大货，而否认先前提供的原样，从而引起大货色光方面的纠纷。

本 章 小 结

一、织物进行染整加工，须首先确定其纤维成分。纤维的鉴定方法很多，常用的是感官法、燃烧法、溶解法、显微镜法和着色法。这五种方法各有特点、互为补充，在具体使用时，应遵循先简后繁的原则。单一成分的纤维鉴别一般先用感官法初步确定纤维情况，用燃烧法或溶解法等进一步确认。

二、混合纤维应先用显微镜确认纤维种类数量，然后再用适当的方法确定各种纤维的含

量或混纺比。常见的混纤维以两种成分与三种成分者居多。各种纤维的含量分析多采用化学分析法，用适当的溶剂对混纺纤维中某个组分纤维溶解后，通过溶解前后的质量变化，算出每个溶解组分的质量分数。

三、织物上的染料鉴别首先要根据纤维类别初步判断染料种类，然后根据各种纤维染色常用的染料特性进行进一步的分析和鉴别。鉴别时主要根据不同染料的溶解性能、耐酸碱性能、耐氧化还原性能及着色性能，综合运用化学法和染色法，可以较准确地判断织物上染料的类型。

四、除了对来样进行必要的鉴别外，对客户的要求应予以明确，包括客户是否提供实物色样，客户对染色深度、色光鲜艳度、染色牢度的要求，对色的正反面的要求，对混纺或交织物中染色对象的要求，以及织物品种规格要求等。对来样与指定加工的面料、光源条件等差异情况，应与客户明确说明，并尽量满足客户要求。

思考题

1. 如何进行织物中纤维的鉴别？
2. 混纺纤维如何确定其成分？
3. 织物上的染料如何鉴别其类别？
4. 需要重点掌握哪些客户的要求？

第五章 染色打样基本知识

第一节 染色基本术语

一、表征染料染色性能的术语

(一) 直接性

1. 定义

染料分子(或离子)舍弃水溶剂,自动向纤维转移的性能。

2. 解读

(1) 染料直接性产生的内因,是染料分子或离子与纤维之间总是存在分子间作用力(又称为范德华力,简称范氏力)、氢键或库仑引力(离子键)等作用力,而这种作用力大大超过染料分子或离子与水分子之间的作用力,故而表现为染料直接性。

(2) 染料直接性大小主要影响染料在上染过程中与纤维之间的吸附作用。如果把纤维作为吸附剂,把染料看成被纤维吸附的吸附质,那么,染料的直接性越大,越容易被纤维吸附。

(3) 染料直接性大小主要与染料自身结构、纤维在水中的带电状态有关。一般而言,染料分子结构越复杂,相对分子质量越大,染料的直接性越大;染料分子中的芳香环共平面性越好,染料的直接性越大;染料分子中的极性基团数目越多,染料的直接性越大;而染料分子中水溶性基团数目越多,则染料的直接性降低。

(4) 染料直接性大小通常用染料平衡上染百分率表示。染料的平衡上染百分率越大,表示染料的直接性越大。

3. 直接性测定

在规定的染色条件下,测定染料的平衡上染百分率(见平衡上染百分率测定)。

(二) 移染性

1. 定义

浸染时,上染在织物某个部位上的染料,通过解吸、扩散和染液的流动,再转移到另一部位上重新上染的性能。

2. 解读

(1) 染料移染性产生的内因,是染料在上染过程中一般与纤维不发生共价键结合,上染是可逆的,即同时存在吸附和解吸现象。染色开始阶段,染料的吸附速度大于解吸速度,随着纤维上染料浓度的提高,染液中染料浓度的降低,染料的吸附速度逐渐减小,直到某一时刻,吸附和解吸速度相等,假设其他染色条件不变,达到染色平衡后再延长染色时间,纤维上的染料量

不再增加，即所谓染色达到平衡。

(2) 染料的移染性主要影响染料在纤维的均匀分布程度。移染性能好的染料，纤维得色均匀。

(3) 染料移染性主要与染料自身结构、纤维在水中的带电状态及染色工艺条件有关。一般而言，直接性越大的染料，其移染性越差。

3. 移染性测定

通过染色空白液中色布对白布的沾色量计算出移染指数，判定染料的移染性能。方法如下：

(1) 用待测染料，按规定的染色工艺对相应织物进行染色(不经固色处理)，得到该染料的色织物，裁剪成 4 cm×2 cm。

(2) 取一块相同规格的半制品白织物，裁剪成 4 cm×2 cm。

(3) 把裁剪好的白织物与色织物缝合，缝合后的组合体润湿后放在染色空白液(除染料和促染剂之外的染液)中，在规定条件下进行处理(浴比 1∶50，时间 30 min，温度根据染料的染色性能确定)。

(4) 取出组合体，洗涤，晾干，拆开组合体。

(5) 用合适的萃取液将两块织物上的染料萃取剥色，通过测定萃取液的吸光度值，计算织物上的染料量。

(6) 移染指数计算如下：

移染指数(%)＝(移染至白织物上的染料量/色织物上残留的染料量)×100

(三) 配伍性

1. 定义

所谓染料的配伍性是指两种或两种以上染料进行拼混染色时，上染速率相一致的性能。

2. 解读

(1) 配伍性是染料拼混使用时的重要性能。配伍性好的染料拼色染色，随染色时间延长，在任意染色时刻，纤维上的颜色只有浓淡变化，而颜色的色相(或色调)保持不变(最大反射光波长不变)。

(2) 配伍性差的染料拼混染色时存在竞染现象，随染色时间等因素的改变，纤维上的颜色色相、色光等发生改变，纤维得色稳定性，重现性差，难以对色。

(3) 发生定位吸附的染料在染色时，拼色染料的配伍性更具有重要意义，染色时必须选用配伍性良好的染料，以保证染色产品颜色的稳定。例如：阳离子染料对腈纶染色，强酸性染料对羊毛染色等。

3. 配伍性测定

染料的配伍性试验是采用两种或两种以上的染料，在同一染浴中先后染数块织物或纱线，根据染后织物的颜色深浅和色光变化来测定。方法如下：

(1) 准确称取一定质量的织物(或纱线)，并将其均匀分成 5 份。

(2) 将配制好的染液(染液按常规配制)加热至规定温度后，投入第一份染 3 min 后取出，再投入第二份染 3 min 后取出，重复此操作，连续染 5 份。

(3) 染毕进行相应的后处理、晾干，并进行编号。然后对比 5 份试样的得色情况，若 5 份试样色相相同，仅有浓淡的变化，则说明拼色用染料配伍性能好，可以拼色；若 5 份试样的颜色既发生了浓淡的变化，又发生了色相的变化，说明拼色用染料不配伍，不能拼色。

(4) 配伍性试验时，根据染料的上染速率，可选择不同的染色时间，若染料的上染速率慢，每份试样的染色时间可适当延长。

(四) 染色亲和力

1. 定义

染液中染料标准化学位和纤维上的染料标准化学位之差，称为染料对纤维的标准亲和力，简称亲和力。

2. 解读

(1) 亲和力是染料从染液向纤维转移趋势的度量。亲和力越大，染料从染液转移至纤维上的趋势(即推动力)越大。因此，可从亲和力的大小来定量地衡量染料上染纤维的能力。亲和力以“kJ/mol”为单位。

(2) 设染料在染液中及纤维上的化学位分别为：

$$\mu_s = \mu_s^0 + Rt\ln a_s$$
$$\mu_f = \mu_f^0 + RT\ln a_f$$

式中：μ_s，μ_f——染料在染液中和纤维上的化学位；

μ_s^0，μ_f^0——染料在染液中和纤维上的标准化学位；

a_s，a_f——染料在溶液中和纤维上的活度(有效浓度)。

(3) 染料从染液向纤维转移的必要条件是 $\mu_s > \mu_f$，当染色平衡时，$\mu_s = \mu_f$，即得：

$$\mu_s^0 + RT\ln a_s = \mu_f^0 + RT\ln a_f$$
$$-(\mu_f^0 - \mu_s^0) = -\Delta\mu_0 = RT\ln(a_f/a_s)$$

式中：$\Delta\mu^0$——染料对纤维的染色标准亲和力，其数值为染料在染液中的标准化学位与其在纤维上的标准化学位的差值。

(3) 亲和力具有严格的热力学概念，在指定纤维上，它是温度和压力的函数，是染料的属性，不受其他条件的影响。

3. 亲和力测定

常用比移值法。比移值是指将纤维素制成的滤纸条垂直浸渍于染液中，30 min 内染料上升高度(cm)与水线上升高度(cm)之比值。具体测定方法如下：

(1) 将待测染料配成一定浓度(如 4 g/L 等)的染液，取 100 mL 置于烧杯中。

(2) 取 2[#] 慢速定性滤纸裁成 3 cm×15 cm 的纸条，并在距离纸条底边 1 cm 左右处用铅笔画一横线，作为浸渍染液时的起始标志，压平纸条待用。

(3) 将滤纸条垂直吊入染液，使纸条底边画线处与染液面持平，计时浸渍 30 min。

(4) 取出纸条后吹干，测量水线和染料线的高度(cm)；

(5) 比移值 R_f 计算如下：

$$R_f = 染料上升高度(cm)/水上升高度(cm)$$

R_f 越小，染料对纤维的亲和力越大；R_f 越大，染料对纤维的亲和力越小。

（五）染料的泳移

1. 定义

织物在浸轧染液以后的烘干过程中，染料随水分的移动而移动的现象称为染料的泳移。

2. 解读

（1）染料的泳移是轧染生产中影响染色匀染度的主要因素之一，主要与织物中的含水量、烘干工艺有关。

（2）在轧染生产中为防止泳移现象发生，保证染色匀染度，一方面根据纤维吸湿性控制合适的轧余率（不能过高）；另一方面可在染液中加入适量防泳移剂，采取适当的烘干方式。

3. 泳移性能测定

可参见 GB 4464《染料泳移性测定法》。

（六）染料的力份

1. 定义

染料生产厂指定染料的某一浓度作为标准（常规定其力份为 100%），其他批次生产的染料浓度与之相比较，所得相对比值的百分数即为染料的力份，又称染料强度。

2. 解读

（1）染料力份百分数不是纯染料的含量。

（2）不同企业生产的染料，因标准染料浓度没有严格规定，因此，力份百分数标注相同的同一品种染料，其中纯染料的含量也不一定相同；即使同一个企业生产的同品种染料，因生产批次不同，染料的力份和色光也可能不完全一致。

（3）印染企业在实际生产中，对每批购入的每种染料按规定的工艺，分浅、中、深几档浓度进行单色样染色，制成单色样卡后，通过比较染色物的颜色情况来了解不同批次的染料力份（即打单色样）。

3. 染料力份测定

染料力份测定方法有两种。一种是利用分光光度计，通过测定标准染料和待测染料溶液的吸光度值，比较计算得到力份百分数，这种方法在染料厂中常用。另一种对比染制单色样法，是在染色工艺完全相同的条件下，用标样染料（参照染料）和待测染料，以不同浓度对同种纤维制品进行染色，对比染色物颜色，做出力份判断或计算，这种方法多用于印染厂。利用分光光度计测定染料力份的方法如下：

（1）配制浓度不大于 0.01 g/L 的染料稀溶液（符合朗伯-比尔定律要求）。先准确称取 0.25 g标准染料和待测染料各一份，溶解后，转移并定容至 250 mL，该染料溶液浓度为 1 g/L。分别吸取 1 mL，稀释定容至 100 mL，得到需要的染料稀溶液。

（2）选择染料的最大吸收波长，以溶剂作参比（如蒸馏水），测定标准染料和待测染料的吸光度，记为 A_0 和 A_1。

（3）染料的力份计算如下：

$$待测染料的力份(\%) = \frac{A_1}{A_0} \times 100$$

（4）注意事项：如果待测染料与标准染料的颜色在色光、鲜艳度甚至色相上不一致，两者不能比较（无可比性），可以通过比较染料的吸收光谱曲线得知。水溶性的染料以蒸馏水溶解，非水溶性的染料应选择其他有机溶剂溶解后测定。

二、表征染色理论的术语

(一) 上染与染色

1. 定义

染色是指染料与纤维间通过物理、化学或物理化学的作用,或者染料在织物上形成色淀,使纺织品获得指定色泽,且色泽均匀而坚牢的加工过程,包括吸附、扩散及固着三个阶段。

2. 解读

(1) 上染与染色两个概念不完全等同。一般情况下,上染指染料的吸附与扩散阶段,即染浴中的染料向纤维转移,并进入纤维内部将纤维染透的过程。但染色的三个阶段并不是完全独立的,多数情况下是同时进行的,只有活性染料染棉时,固着是在加碱后进行的,有着较为明显的界限。所以两个概念有时混用。

(2) 染料舍染液而向纤维表面转移的过程称为吸附。染料吸附的原因是染料对纤维的直接性。而在染料发生吸附的同时,也发生染料的解吸,所以吸附过程是一个可逆平衡过程。

(3) 染料由染液浓度高的地方向浓度低的地方运动,及染料由纤维表面向纤维内部运动的过程,称为扩散。染料扩散的原因是染液或纤维中存在染料浓度梯度差。影响染料扩散速率的因素主要有:染料的分子结构——结构简单,扩散速率较快;对纤维的直接性——其他染色条件相同时,直接性小,扩散速率快;纤维的种类与结构——纤维无定形区多,结构疏松,染料扩散容易;染色温度——染色温度升高,染料的扩散速率上升,从而缩短上染时间。

(4) 不同染料的染色过程一般有三种情况:一是染料上染纤维后,染色即完成,如阳离子染料染腈纶、分散染料染涤纶等即属该情况;二是染料上染纤维后,经过一定的化学处理,才能完成染色,如还原染料隐色体染棉后的需氧化处理、酸性媒染染料上染羊毛后的媒染剂处理、活性染料上染棉后的加碱固着处理等;三是染料上染到纤维后,为提高牢度,要经过固色处理,染色才完成,如酸性染料染蛋白质纤维、直接染料染棉等。

(二) 上染百分率(简称上染率)

1. 定义

指染色至某一时间时,上染到纤维上的染料量占投入染浴中的染料总量的百分比。

2. 解读

(1) 上染百分率的数学表达式为:

$$E_t(\%)=\frac{D_{ft}}{D_T}\times 100=\frac{D_T-D_{st}}{D_T}\times 100=\left(1-\frac{D_{st}}{D_T}\right)\times 100$$

式中:E_t——染色至某一时间时染料上染百分率;

D_{ft}——染色至某一时间时纤维上的染料量;

D_{st}——染色至某一时间时残留在染液中的染料量;

D_T——染色时投入染液中的染料总量。

(2) 染料上染百分率与染料上染纤维的亲和力和染色工艺有关。亲和力大的染料,上染百分率高。

(3) 一般而言,染料的上染百分率越高,说明染料的利用率高,既可降低生产成本,又减轻

了染色废水的处理负担。

(4) 提高染料的上染百分率，是各种染料染色工艺改进的重要目标之一。

3. 上染百分率测定

用722型可见分光光度计，以无色染浴(除染料外，其他染色助剂按工艺加入的溶液)作为参比，在染料的最大吸收波长处，分别测定染色前后染浴的吸光度，从而计算出染料的上染百分率。方法如下：

(1) 配制合适浓度的待测染料母液。

(2) 按照染色工艺处方及浴比要求，吸取需要体积(如V mL)的染料母液置于染杯中，并加入需要的助剂、水等，配好染液，搅匀，加热至入染温度。

(3) 将被染物投入染液，按照规定的染色工艺进行染色。

(4) 染毕取下染杯，冷却至室温。取出被染物，并挤出吸附在纤维上的染液，并入染杯残液中。用少量蒸馏水冲洗被染物，冲洗液亦并入染杯残液中，并将其移入100 mL容量瓶中，用蒸馏水稀释至刻度，摇匀，待测色用。

(5) 从已经配制的染料母液中，吸取V mL(与染色用量相同)染液，并加入其他助剂等，移至另一100 mL容量瓶中，用蒸馏水稀释至刻度，摇匀。在分光光度计上首先测定该染液的最大吸收波长，然后在其波长下测定其吸光度A_1(即染色前染液吸光度)。必须注意，为使测得的吸光度值和染液浓度之间有良好的线性关系，应尽可能使吸光度值落在0.1～0.8之间。这可以通过初步试验，找到染液的合适冲稀倍数N_1来达到。

(6) 对染色后残液按同样办法处理，首先找出合适的冲稀倍数N_2，测出其吸光度值A_2(即染色后染液吸光度)。

(7) 将测得的染色前及染色后残液的吸光度值——A_1和A_2代入下列公式，计算出上染百分率：

$$\text{上染百分率}(\%)=\left(1-\frac{A_2N_2}{A_1N_1}\right)\times 100$$

式中：A_2——染色后染液稀释一定倍数后的吸光度；

N_2——染色后染液稀释倍数；

A_1——染色前染液稀释一定倍数后的吸光度；

N_1——染色前染液稀释倍数。

(三) 平衡上染百分率

1. 定义

染色达到平衡时，纤维上的染料量占投入染浴中的染料总量的百分比，即染色达到平衡时染料的上染百分率。

2. 解读

(1) 平衡上染百分率是在一定染色条件下，染料可以达到的最高上染百分率。染色达到平衡后，染料的上染率不再随时间延长而变化。

(2) 染色工艺条件相同时，具有较高亲和力的染料，其平衡上染百分率也较高。

(3) 上染是放热过程，提高上染温度，会使染色亲和力降低，平衡上染百分率下降。

3. 平衡上染百分率测定

平衡上染百分率的测定同上染百分率，可以采用测定染色后残液吸光度的方法，计算出平衡上染百分率。以活性染料对棉织物染色为例，方法如下：

（1）按制订的工艺处方要求配制染液，并按规定的染色工艺对裁剪好的棉布小样（如 2 g/块）进行染色。

（2）染色过程中染杯加塞（避免水分蒸发），染色至一定时间，在振荡中吸取染液 2 mL，置于 25 mL 容量瓶中，同时染杯中补加 2 mL 水，测定取出染液的吸光度（稀释一定倍数）。

（4）随着染色时间的延长，吸附达到平衡，染液的吸光度值不再发生变化。

（5）此时，计算出上染百分率，表示该染料的平衡上染百分率，同时也表示染料的直接性大小。

（四）上染速率曲线

1. 定义

在恒定温度条件下染色，通过测定不同染色时间下染料的上染百分率，以上染百分率为纵坐标，染色时间为横坐标作图，所得到的关系曲线称为上染速率曲线。

2. 解读

（1）上染速率曲线表示染色趋向平衡的速率和平衡上染百分率。它是在固定染色温度条件下上染过程的特征曲线，也称为恒温上染速率曲线。

（2）上染速率通常用半染时间（$t_{1/2}$）表示。半染时间就是达到平衡上染百分率一半时所需要的时间。$t_{1/2}$ 值越小，表示染色趋向平衡的时间越短，染色速度越快。

（3）在实际生产中，测定染料上染速率即半染时间的重要意义是：几种染料拼混染色时，应选择上染速率接近的染料，即半染时间（$t_{1/2}$）相同或相近的染料，以获得所需色泽。

3. 上染速率曲线测定

在实际染色时，整个染色过程中温度常随染色时间而变化。但在测定上染速率曲线时，温度应保持不变。即保持染色温度恒定不变的条件下，通过测定不同时间的染料上染百分率，绘制上染率和时间的关系曲线。以测定活性染料染棉的上染速率曲线为例，方法如下：

（1）按染色处方和浴比要求配制染液，并把配好染液的染杯置于水浴锅中加热至规定温度（保持恒温）。

（2）将准备好的棉织物投入染液中，并开始计时，染至 5 min、10 min、20 min、40 min 时，取染液 2 mL 至 25 mL 容量瓶中。每次取完，往染液中补加 2 mL 相同温度的水（保持染液体积不变）。

（3）从加碱固色起，同样在染至 5 min、10 min、20 min、40 min 时，各取染液 2 mL 至 25 mL 容量瓶中。每次取完，往染液中补加 2 mL 同样温度的水。

（4）将容量瓶定容，按时间顺序编号（1# ～8#），测 A 值，并计算出对应上染率。

（5）建立坐标系，以上染率为纵坐标、时间为横坐标作图，得到规定温度下的染料上染速率曲线。图 5-1-1 为 A 和 B 两种染料的上染速率曲线示意图。

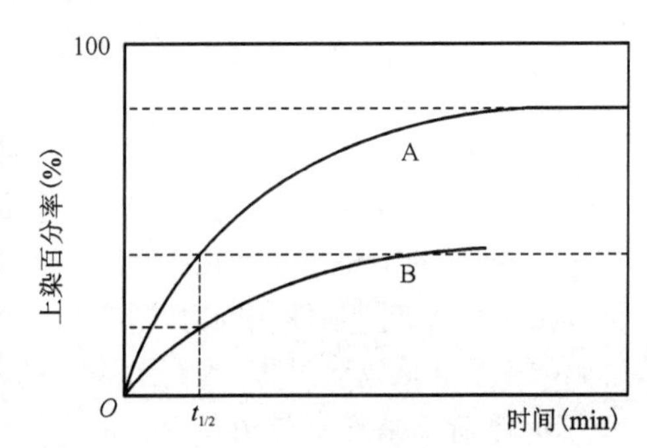

图 5-1-1　染料上染速率曲线示意图

注意：采用该方法测量上染速率曲线，操作容易，但不够严格，是一种近似方法；同一结构的染料，所得上染速率曲线，会由于染料商品化条件的不同

而有差异。

（五）吸附等温线

1. 定义

在温度恒定条件下，染色达到平衡时，纤维上的染料浓度$[D]_f$与染液中的染料浓度$[D]_s$的分配关系曲线。

2. 解读

（1）不同类型的染料在上染纤维时，对纤维的吸附性质有着显著区别。吸附等温线可以直观地表示出随着染料用量的改变，纤维上和染液中的染料量（浓度）的分配规律。从吸附等温线的形状推断出染料上染纤维的基本原理，判断合理的染料用量范围。

（2）染料吸附等温线类型有三种：分配型吸附等温线、弗莱因德利胥（Freundlich）吸附等温线、朗格缪尔（Langmuir）型吸附等温线。

（3）分配型吸附等温线，又称能斯特型（Nernst）或亨利（Henry）型吸附等温线，如图 5-1-2 所示。染料的吸附性质表现为：染料的上染可看成是染料在纤维中的溶解，上染机理又称为固溶体机理。如分散染料上染涤纶、腈纶、锦纶，符合分配型等温型线。

（4）弗莱因德利胥吸附等温线如图 5-1-3 所示。染料的吸附性质表现为：染料的上染属于多分子层物理吸附，上染机理又称为多分子层吸附机理。如色酚钠盐、活性染料、还原染料隐色体、直接染料等离子型染料上染棉，以氢键、范德华力吸附、固着，符合此类型等温线。

（5）朗格缪尔吸附等温线如图 5-1-4 所示。染料的吸附性质表现为：染料上染属于化学定位吸附，上染机理又称为成盐机理。如阳离子染料染腈纶、强酸性染料染羊毛等，染料单分子（或离子）以离子键吸附在染座上，当分子占满染座时，染料对纤维染色达到饱和。

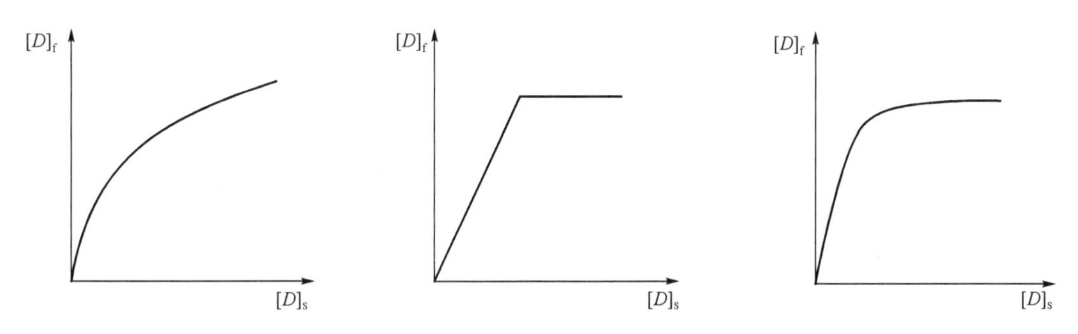

图 5-1-2 分配型吸附等温线　图 5-1-3 弗莱因德利胥吸附等温线　图 5-1-4 朗格缪尔吸附等温线

（六）活性染料固色率

1. 定义

活性染料染色时，与纤维发生共价键结合的染料量占投入染浴中的染料总量的百分比。

2. 解读

（1）因为活性染料水解及浮色等原因，活性染料固色率始终比上染率低。提高活性染料固色率是活性染料染色中追求的终极目标。

（2）提高活性染料固色率的途径有两种。一方面，从染料结构上加以改进，如染料分子结构中含有两个或两个以上的活性基团（目前应用较多的一类，中温型活性染料多含有两个相异活性基）。另一方面，在染色工艺上加以控制，如：为减少染料水解，固色碱在染色后期加入，加入固色碱的量不能过多(pH≤11);浴比不宜过大,否则会造成水解染料增多,降低染料的利用率;染色时加入中性电解质促染等;在工艺温度方面可低温染色、高温固着。

3. 固色率测定

采用洗涤法和剥色法进行测定。其中洗涤法易于操作,即纤维经染色后,用分光光度计测定其残液和皂洗液中的染料含量,与原染液中的染料含量对比,求出固色率。方法如下:

(1) 按所制定的处方计算 0.5 g 棉织物试样需用的染化料数量,并量取两份完全相同的染料(染料要精确称取或吸取,两份相差不大于 0.000 4 g),分别配置 A 和 B 两个相同的染浴,放入同一水浴中。

(2) A 染浴不加试样,但其操作均按 B 染浴的规定进行。当 B 染浴中的试样开始皂煮时,也在 A 染浴中加入相同数量的皂粉,15 min 后取出 A 染浴并冷却至室温,然后冲稀至一定体积 V_A,在其最大吸收波长处测其吸光度 A_A。

(3) B 染浴中加入试样,按规定条件染色。染毕取出试样水洗,皂煮(皂粉 2 g/L, 93~95 ℃,15 min,浴比 1∶25),水洗(用少量的水多次洗至不掉色为止)。然后将洗液、皂煮液与染色残液合并,冲稀至一定体积 V_B,在其最大吸收波长处测其吸光度 A_B。

(4) 按下列公式计算染料的固色率:

$$\text{固色率} = 1 - X$$

$$X(\%) = (A_B V_B / A_A V_A) \times 100$$

式中:X——染色残液(包括洗涤液、皂煮液)中的染料量,以占总量的百分率表示;

V_A——A 染浴冲稀后的体积;

A_A——A 染浴冲稀后的吸光度;

V_B——B 染浴冲稀后的体积;

A_B——B 染浴冲稀后的吸光度。

三、表征染色(或染料)质量的术语

(一) 染色牢度

1. 定义

染色制品在使用或后加工过程中,由于各种外界因素的影响,染料(或颜料)能保持原有色泽的能力。

2. 解读

(1) 染色牢度是染色制品内在质量的重要评价指标,因染色制品在使用或后加工过程中经受的外界因素很多,因此染色牢度的具体项目很多。例如:体现使用过程中的牢度有耐晒色牢度、耐洗(皂洗、干洗)色牢度、耐摩擦色牢度、耐气候色牢度、耐汗渍色牢度、耐唾液色牢度等;体现后加工过程中的牢度有耐色升华牢度、耐熨烫色牢度、耐氯漂色牢度、耐酸色牢度、耐碱色牢度等。最重要的牢度检测项目为耐水洗色牢度、耐摩擦色牢度、耐日晒色牢度。

(2) 色牢度项目检测必须按照一定的标准方法进行。相关的方法标准有很多,如国家标准(GB)、国际标准(ISO)、美国纺织化学师与印染师协会(American Assoiation of Textile Chemists and Colorists,简称 AATCC)标准[简称美标(AATCC)]等。

(3) 色牢度指标的结果评价是按照标准方法试验后,根据试样颜色变化(褪色)和贴衬织

物(白布)沾色程度,对比褪色灰色样卡和沾色灰色样卡进行色牢度等级评定,除日晒色牢度外,其他色牢度皆分为1~5级,日晒色牢度分为1~8级,级数越大牢度越高。

(4) 影响色牢度的因素主要有:染料的化学结构和组成;染料在纤维上的物理状态(如染料的分散和聚集程度、染料在纤维上的结晶状态等);染料在纤维上的浓度;染料与纤维的结合情况;染色方法和工艺条件等。另外,纤维的性质与染色牢度的关系很大,同一种染料在不同的纤维上往往具有不同的染色牢度。

(5) 染色牢度既是染料的重要质量指标,也是染色产品内在质量的重要指标。

(二) 染色匀染度

1. 定义

染色制品各部位得色均匀一致的程度。

2. 解读

(1) 染色匀染度,广义上是指染色制品内外、表面各处得色均匀一致的程度;狭义上主要指染色制品表面各部位得色均匀一致的程度。它是染色产品外观质量的重要指标。

(2) 染色制品得色是否均匀一致,主要与染料本身的匀染性、被染物半制品质量和染色工艺制定的合理性有关。一般而言,染料分子结构简单,相对分子质量小,水溶性基团比例大,则染料自身的匀染性就好;被染纤维自身的超分子结构结晶完整、非结晶区分布均匀,且织物经前处理后,如退浆、精练、涤纶碱减量等均匀一致,水洗干净,则有利于匀染;工艺控制合理性是指按照染料自身的匀染性情况,合理制订并控制工艺,如始染温度低、升温速度慢、使用匀染剂等,有利于达到匀染。

(三) 色差

1. 定义

在同一光源条件下观察,染色样与对比色样在色相、色光或色泽浓淡程度上存在的差异,称为色差。

2. 解读

(1) 实际染色生产中,色差包括原样色差、前后色差、左中右色差、正反面色差等方面。

(2) 原样色差指染色织物与客户来样或标准色样,在色相、色光或色泽深度(即色浓淡)上存在的差异。

(3) 前后色差指先后染出的同一色泽的染色织物在色相、色光或色泽深度上存在的差异。

(4) 左中右色差指染色织物在左中右部分的色相、色光或色泽深度所存在的差异。

(5) 正反面色差主要是指染色后织物正反两面的色相、色光或色泽深度所存在的差异。

四、表征染色工艺的术语

(一) 浴比

单位质量的纤维与加工溶液的体积比。如浸染打样时,规定浴比为1∶50(有时也表示为50∶1),含义为纤维质量为1 g时,染液体积为50 mL。

(二) 质量比浓度

染料(或其他助剂)质量对被染物质量的百分数。如浸染时,某染料的染色处方用量为2%(o. w. f.),含义为每100 g被染物用2 g染料进行染色。该指标表示染色时的染料投料浓度。

（三）轧余率

被染物浸轧加工液后，其上所含加工液的质量与被染物浸轧前的质量的百分比，计算式为：

$$轧余率(\%)=\frac{被染物轧液后质量(g)-被染物轧液前质量(g)}{被染物轧液前质量(g)}\times100$$

（四）染色工艺曲线

用折线形式直观表示，用于描述浸染工艺中包括染色温度、时间、升温速度及主要加料顺序的曲线，又称染色升温曲线（或操作曲线），如图 5-1-5 所示。

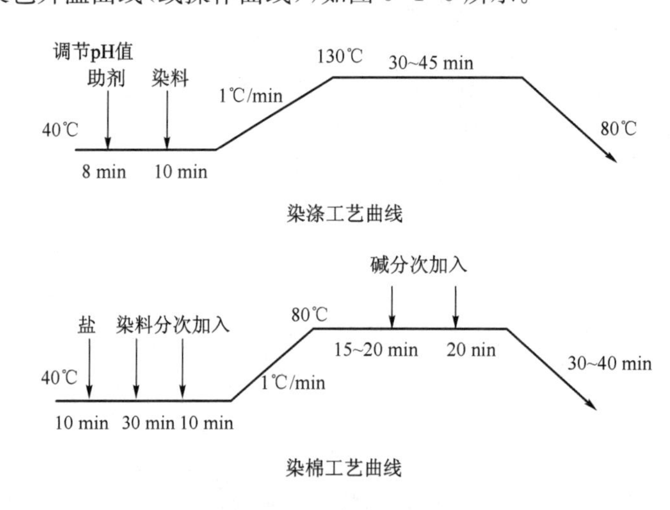

图 5-1-5　染色工艺曲线示意图

（五）染色临界温度范围

在染料上染过程中，当染色温度达到某一范围时（$T_1\sim T_2$），若染料的上染率和上染速率呈现急剧增大现象，则称该温度范围为染色临界温度范围。

在该温度范围内，应严格控制染色的升温速度，才能保证染色质量；拼色时，选择临界温度范围相近的染料拼混。该现象在合纤染色中有更为重要的指导意义。例如，涤纶纤维的快速染色方法的实现，其重要的理论依据就是利用了分散染料浸染时存在临界染色温度范围的客观规律。

五、其他术语

（一）染料（助剂）母液

染色打样时，为了减小染料（或助剂）取用量的误差，方便染料（或助剂）取用，配制的一定浓度的染料（助剂）溶液。

（二）染色小样

印染化验室，为进行染色试验，裁剪准备的一定质量的织物小样（或纱线小样）。如浸染打样时，织物小样一般裁剪为 2 g/块或 4 g/块。

第二节　染色常用浓度的表示方法

一、常用浓度的表示方法

在实际染色工作中，染料或助剂的使用浓度，根据不同的染色方法，以及染料或助剂的物料状态（固体或液体），工艺处方浓度的表示方法往往不同。常用的表示方法有以下几种：

（一）质量比浓度

1. 定义

染液中投加的染料（或助剂）质量对被染物质量的百分数。

2. 拓展

该浓度表示方法适用于织物浸染加工。该加工方法属于间歇式生产，被加工织物（或其他纤维形式）按一定质量进行配缸染色，故相对于纤维质量，规定染料或其他助剂的投料量，更科学、方便和直观。例如：已知被染棉纱为 50 kg，染色浴比为 1∶20，称取 1 kg 活性染料染色，则染料浓度为：(1÷50)×100％＝2％(o. w. f.)。

（二）质量体积比浓度

1. 定义

指 1 L 溶液中含有染料（或助剂）的质量克数，单位为 g/L。

2. 拓展

该浓度表示方法主要适用于轧染加工方法，表示染液处方浓度。在浸染法的染液处方中，助剂用量也常常用质量体积比浓度表示。例如：分散染料热熔染色时，浸轧染液的组成处方为分散染料 10 g/L、JFC 1 g/L、防泳移剂 10 g/L。

（三）体积比浓度

1. 定义

指 1 L 溶液中含有助剂的体积毫升数，单位为 mL/L。

2. 拓展

该浓度表示方法适用于当商品助剂为液体剂型时，表示加入助剂的处方浓度。例如：分散染料高温高压染色时，为控制染液 pH 值，冰醋酸处方浓度为 0.5 mL/L。

（四）质量百分比浓度

$$\text{质量百分比浓度}(\%)=\frac{\text{溶质的质量(g)}}{\text{溶液总质量(g)}}\times 100$$

1. 定义

以溶质的质量占全部溶液质量的百分比，表示为 $x\%$。

2. 拓展

作为溶液中溶质浓度的常用表示方法之一，主要用于溶液剂型的商品试剂。如 98％的硫酸试剂，即表示 100 g 该溶液中含溶质硫酸 98 g、水 2 g。若知该溶液的密度为1.84 g/mL，则可以换算出该溶液的质量体积浓度为 1 803.4 g/L，也可以换算成物质的量浓度为 18.4 mol/L。染色处方中一般不采用该浓度，但染整加工时经常用醋酸、硫酸、盐酸、液碱等助剂，在制订工艺处方时，需要相关浓度的换算。

二、常用（母液）溶液的配制

在染色打样时，由于纤维小样质量小，需要的染料或助剂用量也相对较小，常常出现直接称量或吸量很难达到准确度要求的状况。这样，根据工作实际需要，常常把染料或助剂先配制成一定浓度的母液，再根据染色打样工艺处方，计算出吸量母液的体积，配制打样染液。根据染料或助剂的物理状态不同，有两种母液配制方法。

（一）固体染料或助剂母液配制

1. 步骤

计算染料或助剂质量→称量→烧杯中溶解→转移至容量瓶中→洗涤烧杯至彻底（染料或助剂全部转移至容量瓶中），摇匀→定容→摇匀→润洗试剂瓶→母液转移至试剂瓶中→贴标签。

2. 举例

配制体积为 250 mL，浓度为 2 g/L 的活性红 B-2BF 染料母液。

（1）计算染料质量：

$$m=2\times250\times10^{-3}=0.5(\mathrm{g})$$

（2）将洗净干燥的玻璃表面皿（或小烧杯）置于电子天平上，清零。

（3）用药匙取固体染料，靠近表面皿，轻轻敲击药匙柄，倾染料于表面皿中，至天平显示需要的质量要求。

（4）将表面皿中的染料轻轻置于烧杯（若用小烧杯称量，则省略该步骤），并用洗瓶冲洗表面皿，至染料全部转移至烧杯中。

（5）在烧杯中加少量软化水（或纯净水），将染料调成浆状，继续加水，用玻璃棒搅拌至染料溶解。

（6）将溶解的染料溶液，用玻璃棒引流转移至 250 mL 容量瓶中，并洗涤烧杯内壁及玻璃棒，至染料彻底转移至容量瓶为止（洗涤液无色为止）；加水至容量瓶的 3/4 左右处，平摇，将染液混合均匀。

（7）加水定容至容量瓶刻度，盖塞后充分摇匀（上下倒置混合均匀）。

（8）用少许配制的染料母液，润洗事先洗涤干净的试剂瓶 2～3 次，并将染料母液转移至试剂瓶中，贴好标签，备用。

（二）液体染料或助剂母液配制

1. 步骤

计算染料或助剂取量体积→润洗吸量管→吸取助剂→置于容量瓶→稀释至体积达容量瓶约 3/4 处，平摇混匀，并定容→加水定容至刻度，上下倒置约 10 次，摇匀→润洗试剂瓶→母液转移至试剂瓶→贴标签。

2. 举例

配制体积为 250 mL，浓度为 10 mL/L 的冰醋酸母液。

（1）计算冰醋酸体积：

$$V=10\times250\times10^{-3}=2.5(\mathrm{mL})$$

(2) 取 5 mL 规格的吸量管(事先洗涤干净),吸取少许冰醋酸润洗 2 次。

(3) 用润洗过的吸量管吸取冰醋酸,并调整至计算量刻度。

(4) 将吸取的冰醋酸直接置于 250 mL 容量瓶中。

(5) 加软化水(或纯净水)定容至容量瓶刻度,充分摇匀。

(6) 用少许配制的冰醋酸母液,润洗事先洗涤干净的试剂瓶 2～3 次,并将冰醋酸母液转移至试剂瓶中,贴好标签,备用。

3. 注意

如果液体在稀释过程中有放热等现象,则吸取的助剂液体不能直接置于容量瓶稀释和定容,应在烧杯中稀释冷却后,再转移至容量瓶中。基本步骤如下:

计算染料或助剂取量体积→润洗吸量管→吸取助剂→烧杯中搅拌稀释→转移置于容量瓶→洗涤烧杯至彻底(染料或助剂全部转移至容量瓶)→至体积达容量瓶约 3/4 处,平摇混匀→加水定容至刻度→上下倒置约 10 次,摇匀→润洗试剂瓶→母液转移至试剂瓶→贴标签。

第三节　染色中的基本计算

一、染色打样中的基本计算

(一) 染料(助剂)母液配制计算

例 1: 设染料母液配制体积为 V mL,浓度为 C g/L,求称取染料质量 m 为多少克?

$$m=C\times V\times 10^{-3}(\text{g})$$

如:配 4 g/L 染料 250 mL 母液称染料多少克?

$$m=4\times 250\times 10^{-3}=1.0(\text{g})$$

例 2: 配制 0.5 g/L 染料溶液 100 mL,需吸取 10 g/L 的染料母液多少毫升?

解:因为 $0.5\times 100=10\times V$

所以 $V=5(\text{mL})$

例 3: 配制浓度为 5 mL/L 的冰醋酸母液 250 mL,需吸取冰醋酸多少毫升?

解:$V=5\times 250\times 10^{-3}=1.25(\text{mL})$

(二) 染色打样处方相关计算

例 1: 织物 2 g,浴比为 1∶50,染料浓度为 0.5%(o. w. f.),促染盐硫酸钠浓度为 5 g/L。问:(1)吸取 2 g/L 的染料母液各多少毫升? (2)称取硫酸钠质量为多少克? (3)加水多少毫升?

解:根据浴比可知,配制染色液总体积=50×2=100(mL)

(1) 设吸取染料母液体积=V mL

则　织物质量(g)×染料浓度[%(o. w. f.)]=染料母液浓度(g/L)×V(mL)×10^{-3}

V=10×织物质量(g)×染料浓度[%(o. w. f.)]÷染料母液浓度(g/L)=5(mL)

(2) 称取硫酸钠质量=促染盐浓度 5 g/L×染液总体积 100 mL×10^{-3}=0.5(g)

(3) 配制染液需不加水的体积=100－5=95(mL)

例 2： 吸取 2 g/L 染料母液 10 mL，染 2 g 织物，浴比为 1∶50。此时染料的浓度为多少？

解：染料浓度＝染料母液浓度(g/L)×V(mL)×10^{-3}÷织物质量(g)×100％

＝2×10×10^{-3}÷2×100％＝1％(o. w. f.)

例 3： 活性染料同浴轧染工艺中，棉小样质量 5 g，浸轧染液后称重为 8.5 g。若配制轧染液 100 mL，染液处方为：染料 5 g/L，碳酸氢钠 10 g/L，JFC 2 g/L。计算轧余率及各染化料的用量。

解：轧余率＝(8.5－5.0)÷5×100％＝75％

染料用量＝5×100×10^{-3}＝0.5(g)

碳酸氢钠用量＝10×100×10^{-3}＝1(g)

JFC 用量＝2×100×10^{-3}＝0.2(g)

例 4： 若染料母液浓度为 5 g/L，织物质量为 2 g，打样时，染料处方浓度为 5％(o. w. f.)，助剂为 20 g/L，浴比为 1∶100。计算下表中的问题：

染　料	实际用量(g)＝？(0.1)	吸取母液体积(mL)＝？(20)
助　剂	实际用量(g)＝？(4)	
染液总体积(mL)	？(200)	
补加水体积(mL)	？(180)	

二、染色生产基本计算

例 1： 织物 1 000 m，每米质量为 80 g，浴比 1∶20，染料 1 的浓度为 1％，染料 2 的浓度为 0.2％，食盐浓度为 30 g/L。问：织物质量、染液量、称取染料和食盐量、加水量各为多少？

解：由于　织物总质量＝80×1 000×10^{-3}＝80(kg)

染液总体积＝20×80＝1 600(L)

因此　称取染料 1＝80×1％＝0.8(kg)

称取染料 2＝80×0.2％＝0.16(kg)

称取食盐＝30×1 600×10^{-3}＝48(kg)

加水量＝1 600(L)

例 2： 某印染厂在 Q113 绳状染色机上用活性染料染棉织物，已知织物质量为 200 kg，加入的染料质量为 10 kg，浴比为 1∶20，染色结束时，测得残液中的染液浓度为 1 g/L。求该活性染料的上染百分率。(染液密度视为 1 g/mL，假设染色后染液量不变)

解：由于　染液总体积＝20×200＝4 000(L)

因此　染色后残余染料量＝1×4 000×10^{-3}＝4(kg)

则　上染到纤维上的染料量＝10－4＝6(kg)

所以　该活性染料上染率＝6÷10×100％＝60％

例 3： 某织物卷染时，配缸每卷布长 800 m、幅宽为 1.15 m。已知该织物的面密度为 130 g/m^2，从小样得知，染料用量是织物质量的 2.54％。问：(1)每一卷布染色时，实际需染料多少克？(2)若已知浴比为 1∶4，需配制染液多少升？

解：(1) 由于　每卷布质量＝130×800×1.15×10^{-3}＝119.6(kg)

且　染料浓度＝2.54％(o. w. f.)

所以　称取染料质量＝119.6×2.54％≈3.04(kg)

(2) 由于　每缸布质量＝119.6 kg，且染色浴比为1∶4

所以　配制染液的体积＝4×119.6＝478.4≈480(L)

本章小结

一、染色打样中的基本术语包括染料染色性能术语、染色基本理论术语、染色(染料)质量评价术语、染色工艺术语等。

(一) 表征染料染色性能的重要术语有直接性、移染性、配伍性、泳移性、亲和力、染料力份等。重点掌握这些术语的基本定义，加深理解这些性能在染料染色行为中的意义，掌握染料移染性(比移值)、配伍性、染料力份的测定方法。

(二) 表征染色基本理论的重要术语有上染过程、染色过程、上染百分率、平衡上染百分率、固色率、上染速率曲线、吸附等温线等。重点掌握这些术语的基本定义，加深理解这些术语在染色实际生产和理论研究中的重要意义，掌握上染百分率、活性染料固色率、上染速率曲线的测定方法。

(三) 表征染色质量的主要术语有染色牢度、染色匀染度、色差等。重点掌握这些术语的含义，熟悉染色质量的主要评价指标，了解染色牢度的测定标准。

(四) 表征染色工艺的重要术语有浴比、染料浓度、轧余率、染色临界温度范围、染色工艺曲线等。熟练掌握这些术语的基本定义，熟悉染色工艺曲线的表示方法和相应参数标注。

二、染色打样中有关浓度的表示方法有染料对被染物质量比浓度、质量体积比浓度、体积比浓度、质量百分比浓度。熟悉各浓度表示方法的适用范畴，掌握各浓度的表示含义和染色常用溶液的配制方法。

三、染色中基本计算包括两个方面：染色打样中的相关计算和染色生产中的相关计算。在熟悉染色相关术语和浓度表示方法的基础上，熟练掌握相关计算。

思考题

1. 名词解释：直接性、移染性、泳移性、亲和力、染料力份。
2. 染色打样中的浓度表示方法有哪些？
3. 浴比的概念是什么？如何进行染色打样中的计算与染色生产中的计算，试举例说明。

第六章 染色打样工艺设计

配色打样的最终目的是为了制定出切实可行的染色生产工艺,生产出符合要求,且具有一定数量和经济效益的染色产品。因此,制定染色打样方案时,要充分考虑到大生产的可操作性和工艺质量的稳定性,尤其是小样与大样生产时的色差问题,这一直是染整技术人员控制和考虑的重点。

染色时,如何减少大样与小样之间的色差是很复杂的问题。造成色差的原因是多方面的,如打样对色时的精确性、拼色染料的配伍性、大样与小样所用染化料的称量误差,还有染浴的浴比、工艺流程、工艺条件、实际操作,以及染色前半制品的质量等等,均会不同程度地影响到大样与小样的得色量,造成一定程度的色差。因此,在实际生产中,除了尽可能做到染色大小样工艺条件一致外,还需要根据具体情况和生产实践经验测算出调整系数,然后做出适当的调整,才能满足产品质量的要求。小样染色工艺设计的内容,包括染色的小样质量、染色浴比、染料品种与浓度、助剂品种与浓度、工艺流程,及操作的具体要求或注意事项。本章将较详细地介绍这些内容,其中染色操作及注意事项安排在工艺实例中。

第一节 染色浴比设计

众所周知,印染企业是耗水大户,同时又是污水排放大户。随着全球经济变暖,气候不断恶化,水资源越来越少,用水成本不断提高。从某种程度上,水资源匮乏已制约了我国经济的发展。节能减排已成为国家宏观经济调控的重点。印染行业作为用水大户,肩负纺织行业节能减排的重任。因此,印染设备不断创新,从小浴比染色设备的普及,到无水超临界 CO_2 染色技术的研究开发,等等。但是,从目前来看,染色要完全脱离用水还是无法实现的。由于水分子进入纤维内部可以使纤维吸湿溶胀,增大纤维间的空隙,有利于染色在短时间内完成。所以染色仍是以水为介质,在一定的温度、pH 值等条件下进行。而水的用量多少即浴比大小,既影响染色的质量,又影响染色的成本。

一、浴比及其意义

浴比是指被加工制品的单位质量与加工所需溶液的体积之比,通常以 $1:V$ 表示。在前处理、染色及后处理加工中,凡是采用浸染(包括卷染)方式加工的,均以此方法确定用水量。印染加工中通常所指的练液、染液、固色液,即为此意。如浴比为 1∶20,表示 1 g 被加工物需要 20 mL 练液、染液或固色液,或者 1 kg 被加工物需要 20 L 练液、染液或固色液。

浴比大小对于印染加工意义重大,不仅仅是涉及水的消耗问题,还会影响到很多因素。对于印染加工而言,浴比小,生产用水少,升温加热耗能低,印染助剂用量减少,染料利用率提高,

企业生产成本大大降低，效益提高；同时，排污减少，对环境污染减少，社会成本降低。相反，浴比增大，必然降低染料在染液中的浓度，影响染料的上染百分率，使染料的利用率下降，织物上染料少，颜色差距大。要想得到同样的色泽，就需要增加染料用量来提高染色浓度，这样，不仅提高了染色成本，而且也增加了印染污水处理的负担，降低了经济效益。但是，加工浴比并不能无限制地降低，浴比过小，加工过程中，染液及织物循环差，使染液温度、染液浓度及助剂浓度分布不均，被染织物浸渍不充分，而且易使被染物局部暴露在空气中，致使被染物吸色不匀不透，造成染色匀染性差，导致染色不匀。同时，过小的浴比会增加生产设备对织物的磨损，影响织物的外观及手感，加工的疵病增多，严重降低产品合格率。所以，只有恰当的浴比才能达到效益最优。

二、染色打样浴比的设计依据

（一）染料性能

染料的溶解性对生产质量的影响较大。溶解性好的染料，在染液中稳定、均匀分布，较易获得均匀的染色效果，如强酸性染料、活性染料等。溶解性差的染料，小浴比易使染料浓度过饱和而析出，或与水中的钙、镁离子结合产生沉淀，产生色点或色花疵病，如直接染料、还原染料隐色体的上染。此时，增大染色浴比可有效克服染色不匀。

染料的直接性对染料的上染具有双重作用。直接性大的染料上染率高，染料的利用率高，不仅加工成本低，且可降低污水排放浓度。然而，直接性大的染料往往因吸附过快而引起染色不匀，特别是小浴比染色时，因织物及染液循环差，染液浓度分布不均，更易产生染色疵病。相反，直接性小的染料对纤维吸附慢，容易匀染。对于这类染料染色，浴比越大，因染液中染料浓度的相对减小，上染率及利用率降低。所以，直接性大的染料可适当增大浴比，直接性小的染料适当减小浴比。

（二）织物的组织结构

织物的组织结构、规格及纱支的粗细等决定了织物的单位质量，相同质量轻薄的织物体积大，厚实的织物体积小。如前所述，染色浴比是以被加工物的质量为基础计算出来的。浴比一定时，相同质量的织物，不管体积大小，染液体积是相同的。在浴比相对较小时，轻薄的织物产生色花的概率比厚实织物大。在设计染色浴比时，轻薄的织物相对高些。另外，对于稀薄、易磨损的贵重织物，如蚕丝等，为了防止织物磨损擦伤等，染色浴比要适当放大，一般控制在1∶40～1∶80，甚至1∶100，以保证织物品质不受影响。

（三）染色浓度

同种染料的染色浓度不同，浴比对于染色的匀染性和得色深浅的影响亦不同。这种情况在染浅淡色时尤为明显。一般染深浓色时，染色浓度高，相对于纤维，染料的上染达到饱和。批量生产时，即使不调整小样处方，染料的上染也不会再提高，得色深度及染色的匀染性一般均有保障。但是会造成染料的浪费，增加成本，增加排污。如某企业采用高压喷射溢流J型缸染一批涤纶织物，色泽为黑色。打小样的浴比为1∶20。对样后，用同样处方在J型缸内染色，每缸织物的质量控制在320 kg左右，染缸注水量为4 t，此时的染色浴比约为1∶12。从实际的生产情况来看，打样染色浴比与生产染色浴比相差8，仍能保证对色且染色均匀，满足实际生产需要。当然，按照成本核算来说，这种做法是不科学的。如果是染浅、淡色，浴比对染色的匀染性和得色量的影响较大。一是生产浴比小，从小样过渡到生产，相对染色浓度增加，容

易色深；二是浴比小，织物及染液循环差，染色容易出现色花。反之，如果小样浴比较生产浴比小，同样要进行处方浓度调整。从上述可知，小样与生产样浴比不同，对工艺设计带来很多不便。

（四）生产加工的浴比

小样染色最终是为生产加工提供合适的染色工艺。一个合适的染色工艺可以提高染色的一次对样率，减少二次回修，可以大大降低生产成本。从这个意义上讲，小样与大样之间工艺条件的一致性越强，染色工艺的重现性和实用性会越强。但是，生产加工的浴比与设备的结构及织物的运行状态密切相关，如卷染机浴比为1∶3～1∶5，溢流喷射染色机浴比为1∶12～1∶15，有的针织物染色甚至达到1∶6～1∶8，方形架染色浴比则高达1∶100～1∶200。可见，不同设备染色浴比的差异很大。在选择染色打样的浴比时，尽可能与生产设备的加工浴比相同。当生产设备浴比过小时，在保证染色匀染性的前提下，尽可能缩小打样与设备加工浴比的差距。即使如此，仍要对染色处方进行适当调整，最好进行中试放样。

（五）小样染色的合适浴比

所谓小样染色的合适浴比，是指在保证染色质量特别是匀染性的前提下，可以采用的浴比范围。对于浸染法小样染色来说，被染物全部浸渍于染液中是保证匀染性的前提，即小样染色有最低浴比限制。从各种小样染色样机的实际使用可知，1∶20的染色浴比几乎就是最低极限。即织物采用大浴比设备生产时，小样染色浴比可以做到与生产浴比相同。若是采用小浴比设备生产，如卷染、溢流染色机等，染色浴比甚至小到1∶6。这种情况下，要实现小样与生产相同的浴比染色，就目前的小样染色机来说是不可能的。

总之，染色打样浴比与生产加工浴比不同，会给生产对样造成很大的困难，严重降低一次对样率。在选择染色打样的浴比时，要根据染料、纤维的性能，织物的组织规格，染色工艺条件和加工设备的特性来选择合适的小样及大样染色浴比，尽可能做到小样与生产设备的加工浴比相同。在生产设备浴比过小时，在保证染色匀染性的前提下，尽可能缩小打样与设备加工浴比的差距。即使如此，仍要对染色处方进行适当调整，最好进行中试放样。

值得说明的是，一般情况下，打样染色浴比也与布样质量、染杯体积等因素有关。若要做到织物能够完全浸没于染液中，同种布样，质量大需要的浴比小；布样质量小时，相对需要的浴比要大一些。在企业化验室打样时，小样质量一般控制在4～5 g，一方面，是为了能够减小浴比，争取与生产浴比相同或相近。二是为了便于观察染色均匀性。织物块面过小，不能全面反映织物得色情况。

另外，在实际生产时，控制浴比也是很重要的。由于不同型号的染缸实际内径有较大差异，有时甚至是同型号的染缸实际内径也有差异，所以生产车间应对每台染色机的实际容量进行测定，并在液位标尺上注明实际缸内液量。染色时按被染物质量和浴比计算出所需水量，然后先加水至规定量（不包括溶解染料的水量），再加入织物进行染色，使染色浴比能够得到有效控制。目前，已有液位电脑控制装置应用于实际生产中，可将各染色机控水量和电脑集控系统相联，这样就可以由电脑集控管理员根据加工产品的质量和染色浴比，对各染缸的进水量进行合理的控制，从而达到有效控制浴比的目的，减少因浴比变化而造成对产品质量的影响。

三、常用小样染色浴比

根据染料、纤维性能和目前生产设备的实际情况，通常采用的大、小样染色浴比如表

6-1-1。小样实际染色时，可根据小样质量对浴比做部分调整。

表 6-1-1　常用染料浸染时染色浴比

染料类别	加工材料	大样生产浴比	打样浴比	小样质量(g)
活性染料	棉织物	绳状 1∶20～1∶30 卷染 1∶2～1∶3	1∶30	4
还原染料	棉织物	绳状 1∶10～1∶20 卷染 1∶3～1∶5	1∶30	4
直接染料	黏胶织物	绳状 1∶20～1∶40 卷染 1∶2～1∶3	1∶30	4
分散染料	涤纶织物	绳状 1∶10～1∶20 卷染 1∶1～1∶3	1∶20	5
弱酸性染料	蚕丝织物	绳状 1∶20 卷染 1∶3～1∶5	1∶30	3
强酸性染料	羊毛织物	绳状 1∶10～1∶20	1∶30	3
中性染料	锦纶织物	绳状 1∶20～1∶30 卷染 1∶3～1∶5	1∶30	4
阳离子染料	腈纶织物	绳状 1∶30～1∶50	1∶30	4

第二节　染色处方设计

染色处方是染色的核心。在经过纤维分析，确定染料具体类型之后，下一步工作就是设计出可执行的染色处方。首次设计的染色处方合理，则能减少处方调整次数，提高拼色效率。由于染料浓度与色泽的丰富多样性，如果不是经验十分丰富的打样人员，是不能凭着记忆或想象去设计染色处方的。染色处方的内容包括染料具体品种及浓度、染色使用的助剂及其浓度，以及上面所述的织物质量和染色浴比。织物质量和染色浴比在上一节已经介绍，本节重点讲述染料品种、浓度和助剂选择。

一、染色处方设计的方法

配色打样是一项依靠长期经验积累的工作，对于一个熟练的打样人员来说，染色处方设计是一项简单的工作。而对于初学者，要设计一个染色处方不难，但设计一个合适的处方是有很大困难的。什么是合适的染色处方？简单地说，就是要达到染色后与来样色泽相符，处方调整的次数尽可能少，如调整 2～3 次即可对样，开始设计的处方就很合适；如果调整数次方能对样甚至不对样，就要反复打样，开始设计的处方就不合适，会浪费很多时间，降低打样效率，甚至影响正常生产。

染色处方设计的方法说来简单，就是依据客户对染色牢度、环保等方面的要求，确定染料的类型之后，在分析来样色泽的基础上，按照对色方法，将来样与现有样卡放在一起相比较，找出与来样色泽相同或相近的处方。根据配色的规律，拼色染料种数越少，色泽越鲜艳，染色结果受工艺因素的影响程度越小，染色工艺越容易控制。所以，比较选择的原则是，首先从一次色样中寻找，其次从二次色样中寻找，依次是三次色、四次色等。

之所以说设计一个合适的处方比较困难，是因为在实际设计时：第一，从样卡制作可知，无论是单色样卡还是三原色拼色样卡，其中浓度大小及浓度间隔的比例，都是制卡人员根据具体情况预先设计的，任一样卡的制作不可能做到把该染料的所有染色浓度都呈现出来。所以说，打样人员手中的参考资料是有限的。从配色规律知道，任何染料的单色还是不同染料的拼色，其色泽是无穷尽的。由于颜色的多样性特点，有时很难找到与来样色光及深度完全相同的处方。第二，由于来样加工织物的组织与样卡织物组织不可能完全相同，呈现出对染料吸色能力的差异及对色泽表现的差异，所以同样处方对不同织物染色后色光差别较大。如缎纹织物与绉类织物，由于反射光强度不同，染色后在外观上有很大差别。

二、染色浓度确定

从上述分析知道，不同组织、不同纤维的织物对染料的吸色性能有较大的差异，所以设计染料处方是一项技术性很强的工作，需要综合考虑多种因素，包括来样纤维与织物组织、被加工面料的纤维与织物组织、所参考样卡的纤维和织物组织等。为了简单说明染色浓度的确定方法，假设被加工面料的纤维性质与样卡相同。

染色浓度又称染料浓度，浸染染色时通常以质量比浓度表示，即印染加工时，每百克被染物所需染料或助剂的克数。设计处方染色浓度时，根据来样色泽与样卡或资料对色程度不同，染色浓度确定方法也不同。如果与某处方完全对色，则可以直接采用该处方染色浓度作为设计浓度进行打样。而更多情况是不能完全对色，色泽深浅介于两个现有处方之间，这就要根据色泽差异程度，以及参考处方是拼色还是单色做不同调整。

（一）单色样

当来样色泽与某一单色样色调相符，只是色泽深度介于两个染色浓度之间时，这种情况调整浓度比较简单，在两个参考样卡色浓度之间取一数值即可。至于取中间数多少合适，要看来样色泽与哪个浓度的色泽更接近。

例如，对某来样经分析发现，其色泽与活性红 X-3B 的单色样色调一致，其色泽浓淡介于处方 2 与处方 3 之间，即染色浓度在 0.5%(o.w.f.)～1.0%(o.w.f.)之间(表 6-2-1)。

表 6-2-1　单色样卡

处　方	1	2	3	4
活性红 X-3B/%(o.w.f.)	0.1	0.5	1.0	2.0
贴样处	—	—	—	—

这种情况下，只要根据色泽的差别在 0.5%(o.w.f.)～1.0%(o.w.f.)之间选取一适当染色浓度即可进行打样。如果来样色泽深度与活性红 X-3B 染色浓度为 0.5%(o.w.f.)的色泽更接近，则可在 0.6%(o.w.f.)左右选取某一数值为设计染色浓度打样；若来样与活性红 X-3B 染色浓度为 1.0%(o.w.f.)的色泽更接近，则可取 0.9%(o.w.f.)左右的染色浓度打样。染色后再根据色差情况进行调整。

（二）二次色样

当来样色泽与某个二次色样的色泽基本相符，且色泽深度介于两个染色浓度之间时，调整浓度不仅要考虑浓度还要考虑色光，具体的调整方法还要看色光及色泽深度的差异。第一，如

果来样色调与样卡色调完全相同，只是浓淡的差异，此时，对拼色的两种染料以相同比例调整染色深度。第二，如果来样色调与样卡某一处方的色调有少许差异，色泽深度基本相同，此时，需同时微调两种染料的染色浓度，一种微量增加，同时另一种微量减少。第三，如果来样与样卡不仅色深不同，且色光不同，一般是先增加来样色光重的染料浓度；若深度还不够且色光已基本相同时，两种染料同时调整，且调整的比例还要看具体情况而定。

例如，设某一绿色来样，其色调与活性黄 B-3RD 同活性翠兰 BPS 拼色样相近，且介于表 6-2-2 中处方 7 与处方 8 的染色样之间。

表 6-2-2　二次色样卡

处　方	1	2	3	4	5	6	7	8	9	10	11
活性黄 B-3RD/%(o. w. f.)	2.0	1.8	1.6	1.4	1.2	1.0	0.8	0.6	0.4	0.2	0
活性翠蓝 BPS/%(o. w. f.)	0	0.2	0.4	0.6	0.8	1.0	1.2	1.4	1.6	1.8	2.0
贴样处	—	—	—	—	—	—	—	—	—	—	—

第一，若色光与样 7 完全相同，深度较样 7 深(准确说是浓度)，这时，按相同比例增加活性黄 B-3RD 与活性翠蓝 BPS 的染色浓度，如均按 10%(o. w. f.)增加，则处方应为活性黄 B-3RD 0.88%(o. w. f.)、活性翠蓝 BPS 1.32%(o. w. f.)。第二，若来样色泽浓度与样 7、样 8 相近，只是色光较样 7 偏蓝，较样 8 偏黄。若以样 7 为依据，则可微量增加活性翠蓝 BPS 的用量，同时微量减少活性黄 B-3RD 的用量。或以样 8 为依据，微量减少活性翠蓝 BPS 的用量，同时微量增加活性黄 B-3RD 的用量。第三，来样比样 7 蓝光重，且色泽比样 7 深，则可增加活性翠蓝 BPS 的用量。当通过增加活性翠蓝 BPS 用量染色后，色光与来样相同，深度仍达不到时，则再同时增加两只染料的染色浓度。

(三) 三次色样

三次色样的色光变化十分复杂，即使只调整一种染料的浓度，染色后色泽变化很大。所以选择三次色样卡时，最好是来样色泽与某个三次色样的色泽完全相符，直接使用此样卡色的染色处方。如果在现有资料中确实没有与来样色泽完全相同的，则只能选择一最为接近的色样处方，调整时根据色泽的差异先微调其中一只染料的浓度。打样染色后再根据色泽变化情况进行调整。

总之，对于初学者来说，染色打样是一项需要耐心和恒心的工作，只有通过大量的打样，才能从中获取丰富的经验。从以上分析可知，拼色染料只数越多，调色越困难。一般在实训时，先从一次色样开始拼色打样，然后到二次色、三次色逐渐增加染料只数。

三、助剂品种及浓度确定

在确定染料的具体品种及染色浓度后，下一步工作就是选择助剂，并确定其使用浓度。选择染色助剂品种的基础是了解染料性能与其适合的加工条件，主要是染料色光的稳定条件；了解纤维的性能与其耐受条件，主要是耐酸性、耐碱性等；了解助剂的性质及其在所用染料染色时的作用。根据助剂对染色的作用不同，通常将助剂分为促染剂、缓染剂、稳定剂、防沉淀剂、媒染剂等。助剂浓度使用不当，会给染色带来很大的麻烦。如缓染剂浓度过高，会使染料上染率明显降低，得色变浅；缓染剂浓度过低，缓染作用小，对染色匀染不利。中性盐用量过高，会引起染料或助剂沉淀，导致染色不匀等等。分散染料染色涤纶时，pH 值控制不当，会引起染料色变或涤纶纤维强力下降。防沉淀一般为阴离子化合物，用于阴离子型染料与阳离子型染料同浴染色，依靠其与阳离子染料的结合，达到阻止阳离子染料与阴离子结合发生沉淀的目的，但防沉淀剂用量过多，会使阳离子染料上染率降低。所以，助剂品种及助剂浓度选用得当是提高染色质量的有效保障。

除此之外，常用的后整理助剂，如柔软剂、防水剂、抗紫外剂、抗菌剂等，在受热后自身的泛黄程度、阳离子性与阴离子染料之间的化学作用、在纤维表层的结膜、对织物吸光反光性的改变，以及自身的酸碱度对染料色光的影响等，都会对染色布色光造成不同程度的改变。所以，要务必认真选择助剂，品牌一旦认定，不宜经常更换。

一般情况下，可以直接使用所采纳样卡染色处方中的助剂及其浓度。但当所染织物与样卡制作所用织物的品质有较大区别时，同种染料对不同纤维的染色性能可能会有较大的差异。这些情况都应适当调整助剂品种或其使用浓度。如分散染料在锦纶上的色泽较涤纶上偏深，且锦纶自身的取向度不同，染色时易产生条柳等疵病，对染料的匀染性和遮盖性要求比较高。所以用涤纶的染色处方染锦纶时，一般缓染剂的用量增加。又如，活性染料对纤维素纤维的直接性低，对蚕丝纤维的直接性高，同样以元明粉作为促染剂，在纤维素纤维染色时，元明粉浓度远高于蚕丝染色，前者用量能达到 50 g/L，后者一般为 5 g/L 左右。另外，蚕丝除了用元明粉作为促染剂外，还可用醋酸作为促染剂，且活性染料对于纤维素纤维的固色必须在碱性条件下进行。但蚕丝在碱性条件下会导致手感粗硬，所以蚕丝用活性染料染色可以不加碱剂，即使加碱，碱剂浓度也远低于纤维素纤维染色。如：纤维素纤维活性染料固色碱用量一般在 10～20 g/L，甚至达到 25 g/L；蚕丝活性染料固色碱用量一般约 2 g/L。具体染料使用助剂品种及参考浓度见单色样染色。

第三节　染色工艺流程与工艺条件设计

一、染色工艺流程设计

染色工艺流程设计的基本原则，是在保证染色质量的前提下，尽可能缩短并简化工艺流程，以简化生产操作，缩短加工时间，减少影响生产质量的工艺因素，力求生产效益的最大化。即“必需够用”的原则。相同染料对不同纤维的染色工艺流程可能不同，不同染料对同种纤维染色的工艺流程也不同。如活性染料染棉与染蚕丝的工艺流程不同，还原染料与活性染料染棉的工艺流程不同。染色工艺流程设计的基础是熟悉各加工工序的作用，熟悉染料的染色原理。实际上，工艺流程设计更主要的是具体工艺条件的设计。由于不同染料的工艺流程有差异，不可能一一分析，下面以基本工艺流程为例，着重阐述具体工艺因素的设计。

二、染色工艺条件设计

染色工艺条件设计的基本原则是在保障染色质量的前提下，尽可能减少对纤维及织物的损伤，保持织物的原有风格如手感、光泽等不变。

(一) 浸染法

染色基本工艺流程：织物前处理(或润湿)→入染→染色→水洗→固色→染色后处理。

1. 前处理

在印染加工中，前处理一词有广义和狭义两种解释。广义的前处理即织物的练漂，是为了去除织物上的浆料、各种油剂及天然纤维上的天然杂质等。狭义前处理指经练漂后的织物半制品在染色前需要进行的处理。在此指狭义的前处理。

为了保障染色质量，用于染色的半制品要求白度洁白、表面洁净，织物上不能含有其他有碍于染色的助剂，织物上 pH 值为中性等。众所周知，织物的练漂使用了大量的助剂，且一般织物的练漂都是在碱性条件下进行的，若洗涤不充分，练漂后的织物常残留碱剂，且由于运输及设备的沾污，织物上也时有污物。所以，前处理的目的一是调节织物的 pH 值，使织物 pH 值至中性。二是清洗织物上的污物。另外，染前处理还有润湿织物使纤维膨化的作用。

前处理的方法分为酸洗和净洗剂清洗。酸洗即是调节织物 pH 值，主要是针对蚕丝织物，一般是用稀醋酸溶液。另外，涤纶织物练漂后残留碱剂会影响染液 PH 值的稳定性，为调节织物 pH 值至中性，亦可染前酸洗。净洗剂清洗常用平平加 O，一是平平加 O 本身既有净洗作用，又是常用的缓染剂，对后续染色有利。有时，前处理不加任何助剂，只用清水润湿织物。

2. 入染温度

入染温度是影响染色匀染性的关键因素。入染温度过低，染料上染缓慢，对提高生产效率不利。入染温度过高，染料吸附过快，易导致染色不匀。具体入染温度的设定，需综合考虑以下因素：

(1) 纤维的性质一般亲水性纤维如纤维素纤维、蛋白质纤维等，在低温下即有一定的膨化，染料的吸附速率较快，控制入染温度宜低。如棉织物一般为 40～50 ℃，蚕丝织物一般为 50～60 ℃。合成纤维类织物对染料的吸附在玻璃化温度以上时快速增加，所以合成纤维的入染温度一般控制在玻璃化温度附近，且稍低于玻璃化温度。如锦纶织物弱酸性染料染色时，在 50 ℃以下上染较慢，高于 60 ℃以后上染率随温度的升高而迅速增加，入染温度宜在 50～60 ℃。涤纶织物分散染料染色 80 ℃以下上染较慢，高于 90 ℃以后上染率随温度的升高而迅速增加，入染温度宜在 70～80 ℃。

(2) 染色浓度综合不同染色浓度的匀染性来说，染浓、深色的匀染性一般较好，染浅、淡色的匀染性相对较差。一般染浓、深色时可以较高温度入染，染浅、淡色时入染温度宜低。

(3) 染料的直接性染料的直接性直接影响染料的匀染性，相对来说，直接性高的染料吸附快，易染花。在实际生产中，直接性高的染料入染温度宜低，直接性低的染料入染温度可以高些。

3. 升温速率

一般升温速率快，容易导致染色不匀，升温速率慢对染色匀染有利，但会降低生产效率。根据不同染料的染色性能不同，升温控制方式分为均匀升温法(亦即匀速升温)和分段升温法。均匀升温法是指从入染开始到染色温度以相同的速率升温，如 1 ℃/1 min 或 1～2 ℃/1 min 等。这种升温方法容易控制，操作简单。分段升温法是指不同温度区间以不同速率升温。它是根据染料在不同温度阶段上染速率不同来设计的，染色匀染性好，但操作相对复杂。以涤纶分散染料染色为例，80～90 ℃，升温速率为 2 ℃/1 min；90～105 ℃为染料快速上染阶段，升温速率控制为 1 ℃/1 min 或 1 ℃/2 min；105～130 ℃，升温速率为 2 ℃/1 min。而对锦纶来说，染料快速上染在 65～85 ℃。总体来说，分段升温法对于匀染性差染料或纤维，有利于匀染。

4. 染色温度

染色温度即通常所说的染料染色的最高温度。染色温度设计的原则是能够使染料在短时间内完成扩散，保障染色的渗透性，缩短染色时间，提高生产效率，同时保持织物风格不变。染色温度的设计主要取决于染料本身的性能及对所染纤维的扩散性等因素。如纤维素纤维浸染一般采用常温染色，即 95～100 ℃，但使用活性染料染色纤维素纤维时，要考虑活性基的活泼性及水解情况，为减少染料水解，不同活性基染色温度不同，一般采用中、低温染色。

5. 助剂加入时间

在设计工艺流程时，不可忽略的是要标明助剂的加入方式及时间。助剂的加入方式与所用助剂的作用有关。

(1) 缓染剂一般在染色开始前加入。一种方法是先用缓染剂对织物进行前处理，不放去前处理溶液，直接加入化好的染料后染色。第二种是将缓染剂加入到化料桶中，与化料同时进行。

(2) 助溶剂助溶剂是为了促进染料的溶解，使染液稳定，以保证染色质量。一般与化料同时进行。有些助溶剂兼有软化水质的作用如纯碱，则可以预先加入到水中。

(3) 促染剂促染剂的加入要根据染料的上染性能区别对待。匀染性好的染料，促染剂可以早些加入，甚至可以开始加入，如活性染料染棉。匀染性差的染料，促染剂要在中、后期加入，如直接染料染棉，弱酸性染料染蚕丝等，当促染剂用量高时，还要分批加入。

(4) 固色剂染色的固色通常有两种含义。一是针对活性染料染纤维素纤维时，在碱性条件下，染料与纤维发生化学反应形成共价键的过程。二是通常意义上的固色，即染色后通过适当的固色剂（较多采用的是阳离子固色剂）处理，降低染料水溶性，或在织物表面形成无色透明薄膜封闭染料，提高染色牢度的处理。第二种固色实际属于染色的后处理。活性染料染纤维素纤维时，固色剂碱剂的加入对于染料的固着率及染色的匀染性有着重要的作用。碱剂不仅能够促进染料与纤维的反应，还对活性染料的上染起到较大的促染作用。而反应固着后的染料移染性大大下降，一旦固着不匀，匀染性就很难得到保证。在实际染色时，需要严格控制加碱的时间及方式。通常采用一浴两步染色法，即染色一定时间后加碱，且是分批加入。

6. 染后水洗

染后水洗的目的是去除浮色，保障染色牢度及色光稳定性。染色后净洗对染后色光的稳定性至关重要。

(1) 附着在纤维表面的染料（含染料对不同纤维的沾色），对热、光、后整理的化学药品、环境的酸碱性以及温度、湿度等比较敏感，容易发生色光变化。

(2) 织物出水不清，带酸性或碱性，对布面染料色光也会产生明显的影响。如果是活性染料染色，染后出水不清或布面带酸碱性，在高温高湿条件下烘干时，尤其是烘筒接触式烘干，会明显加重染料的水解断键，从而使染料在纤维表面发生严重泳移。这不仅会使布面色光发生变化，还会造成布面匀净度和色牢度严重下降。如果是棉/锦或棉/涤织物，以分散染料单染锦纶或涤纶深色时，若染后出水不清，纤维上留有较多的浮色和沾色，一旦遇到有机溶剂（洗涤油污），如酒精、丙酮、苯、DMF、四氯化碳等，便会发生萃取作用。即有机溶剂将纤维上的浮色和沾色溶解下来，待有机溶剂挥发后，就在布面形成色斑和色圈。即使在有机溶剂的气体中做干洗，也会发生色光的显著改变，造成干洗牢度差。因此，染后清洗一定要净，且不宜带酸碱性。

在实际生产中，经过后整理的染色布色光，在一定时间内为亚稳态。在放置过程中，还会有不同程度的变化。其主要原因有：

（1）织物自身温湿度的变化，对色光的影响最大。

（2）织物上残留的矿物质、重金属化合物（主要来自水质）和后整理剂等，在色布放置过程中，会与染料缓慢地发生复杂的化学作用，引起色光变化。

（3）色布放置过程中，周围环境的酸碱性对色光的影响（尤其对 KN 型活性染料）。为此，染色后清洗，要尽量洗净浮色和沾色。

水洗时的温度与染料的染色牢度及后处理的方法有关。一般溶解性好且染色牢度差的染料，如直接染料、酸性染料水洗温度不宜太高，宜用冷水或 50 ℃以下的温水。染色牢度高、浮色难去除的可用热水，甚至加皂洗或还原清洗。

7. 染色的特殊处理

有些特殊结构的染料，在上染纤维后需要经过一定的处理方能呈现染料应有的颜色。如还原染料、硫化染料染色后的氧化显色。是为了使染料隐色体恢复到不溶性状态，恢复染料正常色光。冰染染料的显色是使色酚与色基重氮盐反应形成染料的过程。严格地说，这些处理属于这类特殊染料染色的必须阶段。

8. 染后处理方式

除了上述水洗外，有些染料还要进行特殊的处理。一是染后固色。对于染色牢度差，不能达到加工牢度指标要求的，染色后要用固色剂进行固色。二是染后皂洗或还原清洗。对于染色牢度好、浮色难去除的染料，染色后要进行皂洗，如活性染料、还原染料染棉，分散染料染涤纶等。且对于分散染料的深、浓色还可根据需要还原清洗。三是酸洗。在染色过程中使用了碱剂，且残留碱剂对织物、染色牢度及人体均有不利影响，为调节出厂织物的 pH 值至中性，染色后要用稀醋酸中和，亦即酸洗。四是防脆处理。部分硫化染料因结构的特殊性，其染后织物在储存过程中会发生脆损，影响织物服用价值，对于这些染料染色后要进行防脆处理。五是根据对手感的要求，还可对织物进行柔软处理。

（二）轧染法

轧染染色时织物受张力大，适合于组织紧密、耐张力的机织物染色加工。如纯棉、纯涤及涤/棉混纺织物。

基本工艺流程：前准备→浸轧染液→（预烘）→汽蒸或焙烘→水洗→固色→染色后处理。

1. 前准备

轧染前准备包括织物准备、染液配制及轧车压力调节。这是任何轧染染色都必须的步骤。

织物准备除了为连续加工需进行的缝头外，还有对织物的指标检测，包括织物强力、毛效、pH 值等。只有这些指标满足轧染的要求，才能保障最终的产品质量。

轧车压力一是检查轧辊各轧点的压力是否均匀，二是轧车压力的大小能满足轧余率的控制要求。

染液配制要根据不同染料的性能进行操作，主要是保障染液的均匀性及稳定性，这是轧染染色均匀的前提。染液配制一个重要的环节，是在轧染开车前对轧槽染液浓度的调整。轧染时染料的上染是依靠织物的毛效对染液的吸收及轧辊的均匀轧压使织物获取均匀的染料分布，其匀染性关键在于织物上带走染液浓度的均匀性。实际上，织物前后带走染液浓度的高低，取决于染料与水对织物纤维的相对直接性。相对直接性不同，对轧槽中染液浓度的调整方

法不同。第一，若染料与水对纤维的直接性相同，则浸轧后织物带走染液的浓度会保持不变。这类染料轧染开车前，不需要调整轧槽染液浓度。第二，若染料对纤维的直接性大于水对纤维的直接性，则织物带走染液的浓度高于轧槽中染液浓度。最终导致前深后浅疵病。如直接染料和活性染料轧染棉织物。这类染料开车前要充淡轧槽中染液浓度，根据直接性大小差异不同，一般加水为轧槽染液体积的10%～20%。第三，若染料对纤维的直接性小于水对纤维的直接性，则织物带走染液浓度小于轧槽中染液浓度，轧染后织物会前浅后深。如还原染料悬浮体轧染棉。这类染料在轧染时对纤维无直接性，轧染开车前要对轧槽中染液浓度加浓。具体加浓比例视染色浓度而定。

2. 浸轧染液

在浸轧染液时，关键的工艺条件设计是轧液率、浸轧的方式及轧液的温度。

轧液率即浸轧后织物的带液率。轧液率高低不同对染色的影响不同，轧液率低，后续加工时不发生泳移，有利于匀染；但过低，织物受张力大，织物易受损伤。轧液率高，织物受张力小，对织物有利，但染料容易在后道工序加工中泳移，引起染色不匀。轧液率控制通常掌握一个原则，即保证染料不泳移的前提下，轧液率尽量高一些。实际加工时，轧液率的高低与织物纤维的吸湿性有关，一般亲水性纤维轧液率高；疏水性纤维轧液率低。如棉织物一般为60%～70%，涤纶织物则为50%～60%。

浸轧方式分为一浸一轧和二浸二轧。浸轧方式主要影响染液的渗透。一般在浸轧染液这道工序时，较多采用二浸二轧。第一道压力小，主要作用是排除织物中空气，在织物中产生一定负压，利于织物对染液的吸收；第二道压力大，是根据轧液率要求设定的。

轧液的温度越高，浸轧时利于织物对染液的吸收，有利于染色的渗透性。但考虑到轧辊是橡胶制品，长期在较高温度下加工容易老化，为了延长轧辊的使用寿命，一般实际在室温下浸轧。如需加热，宜控制在40 ℃以下。

3. 预烘

该工序关键是预烘温度的设定，其次是预烘设备的选用。预烘一方面是为了利于染料向纤维内的扩散，另一方面是为了烘干织物，利于后序加工。在预烘温度设计时，主要考虑两个因素，首先是烘干过程中要避免染料泳移，其次是减少能耗，第三是生产效率。温度过高，有可能引起染料泳移，温度过低，生产效率降低。一般设计预烘温度为80～90 ℃，最高不超过100 ℃。预烘设备的选用一般有三种组合方式：①红外线→热风→烘筒；②红外线→烘筒；③热风→烘筒。其中第一种方式最为高效、节能，但设备投入高。在实际设计工艺条件时，既要考虑上面各因素，又要依据工厂现有设备配置。

4. 汽蒸或焙烘

汽蒸或焙烘的作用是通过加热使纤维膨化，使染料完成扩散。汽蒸或焙烘的温度与纤维的性能有关。一般亲水性的棉织物可采用汽蒸，温度为100～103 ℃；亦可采用焙烘，温度为160～165 ℃。疏水性涤纶织物采用焙烘，温度为190～210 ℃。

5. 水洗

水洗的目的同浸染，是为了浮色的去除。轧染水洗采用的多槽连续水洗，设计工艺的关键是水洗次数及水温。一般，浅、淡色水洗任务轻，可以用2～3个水洗槽；中、浓色水洗任务重，可以用3～4个水洗槽。水洗温度设计同浸染要求。

固色及染色后处理可参阅浸染工艺设计。

第四节　染色打样实例

在掌握了染色打样工艺处方制定的基本原则后，在实际设计染色工艺时，可视不同纤维形态及所采用的不同小样染色设备和方法而定。现例举几个实际的打样案例，供参考。

一、机织物染色打样实例

机织物的打样因织物批量加工所采用的生产设备不同而不同，通常分为轧染法和浸染法打样。

(一) 轧染法染色打样

在生产实际中，轧染法打样的设备通常采用小轧车或连续式小样轧染机来完成，主要用于纯棉、纯涤及混纺织物的打样。纯棉织物轧染常用染料有活性染料、还原染料等。活性染料又分为汽固法和焙固法，双活性基团结构和乙烯砜型活性染料（耐碱性较一氯均三嗪染料差）因为具有良好的色牢度可用于汽固法染色工艺；焙固法由于染料与碱同浴，要求选用耐碱性较高的活性染料。还原染料常用悬浮体轧染法。纯涤织物的轧染一般用分散染料热熔染色，较适合于染深浓色。

下面以纯棉织物活性染料汽固法为例，介绍轧染打样的方法：

1. 织物及色泽

经前处理丝光全棉机织布（织物规格：14.8 tex×14.8 tex，433 根/10 cm×354 根/10 cm，平纹），蓝灰色。

2. 打样设备

RAPID 连续式轧染烘燥小样机（台湾瑞比）。

3. 染料选用及固色液处方

(1) 染液处方：活性 C-R 藏青，2.1 g/L；活性 C-RG 黄，1.1 g/L；活性 C-2BL 红，0.25 g/L。

(2) 固色液处方：氯化钠，200 g/L；纯碱，20 g/L；100%烧碱，3 g/L；防染盐 S，5 g/L。

(3) 皂洗液处方：皂洗液 SN-S，2 g/L。

固色液参考处方

化学药剂	染色浓度				
	0～2 g/L	5～10 g/L	10～30 g/L	30～50 g/L	50 g/L 以上
防染盐 S	5 g /L	5 g/L	5 g/L	5 g/L	5 g/L
NaOH	3 g/L	3 g/L	3 g/L	5 g/L	5 g/L
Na_2CO_3	15 g/L	20 g/L	20 g/L	25 g/L	30 g/L
NaCl	200 g/L	250 g/L	250 g/L	250 g/L	250 g/L

注：对于特殊染料、特殊颜色，需根据需要做适当调整；尤其是 NaOH 用量，反应性低的染料要多加，反应性高的染料要少加。

4. **工艺流程**

浸轧染液(一浸一轧,轧余率 65%~70%)→红外预烘→烘燥→浸轧固色液(一浸一轧,轧液率 65%~70%)→汽蒸(温度 101~103 ℃)→冷水洗→热水洗→酸洗→皂洗→冷洗→烘燥→冷却→对样。

5. **操作步骤及操作注意要点**

将织物剪成 320 mm×140 mm,根据来样色泽,先称(吸)染料,加入一定量水,加入渗透剂,用洗瓶器洗入量筒;配制染液 100 mL,搅拌均匀;加入事先已溶解好的纯碱、防染盐 S,最后加入烧碱,加水至规定量;准备轧染。

确认布的正反面,轧染时,不要将水溅到布上,形成水渍印。布在布夹上要平、直,防止色花条。汽蒸时进布要平,对中,不能皱布进布,否则汽蒸时会产生皱条印。打好的小样,一定要在布上写上染料名称和用量,或用标签纸写上,以备看小样的色光和调整配方。

调节轧车压力,使轧余率为 55%~60%,传动马达 5.5~6 r/ min,风机转速 130 r/ min,烘燥温度 100~105 ℃,红外线半开(大约烘掉总带液量的 20%)。Rapid 汽蒸机调节车速为 90 s,开启直接蒸汽阀给压 9.8 Pa,间接蒸汽不应全部打开,打开少许,汽固温度在 101~103 ℃。调节溢流水阀 40 ℃,调节轧车压力,使轧液率在 70%。

酸洗:醋酸 0.5 g/L,温度 55~60 ℃(防止水解染料和未反应染料沾污)。

皂洗剂:合成洗涤剂浓度 2 g/L,温度 90~95 ℃,时间 1~2 min,热洗。

6. **对样**

染色小样打好后,要根据客户要求,在客户合同指定的光源下核对色光,如目测有疑义时,可采用电脑测配色仪器来进行判别,若色差达不到要求,再进行调整,当符合来样的色差等级时,记下染色处方,以便放大样时参考。

(二) 浸染法染色打样

浸染就是将被染织物浸渍于染液中,通过染液循环及与被染物的相对运动,借助于染料对纤维的直接性而使染料上染,并在纤维上扩散、固着的染色方法。浸染时,染液及染物可以同时循环,也可以是单一循环。根据染色温度不同,分常温常压染色和高温高压染色。[1]通常采用的小样染色机有常温常压电热水浴锅、自动振荡常温染色小样机和高温高压染色小样机。棉织物、蚕丝织物、腈纶织物采用常温常压染色小样机,涤纶织物采用高温高压染色小样机。

1. **蚕丝织物染色打样**

蚕丝织物打样一般采用弱酸性染料、活性染料浸染法。

(1) 织物种类及色泽

织物种类:真丝九霞缎;色泽:妃红色。

(2) 打样设备

振荡式染色小样机。

(3) 染色及固色处方

① 小样质量:2 g/份。

② 染色处方:普拉桃红 BS,0.4%(o. w. f.);平平加 O,0.5 g/L;元明粉,20 g/L;醋酸,0.5 g/L;浴比:1∶30。

③ 固色处方：环保固色剂 ZS201，3%(o. w. f.)；平平加 O，0.1 g/L；冰醋酸，0.2 mL/L。

④ 温度：40～50 ℃。

⑤ 时间：20～30 min。

(4) 工艺流程

织物润湿→染色→后处理→冷水洗→烘干。

① 染色工艺曲线：

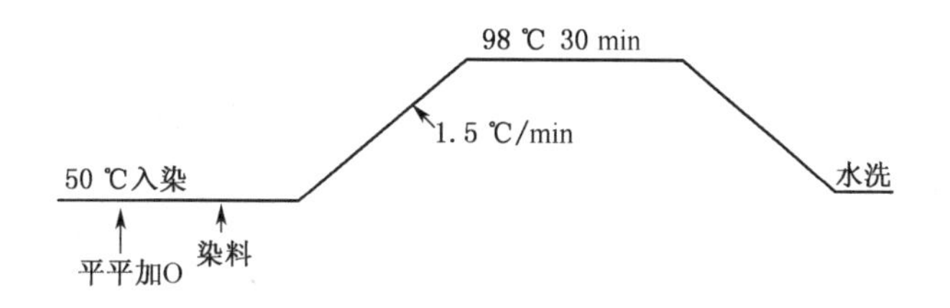

② 后处理：先以流动冷水冲洗一次，继以 40 ℃温水和冷水洗，再经固色处理。

(5) 打样操作步骤

① 根据打样处方计算所需的染料量，选择合适的染料母液浓度，计算出所需的母液体积，吸取规定量的染液于烧杯中，加水至规定浴量，同时加入规定量的匀染剂平平加，放置于恒温水浴锅(或振荡式小样机)中，升温至规定始染温度。工艺曲线如图所示。

② 称取事先已经过前处理的织物 5 g，用温水浸泡润湿并挤去水份，投入染杯中染色，并不断搅拌和翻动织物，染色 10 min 后，加入食盐或元明粉(中浅色可一次加入，深色应分批加入)，续染 15～20 min。

③ 将染液逐渐升温至规定固色温度，保温续染 30 min。

④ 染色完成后，取出织物分别经过冷水洗、皂洗、热水洗、冷水洗、再经固色处理，烘干、熨烫、贴样等。

(6) 注意事项

① 染色过程中要经常搅拌和翻动织物，尤其是开始染色和加入助剂后的前 5～10 min，并注意翻动织物时尽量不要让织物露出液面。

② 加入助剂时，要将织物取出加入，待搅拌均匀后再放入织物并继续搅拌。

③ 染色温度较高时，要加盖表面皿，防止染液蒸发，引起浴比的改变。

④ 水洗浴量一般控制在 300 mL 以下为宜。

⑤ 核对色光须在固色后，以免因固色处理使色光变化而影响判断的准确性。

2. 涤纶机织物染色打样

(1) 织物及色泽

织物种类：150 den×150 den(16.7 tex×16.7 tex)涤纶；色泽：橘红色。

(2) 打样设备

高温染色小样机。

(3) 染色及还原清洗处方

① 染色处方：分散红 3B(200%)，0.6%(o. w. f.)；分散黄 RGFL，0.3%(o. w. f.)；分散剂 841，1 g/L；醋酸 1 g/L；消泡剂，适量；浴比：1∶15～1∶20。

② 还原清洗处方：保险粉，1 g/L；纯碱，0.8 g/L。

(4) 染色工艺曲线

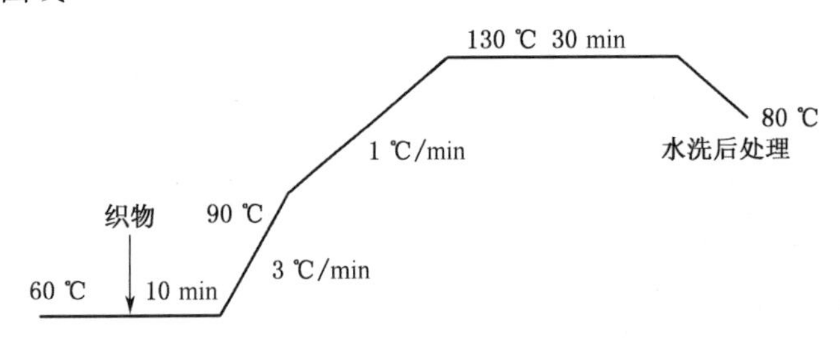

(5) 操作步骤

① 根据打样处方计算所需的染料、助剂量，并选择合适的染料母液浓度进行配制后，准确称取。

② 吸取规定量的染液放入不锈钢染杯中，用规定量的分散剂和少量冷水调匀，加入规定量的磷酸二氢铵(或冰醋酸)后，加水至规定浴量待用。

③ 将事先用温水浸泡并挤干水份的织物投入染杯中，搅拌均匀，加盖拧紧后，按图示工艺操作曲线编程。

④ 将染杯装入高温高压小样机内，启动小样机，并按编程的工艺操作曲线动行。

⑤ 程序运行结束，关闭电源，按操作要求取出染杯，冷却(可放入自来水中)至 100 ℃以下后，打开染杯盖，取出织物进行水洗、皂洗(一般采用肥皂 5 g/L，纯碱 2～3 g/L，浴比 1∶30，温度 95～98 ℃，时间 5 min)、水洗、烘干、熨烫、贴样等。

(6) 注意事项

① 不锈钢染杯染色时要密封，但杯盖不宜过紧，即用力不宜过大，以不漏染液为准，防止因胶垫变形而缩短其使用寿命。

② 打开染杯盖时，必须控制在 80 ℃以下，用左手拿稳染杯，握住杯盖，右手旋开。

③ 为了保证染料用量的准确性，吸取染料母液前要先摇匀。

二、针织物染色打样实例

(一) 纯棉针织物染色打样

纯棉针织物的打样采用浸染法。打样织物质量一般为 10 g；也可以根据各企业的习惯，采用 4 g 或 5 g。生产实例如下：

1. 织物及色泽

织物：100 g/cm^{2}纯棉针织汗布；色泽：棕色

2. 打样设备

常温染色小样机。

3. 染色处方

采用上海万得化工有限公司的 MegafixBES 活性染料。

活性黄 BES，1.8%(o.w.f.)；活性红 BES，0.54%(o.w.f.)；活性黑 BES，0.6%(o.w.f.)；元明粉，30 g/L；纯碱，10 g/L。

小样质量：10 g；母液浓度：10 g//L；浴比：1∶15。

4. 染色工艺流程

练漂半制品→(水洗润湿)→染色→固色→水洗→皂煮→热水洗→冷水洗→脱水→烘干。

工艺曲线如下：

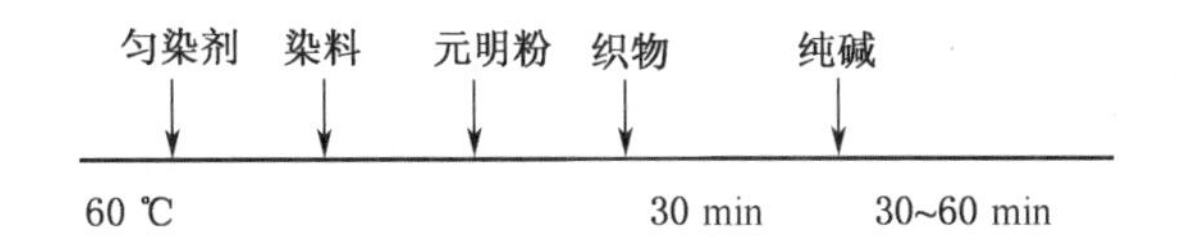

5. 操作步骤

① 输配方/吸料：把相对应的打样杯放在滴液机托盘上。将配方上的织物质量、浴比、染料名称（用代号）输入电脑内，吸料。

② 根据配方称取规定量的元明粉和纯碱。

③ 在电子天平上称取规定量的织物，误差为±0.01 g。

④ 检查染杯摆放顺序是否与配方卡要求一致；开电源开关前，事先检查小样机内的水位高度，摇摆机水位以高于锥形瓶放置板 2～8 cm 为宜，翻滚机水位以低于滚轴中心 2～10 cm 为宜；检查各染杯染液颜色是否与配方卡颜色要求一致，若有异常，立即检查原因。

⑤ 将已称取的元明粉，加入对应的染杯中，震荡使之溶解，将织物放入染杯中，摇匀，防止染花。

⑥ 盖上瓶塞，按工艺要求，进行染色，并用闹钟定时。

⑦ 小样机若为摇摆式，速度尽可能快些，但不使染液溅出；小样机若为翻滚式，检查是否锁紧，并按下转动开关，使之翻滚。

⑧ 按工艺要求，依次加入余下的纯碱，每次加入均要求将织物拨到染杯一边，摇匀，不能直接将纯碱加到织物上，以防染花。

⑨ 染色时间到，拿出用冷水洗涤，以防沾色。

⑩ 皂洗：将配好的 2 g/L 皂洗液，按 1∶15 加入皂洗杯中，置于 98 ℃±2 ℃的小样机中运行 15 min，拿出充分洗净，脱水。

⑪ 将脱水后的织物拉平，置于 100 ℃±10 ℃烘箱中，约 10 min。

（二）涤/棉针织物染色打样

目前，涤棉针织物（中深色）打样一般采用二浴法，即先用分散染料染涤纶，后用棉用染料套染棉。打样织物质量一般为 10 g；也可以根据各企业的习惯，采用 4 g 或 5 g。生产实例如下：

1. 织物及色泽

织物：230 g/m^2，65/35 涤/棉针织汗布；色泽：大红色。

2. 打样设备

高温染色小样机和常温染色小样机。

3. 染色及还原清洗处方

母液浓度：10 g/L；浴比：1∶15。

分散染料（浙江龙盛染料公司产）染色处方：分散红玉 S-5BL，1.5%（o.w.f.）；分散黄棕 S-4RL，0.3%（o.w.f.）；分散蓝 H-BL，0.1%（o.w.f.）；HAc，0.5～1 g/L（调节 pH 值为 4.3～4.7）；匀染剂 T-R，1～1.5 g/L。

还原清洗处方：片碱 1%～2%；保险粉 2%～4%。

温度：95～98 ℃。

时间：10～20 min。

活性染料(上海染料八厂产)染液处方:活性红 MF-3B,3%(o. w. f.);活性黄 MF-3R,0.5%(o. w. f.);活性蓝 MF-B,0.2%(o. w. f.);元明粉,50 g/L;纯碱,15 g/L。

皂洗液:合成洗涤剂 2 g/L。

4. 染色工艺流程

织物润湿→染涤纶→还原清洗→过酸→套染棉→固色→水洗→皂洗→热水洗→冷水洗→脱水→烘干。

染涤纶工艺曲线:

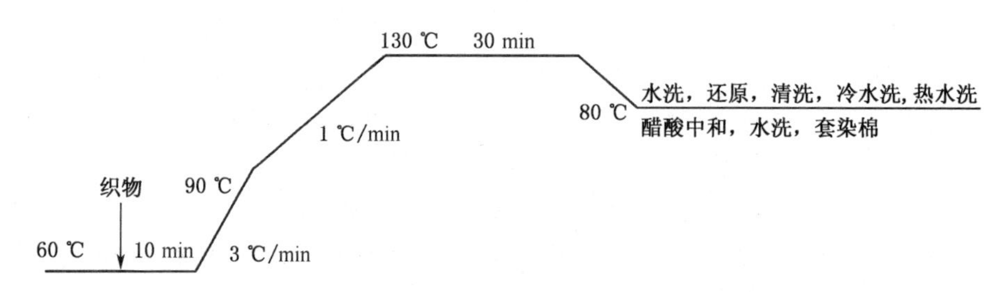

染棉工艺曲线:

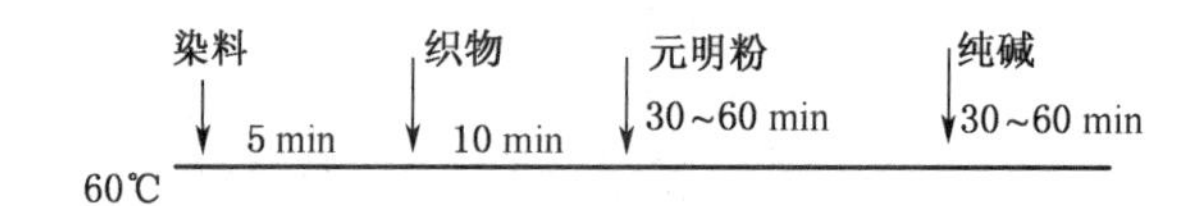

5. 操作步骤

(1) 用分散染料染涤纶

① 根据打样处方计算所需的染料、助剂量,并选择合适的染料母液浓度进行配制,然后准确称取。

② 吸取规定量的染液放入不锈钢染杯中,加入规定量的匀染剂,用少量冷水调匀。加入磷酸二氢铵(或冰醋酸)调节染液 pH 值为 5~5.5,加水至规定浴量待用。

③ 将事先用温水浸泡并挤干水分的织物投入染杯中,搅拌均匀,加盖拧紧。

④ 将染杯装入高温高压小样机内,启动小样机,并按编程的工艺操作曲线运行。

⑤ 程序运行结束,关闭电源,按操作要求取出染杯,冷却(可放入自来水中)至 100 ℃以下,打开染杯盖,取出织物。先进行水洗,然后加入事先配制的还原清洗液进行清洗,再经冷水洗、热水洗、冷水洗。洗毕,加适量的冰醋酸中和,水洗。

(2) 用活性染料套染棉

① 按处方准确计算,并称取所需的染料、助剂量,在干净的染杯中配制染液。

② 吸取规定量的染液放入不锈钢染杯中,加入规定量的元明粉,加水至规定浴量待用。

③ 将已染涤纶部分的织物挤干水分,投入染杯中,搅拌均匀。

④ 将染杯装入常温小样机内,启动小样机,升温至工艺规定温度,保温染色 30~60 min;加入规定量的纯碱,保温 30~60 min。

⑤ 拿出用冷水洗涤,以防沾色。

⑥ 皂洗:将配制好的合成洗涤剂 2 g/L,浴比 1∶15~1∶30,置于 95~98 ℃的小样机中运行 10~20 min,拿出充分洗净,脱水。

⑦ 将脱水后的织物置于 100 ℃±10 ℃烘箱中，烘干。

6. 注意事项

① 确定前处理后的布面要呈中性，以免影响染色的 pH 值。

② 染色前做好染液 pH 值的测试工作，保证 pH 值控制在工艺要求范围内。

③ 分散染料染色后的还原清洗一定要干净，以免影响活性染料染色色光的准确性。

④ 必须控制好套染时织物的含水率，有条件可采用脱水机脱干。

⑤ 特别注意织物染色完毕后，待高温机降温到 80 ℃以下时再取出以确保操作的安全性和布面质量。

(三) 腈纶针织物染色打样

腈纶针织物一般均采用阳离子染料进行染色打样。

1. 织物及色泽

织物：18.5 tex×8.5 tex/2 腈纶针织布，260 g/m^2；色泽：橘黄色。

2. 打样设备

振荡式染色小样机。

3. 染色处方

阳离子黄 X-8GI，0.015%(o. w. f.)；阳离子桃红 FG，0.005%(o. w. f.)；缓染剂 1227，0.4%(o. w. f.)；醋酸(98%)，2～3%(o. w. f.)，调节 pH 值为 3.6～4；醋酸钠，1%(o. w. f.)；元明粉，5%(o. w. f.)；浴比：1∶40。

4. 染色工艺曲线

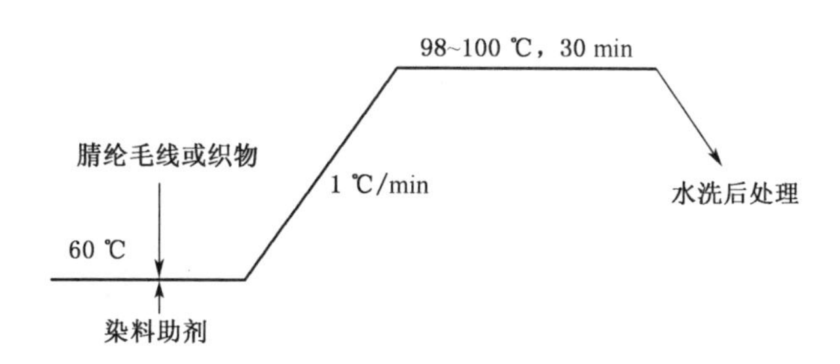

5. 操作步骤

① 按打样处方准确计算和称取所需的染料、助剂量，并在干净的染杯中配制染液。

② 将染杯放置于恒温水浴锅(或振荡染色小样机)中，升温至规定始染温度。一般工艺操作曲线如图示。

③ 将事先用温水浸泡的纱线或织物挤去水份，投入染杯中染色，并及时搅拌和翻动织物，升温至规定染色温度后，保温续染 30 min。

④ 染色完成后，取出织物进行水洗、后处理、烘干、贴样等。

6. 注意事项

① 染色过程中要经常搅拌和翻动纱线或织物，注意不宜让被染物露出液面，造成染色不匀。

② 染色温度较高时，为了防止因染液蒸发，引起浴比的改变，需加盖表面皿或注意补充沸水。

三、散纤维染色打样实例

散纤维具有得色均匀且透彻的特点，但由于散纤维间隙较大，在染色中容易散乱，所以一般采用将被染物填装在适当的容器里，通过染液循环的方式进行染色。散纤维染色可用于纯纺或混纺纤维，也可先将一种或一种以上的散纤维分别打样后，再按照混纺比例进行混毛，散纤维打样均采用浸染法。为几种散纤维原料混纺时，打样需先将几种原料单独打样，然后按原样的混纺比例混毛而成。因混纺纤维染色工艺涵盖了纯纤维染色，下面以纤维混纺夹花染色打样为例，介绍散纤维的打样方法。

1. 纤维种类

夹花藏青散纤维(80%羊绒，10%棉，10%拉细羊毛)。

2. 打样设备

智能型染色小样机 SD-16(厦门瑞比)。

3. 染色

(1) 羊绒散纤维染色

小样质量 4 g，母液浓度 1 g/L，浴比 1∶20。

染液处方：兰纳洒脱藏青 R，4.5%(o. w. f.)；兰纳洒脱黑 B，0.3%(o. w. f.)；阿伯格 SET，1 g/L；阿伯格 FFA，0.3 g/L；HAc，4 g/L。

皂洗液处方：209 净洗剂，2 g/L；合成洗涤剂，1 g/L。

温度：60 ℃。

时间：5 min。

染色工艺曲线：

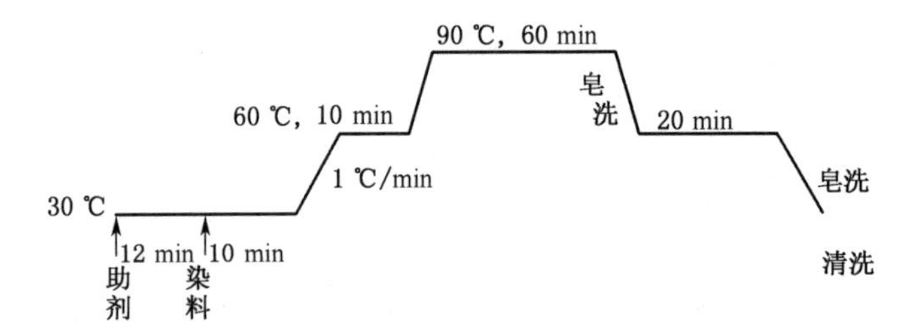

操作步骤如下：

① 配好染液，称 4 g 羊绒润湿备用。

② 按处方吸染液，加入规定量的助剂，调节 pH 值 4～4.5，加水至 80 mL。

③ 放入需染色的羊绒，以 1 ℃/ min 的升温速率升温至 98 ℃染色，保温 1 h。

④ 洗净、脱水、烘毛。

⑤ 用钯子把羊绒钯均匀。

⑥ 搓线，织片。

⑦ 把片子洗干净，烘干，冷却，对色。

(2) 纯棉散纤维染色

染液处方：雅格素黑 F6R，3.0%(o. w. f.)；雅格素蓝 BF-B，R 0.4%(o. w. f.)；元明粉，45 g/L；纯碱，15 g/L。

染色工艺曲线：

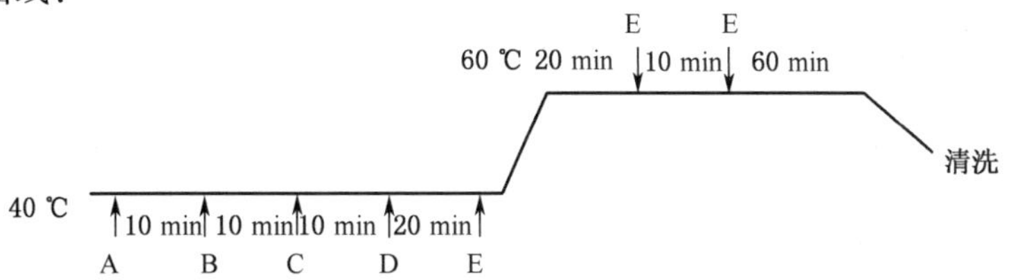

（注：A 加入染料；B 加入 1/5 元明粉；C 加入 3/10 元明粉；D 加入 1/2 元明粉；E 加入 1/3 纯碱）

皂洗液处方：209 净洗剂，2 g/L；合成洗涤剂，1 g/L。

温度：98 ℃。

时间：5 min。

(3) 拉细羊毛散纤维染色

染液处方：兰纳洒脱 2R，0.8%(o.w.f.)；阿伯格 SET，1 g/L；阿伯格 FFA，0.3 g/L；HA_C，1 g/L。

染色工艺曲线：

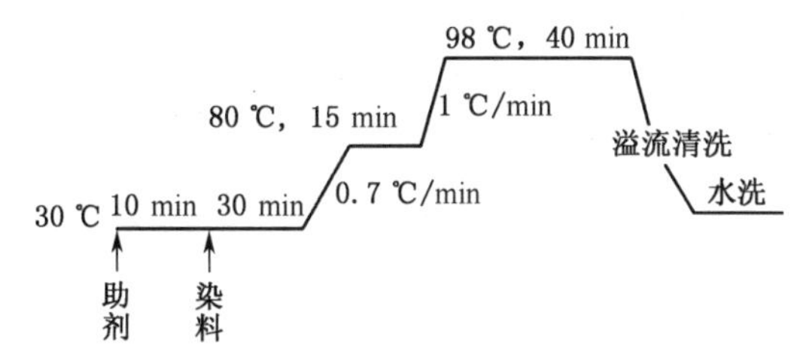

皂洗液处方：209 净洗剂，2 g/L；合成洗涤剂，1 g/L。

温度：60 ℃。

时间：5 min。

三种散纤维分别染好后，由打样人员按原料比例，即 80%羊绒、10%棉、10%拉细羊毛拉成上机样，符合来样后交纺厂。

4. 注意事项

① 染液应随用随配，特别是活性染料。

② 吸液要精确，要保持吸管中的液面与视线平行。不同的染液要用不同的吸管吸液。

③ 浴比要与大生产时的浴比一致，以保证大生产时颜色的重现性。

④ 加醋酸时，应稀释 10 倍，并保证染液的 pH 值为 4～4.5。

⑤ 小样和毛时，要使用分析天平，并精确到 0.000 1 g，以防止大生产时误差增大。

⑥ 使用的钯子要干净，不能混入异色毛，以免影响色泽的纯正。

⑦ 烘燥时，要注意等羊绒或片子冷却后，才能和毛或对色。

⑧ 搓线要均匀，条感要一致，不能沾上颜色或油污等。

⑨ 片子织好后，要洗干净，烘干，冷却后对色。

⑩ 混纺打样时，应注意严格按照客户所定的成分比例打样；在和毛时，一定要钯均匀，特别是棉，黏胶等纤维与羊绒混纺时要特别注意。

四、筒子纱染色打样

筒子染色是将纱线卷绕在具有多孔的特制不锈钢或塑料筒管上，并将其串集在一起，置于密封耐压的不锈钢容器内，加入经过小样试验后所确定的染化料，在一定的温度下，通过泵的作用，染液反复从筒子纱层外部流向内部，或从内部流向外部，往返穿透使染料分子均匀分布在纤维纱线上，并使其形成具有一定坚牢度的色泽是加工过程。

（一）小样打样准备

（1）根据来样色纱的用途、纤维原料、纱支、加工要求及后整理工艺等情况，先初步确定所采用的工艺和染料。

（2）根据企业现有的生产设备的配置情况和用户的要求和计划，初步确定打样工艺条件，采用与大生产相同的工艺流程和工艺条件。

（3）根据来样使用电脑测配色系统确定打样基本处方；或查对打样历史处方，经调整后确定。

（4）根据来样所要求的原料及纱支，结合打样数量用测长仪摇取规定长度或用电子天平称取规定质量的纱线，但必须注意的是，如采用测长仪摇取规定长度纱线的方法，只适合于同一厂家同一批次的纱线，否则，即使绕的圈数相同，质量也有较大差异。一般小样用纱线应使用经过大生产前处理的半制品。

（5）准备工作完成后可进行打样。

如果织物需后整理（如丝光、加白等）也应该模拟后整理条件对色纱进行处理。

（二）小样纱质量的确定

打样纱的质量，有的企业采用 2 g，而有些企业采用 5～10 g。打样纱质量大，对大样重现性有利，但过多则小样易染花，所以小样纱的质量要根据实际情况来确定。

纱线计量要准确，小样用纱量必须精确到 0.01 g，不能以传统的绕圈数来计算，同时要考虑纱线回潮率的因素。

（三）小样打样实例

1. 纱线及色泽

纱线：18.5 tex 单股精梳棉纱（小样纱质量为 5 g）；色泽：灰色。

2. 打样设备

振荡式小样机。

3. 染色处方

采用活性染料染色。

染液处方：活性红蓝 MSB，0.6%（o. w. f.）；活性黄 MF-3R，0.4%（o. w. f.）；活性红 MF-3B，0.3%（o. w. f.）；棉用匀染剂 TF-210A，1.0 g/L；元明粉，25 g/L；纯碱，8 g/L。

浴比：1∶10。

4. 染色工艺曲线

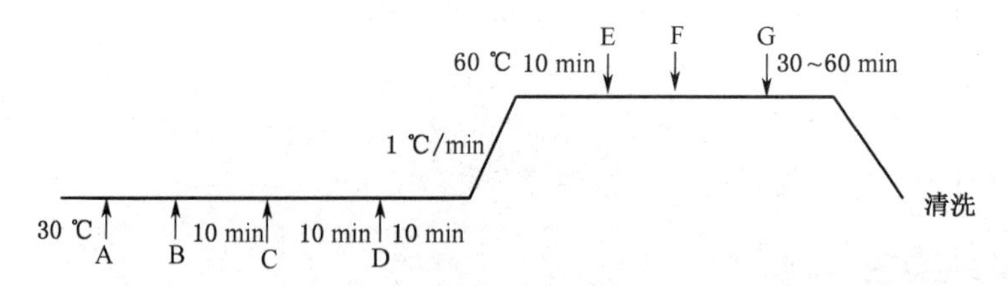

（注：A 加匀染剂；B 加染料；C 加 1/3 元明粉；D 加 2/3 元明粉；E 加 1/6 纯碱；F 加 2/6 纯碱；G 加 3/6 纯碱）

5. **操作步骤**

① 纱线润湿挤干，达到一定的含湿率(也可用小型离心脱水机脱干)。

② 根据处方吸取染液，放入染杯中并加入匀染剂，搅拌均匀，加水至染浴规定体积。

③ 将纱线放入染杯，然后将染杯置于水浴锅或震荡式打样机中，运行 10 min，加入 1/3 量元明粉，再运行 10 min，加入 2/3 的元明粉，运行 10 min，以 1 ℃/ min 升温至 60 ℃，保温 10 min后，加入 1/6 纯碱，运行 5 min，加入 2/6 纯碱，再运行 5 min 加入 3/6 纯碱，保温运行 30 min至 60 min。

(4) 降温皂洗，过酸，清洗，烘干。

6. **注意事项**

① 由于筒子纱打小样与大生产时，浴比差异较大，如高温高压筒子纱染色机和常温常压筒子纱染色机，其浴比一般均为 1∶5～1∶6，但化验室打样时由于设备及打样匀染性要求，浴比一般在 1∶10～1∶12 之间，打小样后开生产处方，要根据色泽深浅进行一定调整；

② 加元明粉或纯碱时，要用玻璃棒把纱线拨到一边，待元明粉或纯碱溶解搅拌均匀后，再放入织物并继续搅拌；

③ 染色时，要加盖染杯盖(锥型瓶要加木塞)，防止染液蒸发，引起浴比的改变；

④ 烘干时纱线要摆放均匀、平直，以防由于纱线烘干不均匀而造成色差。

对一些匀染性较差的染料和容易染花的染料，可采用“预加碱升温法”，使染液在低温下呈弱碱性，通过缓慢升温(1 ℃/ min)和保温，提高匀染性，减少内外层差。

“预加碱升温法”染色工艺曲线：

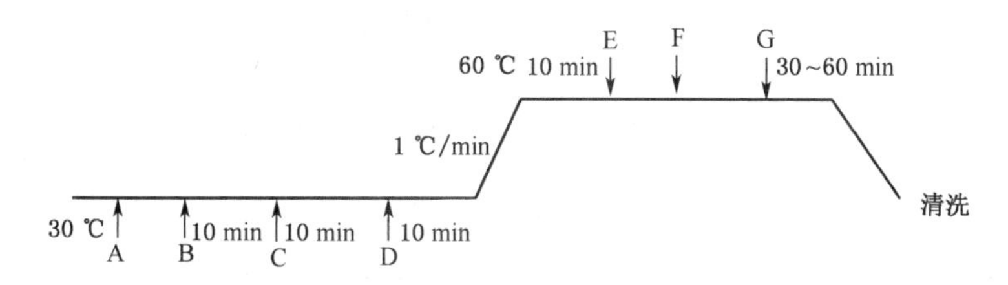

(注：A 加匀染剂；B 加染料；C 加元明粉；D 加 1～2 g/L 纯碱；E 加 1/6 纯碱；F 加 2/6 纯碱；G 加 3/6 纯碱)

思考题

1. 染色打样处方指的是什么？工艺流程、工艺因素指的又是什么？
2. 浴比如何影响染色的质量？
3. 浸染法染色工艺条件中升温速率的控制对产品质量有何影响？
4. 影响染色加工的主要工艺参数有哪些？

第七章 对色与调色

第一节 概　　述

对色又称为对样、符色、符样、测色或比色，是指将染色后的试样（以下简称试样）与标样（或称为来样、原样）放在一起，在规定光源下进行色泽的对比，以判断两者色泽的差别。对色包括分析色光的差异和浓淡（习惯上称深浅）的差异。通常将两种颜色给人以色觉上的差异叫色差。色差是印染产品质量的重要指标，色差的准确测量或配色人员对色彩差异的准确判断对于提高配色效率及交货速度非常重要。这是因为客商和生产厂家总是希望生产的产品颜色在规定的允许范围内与要求的颜色尽可能相同。但是，配色是一项比较复杂而细致的工作，一方面因为颜色的种类非常多，需要了解各种染料的性能。二是物体的颜色会因光源的光谱成分、亮度、照射距离、照射角度、物体的大小、形状、表面结构、观察视距、物体周围环境以及观察者生理、心理状态的不同等因素而变化。对于配色工作者来说，了解各种因素对颜色的影响，有利于对色时掌握合适的条件，提高对色的准确性。

一、光源

（一）光源及其成分

众所周知，当光照射在物体上时，有可能发生三种情况，即透射、反射和吸收，即物体的颜色是物体对入射光发生了透射、反射及吸收的综合作用的结果，物体的颜色与其吸收光的颜色呈互补关系。物体对入射光所表现出来的这种特性称为物体的光学特征。自然界中的每种物体都有各自的光学特征，在太阳光的照射下会呈现出不同的颜色，这种颜色叫物体的固有色。通常物体固有色是不变的，但当光源中缺少某一波长范围的单色光，而这种单色光恰好又是被照射物体的颜色时，则在这种光源下不能显示出被照物体的固有色。例如，在黄焰的石蜡灯光下，青色看起来就成了黑色，这是因为石蜡灯光谱中不存在波长短的光波。又如在水银蒸汽灯光下，红色看起来也成了黑的，这是因为水银蒸汽灯中缺少红色光波的缘故。而对于白色物体，光源变成什么色，物体就呈什么色。所以说，物质的颜色只有在全光谱光的情况下，才能真实地得以反映出来。否则，就不可能反映出物质颜色的本来面貌。人们常说的灯下不观色（不辨色），就是这个原因。

当照明条件发生变化或是环境发生变化时，同一物体所呈现的颜色可能相同也可能不同，这就是所谓的同色同谱和同色异谱现象。若两个颜色试样在任何光源下观察都完全等色，则称为同色同谱。如果两个试样在某一光源下观察是等色的，而在另一种光源下观察是不等色的，则称之为同色异谱。也就是说，同色异谱性质的颜色在太阳光、日光灯、钨丝灯等光源下观

察，看起来是不一样的。即产生所谓的“跳灯”现象，这就为对色工作带来很多的不便。在实际生产中，常因对色光源不同为企业与客户之间造成了很多的分歧。

为了评定试样是否存在同色异谱现象，可用高显色指数的D65光源观察后，再用国际照明委员会(CLE)推荐的A光源(A光源由溴铝灯获得，色温为 T_c= 2 856 K±10 K，一般显色指数 $Ra \geqslant 98$)对试样进行观察对色，若在D65光源和A光源下试样颜色相同则为同色同谱；如果试样颜色不一致，则为同色异谱。

就目前来讲，除了自然北光因一天中时间的变化引起的光线强弱的变化，导致对色光源不同外，即使标准光源箱，如D65标准光源，不同厂家生产的灯管或灯箱在光源成份上也有差异。所以，一般化验室在配置标准光源箱时，一般配置不同厂家的产品，以便在对色时最大程度地满足客户的不同需求。

(二) 光源照度

物体的各个受光面由于距光源的距离不同，则光的入射角也不同，导致了物体各个面上的照度也不一样，这样物体表面就有了明暗层次，从而各部分呈现的颜色也不尽相同，并且这种不同比人们想象的更复杂。例如：一个表面光滑的绿色瓷瓶其高光处呈现刺目的白色，暗调部分颜色则十分复杂。在对色时，要求标样及试样平整，且将标样与试样放在同一平面上。

二、对色人员

(一) 对色人员个体差异

每个人的眼睛的灵敏度总是稍有差别的，甚至认为色觉正常的人，对红或蓝的辨色也可能有所偏差；且随着年龄的增大，视力的减弱或晶状体发生黄变等因素，对色彩的敏感性降低，一般对色差的判断能力变差。

(二) 颜色适应现象的影响

颜色适应指人眼在颜色刺激的作用下所造成的颜色视觉变化。例如，当眼睛注视绿色几分钟之后，再将视线移至白纸背景上，这时感觉到白纸并不是白色，而是绿色的互补色——品红色，但经过一段时间后又会逐渐恢复白色感觉，这一过程称为颜色适应。由于这一适应过程的存在，当背景上的颜色消失后，会留下一个颜色与之互补、明暗程度也相反的像，这种诱导出来的补色时隐时现，多次起伏，直至最后消失。颜色适应的这种后效称为负后像。

(三) 视觉疲劳

人眼及其视神经系统在颜色的频繁刺激后容易疲劳，严重时甚至导致对某些颜色信号的错误判断。

由于这些因素，同一种颜色在不同的人看来是有差异的。要完全克服这种差异，可借助于色彩色差仪等仪器进行检测。

三、对色方法

(一) 视距的差别

视距远近的不同，所观察到的颜色会有一定的差距。距离物体过远或过近都不能准确地得出物体的固有色，过远观察时物体显得发灰。一般要求对色观察距离在30～40 cm范围内。

(二) 目测对色方向与织物经纬向差异

当我们从两个稍稍不同的角度观察一个物体时，被测物上的某点看起来会有明暗之差，这就是颜色的方向性特性。特别是涂料加工的产品表现更为突出。另外，一般来讲，光线都是向不同方向发射的，可见光在某一特定方向角内所发射的光通量就叫作光强，不同角度的光强是有差异的。如果布面特殊，经向对色与纬向对色就有差异。目光与色样及光源方向不同，在视觉上有色光差异。如大家在看电脑图像时一样，有的角度看起来清晰且色彩饱和度好，有的角度图像看起来不清晰。因此，在对色时，标样与试样经纬向尽可能一致。而目测方向宜与色样平面方向垂直或成45°角。

四、标样与试样

（一）标样与试样尺寸

有人在检查了墙纸的小块样片以后，选择了他认为很好的一种，但当墙纸贴到墙上之后，却又觉得太亮了。根据小面积的色样去挑选大面积的物体常会产生这种视觉的差异。这就是所谓的面积效应，即覆盖在大面积上的颜色比覆盖在小面积上的看起来更明亮和更鲜艳。为此，在目测对色时，染色试样与标样尺寸大小应相同，以防止因目测面积不同引起的色彩视觉上的差异。

（二）标样与试样表面的差别

物体表面结构致密、光滑，则对光的反射能力就强，如缎纹组织的织物，这类物体的颜色就鲜艳、明快，但也容易产生镜面反射失去固有色。粗糙表面的物体固有色表现较强，而且不易受环境色干扰。

五、对色背景

放在明亮背景之前的物体看起来要比放在暗淡背景之前的显得灰暗，这称之为对比效应。由于对比效应，会影响人们对颜色判断地准确性。在进行目视对色时，观察者的判断也易受周围彩色物体的影响。因此，观察者所穿着的衣服应为中性色，且在对色的视场中，除标样与试样外，不允许有其他彩色物体存在，不应有彩色物体（如红墙、绿树等）的反射光。这也是一般标准光源灯箱内壁设置为中性灰颜色的原因。

第二节　对　色

常用对色方法分为：①目测对色；②分光测色仪对色；③分光测色仪对色与目测对色结合使用。

对色方法不同，及对色采用的灰卡标准不同，色差的表示方法及色差级别也有差异。在实际打样对色时，通常以客户要求或交货方式不同灵活选用对色方法。如出口产品以网上交验货方法进行贸易时，通常以分光测色仪或指定光源下所测色差数值为对色方法。国内客户进行染色加工时，可根据需要采用不同方法或多种方法并用。

一、目测对色法

目测对色法又称人工肉眼对色法或视觉对色法，是一种用眼睛辨别颜色深浅，以确定配色试样与标样色泽差别的方法。对色时，可以在自然北光或标准光源下，将染色试样与标样并排

放置，与灰色变色样卡作对比，评定色差级别。目测对色法方便易行，也不需要多少理论基础和特殊设施。但若客户要求提供精确色差值，如网上确认色样的出口产品，就需要具有一定的观测条件，如色差仪或电脑测色配色系统等，并且观测者应具有一定色度学知识。另外，对色者经验丰富与否直接影响检测结果的准确性。

(一) 光源选择

因为不同光源拥有不同的辐射能量，在照射到物品上时，会显现不同的颜色。印染生产中的颜色管理是非常复杂的一个环节，化验员虽然已仔细地对比过标样与试样的颜色，但因为环境光源不标准或与客商所使用的光源不一致，不同光线下所看到的颜色各异，尤其是同色异谱的颜色，产品色差很难判定。客商验货时会因为色差超出标准范围而投诉，甚至退货，从而严重影响了企业信誉及效益。解决上述问题的有效方法，就是在染色打样、生产对色及验收产品的颜色时，必须在相同的光源及可控制的条件下进行。

目视对色法可以采用自然光亦可用标准光源。

1. 自然光

自然光分为南窗光线和北窗光线，南窗光线一天中光照强度及光源成分变化大，不宜作对色光源。北窗光线柔和且相对稳定，通常采用的是光照从日出 3 h 以后到日落 3 h 以前的北窗光，且要求光照均匀，照度不小于 2 000 lx。

实际在一天之中，光源的光谱成分随光照方向而变化。当太阳光斜射时，能量被（云层、空气）吸收较多，长波光线所占的比例增加，短波光线所占比例减少，入射光中橙红色成分光偏多。反之，当太阳光直射时，能量被吸收较少，光谱成分中短波比例增加，长波光线所占比例减少，光就偏蓝。所以一天中，太阳光的成分是不同的，呈现由橙红至白至蓝的变化。另外，在高纬度的地区，太阳光的颜色偏蓝；在低纬度的地区，太阳光的颜色偏红。且自然光在晴天、阴天、雨天时会有差别，而且来自窗户的采光条件也有所不同。因此，在条件许可的情况下，对色时最好采用标准光源。

2. 标准光源

标准光源种类繁多，具体各光源的特性如下：

(1) D65 光源。又称为人造日光光源，是纺织、汽车、零售、塑料、油漆及印刷业的国际标准。

(2) A 或 F 光源。白炽灯，家庭及橱窗照明用光。

(3) CWF 光源。属冷白光，主要用于美国的办公室及橱窗照明。

(4) U30 光源。属冷荧光，是典型的办公室、橱窗用照明。

(5) TL83 或 TL84 光源。属冷荧光，是欧亚地区典型办公、零售用照明。

(6) HOR 光源。简称为 H 光源，为水平日光，属检测用光。

(7) UV 光源。是紫外光，用于检测荧光染料和增白剂的存在。

一般在接单时，订单都注明用何种光源对色。只要按客户订单要求在规定光源下进行打样对色，便能在一定程度上控制色光。可是由于各制造厂商的灯箱型号不同，其光源种类和数量也有不同，且不同灯箱厂家生产的相同型号的标准光源在波长能量分布上有差异，应慎重考虑选购。例如香港 KMS 颜色科技有限公司的灯箱有 D、A、CWF、TL84、HOR、UV 等六种标准光源，慧思公司的灯箱有 D65、A、CWF、UV 四种光源。国际上常用的标准光源箱有英国的 Verivide 和美国 CretagMacbeth 公司的灯箱产品，其他还有 TILO 天友利对色灯箱、

YG982A 标准光源箱、T60(5)、P60(6)及 CAC-600 系列标准光源灯箱等。对不同的客户，一定要严格按客户具体情况选用；没具体要求的，一般选用 D65 光源。

需要注意的是，当对色时，外界光线如阳光或办公室日光灯的光线渗入对色灯箱时，会造成光源偏离，导致对色的偏差。严格地说，标准光源灯箱四周应设置黑色幕布。

(二) 试样要求

在进行目视对色时，染色试样和标样都应当是平整的，试样应充分干燥且冷却至室温，尺寸应不小于 120 mm×50 mm。对于毛面织物，应先将织物按毛的方向理顺，再进行对色。

(三) 对色方法

将染色试样与标样并排放置，使相应的边互相接触或重叠，且标样与试样在同一水平、同一方向上。在自然光下进行观察时，必须保证从一个方向观察试样，例如接近直角方向观察。观察距离为 30～40 cm。且对色时，头不可以伸入灯箱里面。在标准光源箱中进行观察时，有以下两种观察条件：

(1) 光源的照明垂直于样品表面，观察方向与样品表面成 45°角(图 7-2-1)，表示为 0/45。

(2) 光源的照明与样品表面成 45°角，观察方向垂直于样品表面(图 7-2-2)，表示为 45/0。

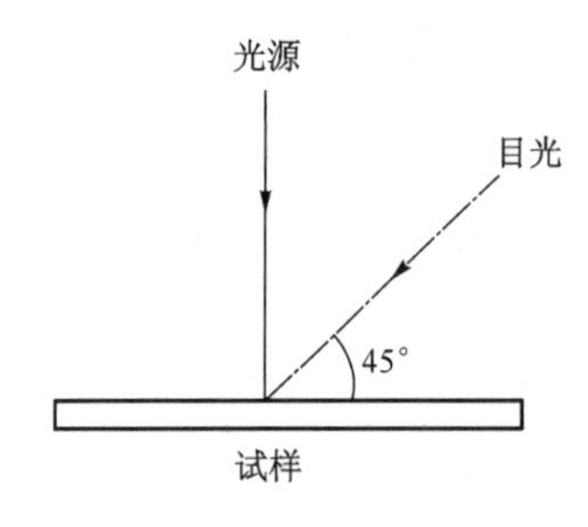

图 7-2-1　光源照明垂直于样品表面

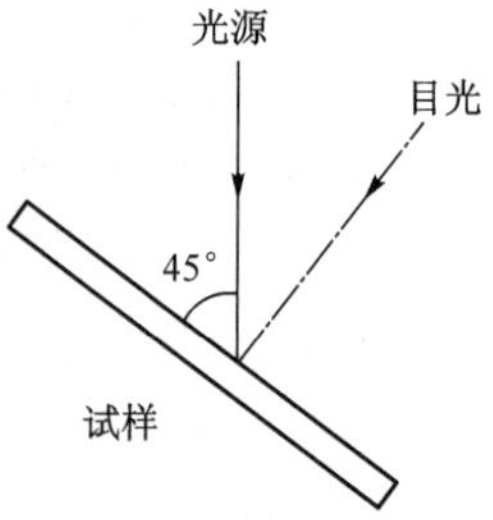

图 7-2-2　光源照明与样品表面成 45°

① 如果有支架斜板，可以采用 45/0 方法观察色样。

② 如果没有支架板，单纯依靠手拿标样与试样，采用 0/45 方法观察更为方便。如果采用 45/0 方法观察时，要注意试样与标样是否在同一平面上。

无论哪种对色方法，一般标样与试样的左右放置位置会产生一定的视觉误差，通常将标样放置在左侧，试样并排放置在右侧，对色定级后，标样与试样左右交换位置再进行观察对色。

从对色的实际经验来看，当辨别色光的差异时，宜将标样与试样平行排放，采用较大面积观察；当辨别浓淡的差异时，宜将标样与试样分别折叠后，仅将两者的折叠处并排放置平齐，比较其折叠处，进行局部观察。

(四) 色差级别评定

色差的目测评定常以变色灰色样卡(以下简称变色灰卡)作为对色依据进行评级。

1. 变色灰卡

在目测对色时，评定标样与试样颜色色差等级的参考依据是评定变色用灰色样卡，如 GB 250变色样卡(本标准等同于国际标准 ISO 105/A02)或 AATCC 变色灰卡。灰卡分为 5 个牢度等级，在每两个级别中再补充半级，即为五级九档灰卡。1 级最差，5 级最好。每对的第一组成均是中性灰色，其中仅牢度等级 5 的第二组成与第一组成一致，其他各对的第二组成依

次变浅,色差逐级增大。各级观感色差均经色度确定。

变色灰卡既可作为染色牢度等级评定,亦可用来进行标样与试样或大货色差的评级。如摩擦牢度 4 级,意指原样与规定条件摩擦后的试样变色色差为 4 级;如标样与试样色差 4 级,意指标样与试样的颜色色差为 4 级。

2. 变色灰卡的使用

以 GB 250 变色灰卡为例:将标样和试样各一块并列置于同一平面,并按同一方向紧靠,变色灰卡也靠近置于同一平面上。背景应是中性灰颜色,近似变色灰卡 1 级和 2 级(近似孟塞尔 N5)。如需避免背衬对对色结果的影响,可取原布两层或多层垫衬于标样和试样之下。北半球用北窗光照射,南半球用南窗光照射,或用 600 lx 及以上的等效光源。入射光与织物表面约成 45°角,观察方向大致垂直于织物表面。用变色灰卡的级差来目测评定标样与试样之间的色差。

3. 色差级别评定

如使用的是五级变色灰卡,当标样和试样之间的色差相当于灰卡某级所具有的观感色差时,就作为该试样的色差级数。当标样和试样之间的色差处于灰卡两个级别中间,则可定为中间级别,如 4～5 级或 2～3 级等。如使用的是 5 级 9 档变色灰卡,当某一级观感色差最接近于灰卡于标样与试样间的观感色差程度时,就作为该试样的色差级数。

不论是五级变色灰卡还是五级九档灰卡,只有当标样和试样之间没有观感色差时,才可定为 5 级。

如果需要记录纺织品颜色色差的特征,则可在数字评级中加上适当的品质术语,以更为确切和形象地描述色差。对色差特征的描述方式如表 7-2-1 所示。

表 7-2-1　颜色色差特征的描述

级　别	含　义	
	相当于灰卡的色差级别	与标样的色差特征描述
3	3 级	仅浓度较浅
3 较红	3 级	浓度未明显变浅,但颜色偏红
3 较黄、较浅	3 级	浓度变浅,色相也有变化
3 较浅、较蓝、较暗	3 级	浓度变浅,色相和亮度也有变化
4～5 较红	4～5 级	浓度未明显变浅,颜色稍红

另外,需记录的颜色品质术语,也可用表 7-2-2 中的缩写词。

表 7-2-2　颜色的品质术语与缩写

与标样的色差特征含义	缩写词	法文缩写词	与标样的色差特征含义	缩写词	法文缩写词
较蓝	Bl	B	较浅	W	C
较绿	G	V	较深	Str	F
较红	R	R	较暗	D	T
较黄	Y	J	较亮	Br	P

在具体色差评定时,色差的级别还要看灯源。在颜色跳灯的情况下,就要客户指定的灯源

下评级才是最恰当的。色差相差多少认为是合格的，需要使用者与生产厂家或配色者自行制订。一般工厂都做到4级左右，高的甚至达4.5～5级。只有当客户确认试样，方可进行中车试样，否则需重新打样。

4. 色差级别与色差值的转换

需要说明的是，有些网上交验货是以色差值为判定货品色泽是接受或者拒绝的依据，这对于配置有色差仪的印染企业来说，是件容易的事情；而对于没有色差仪的企业，往往先用变色灰卡评级，然后根据灰卡色差等级与色差值的对应关系表查得色差值。这种情况下，同一色样相同灰卡级差，查得的色差值会出现很大的不确定性。其主要原因有以下三个方面。

(1) 不同变色灰卡标准对应的色差值有差异。以灰卡GB 250与AATCC为例，两个标准的色度规定相同，所依据的色差计算公式也相同，均采用的是CLELAB色差公式，但对应的色差值有差异。

GB 250与AATCC灰卡色度规定：纸片或布片应是中性灰颜色，并应使用含有镜面反射的分光光度计测定，色度数据以CIE 1964补充标准色度系统（10°视场）和D65光源计算。

GB 250灰卡与AATCC灰卡的级别及色差值对比见表7-2-3。

表7-2-3 GB 250—1995灰卡与AATCC灰卡的色差及级别对比

灰卡等级	CIE LAB色差 GB 250灰卡	GB 250灰卡 色差容差	CIE LAB色差 AATCC灰卡
5	0	0.2	0～0.6
4～5	0.8	±0.2	0.61～1.0
4	1.7	±0.3	1.01～2.0
3～4	2.5	±0.35	2.01～2.8
3	3.4	±0.4	2.81～3.8
2～3	4.5	±0.5	3.81～5.3
2	6.8	±0.6	5.31～7.4
1～2	9.6	±0.7	7.41～10.3
1	13.6	±1.0	10.31～14.6
0	—	—	>14.6

从表7-2-3可知，GB 250灰卡每级级别之间有空档，色差不连续，而AATCC灰卡每个级别色差之间是一连续色差值。因此，由色差转化为级别评定时，两类灰卡在某些色差值时会出现不同结果。如色差ΔE_{CMC}=2.81时，按GB 250灰卡考虑容差后评为3～4级，按AATCC灰卡则评为3级。相同色差下，前者比后者高半级。又如，色差ΔE_{CMC}=0.6时，按GB 250灰卡考虑容差后评为4～5级，按AATCC灰卡则评为5级。相同色差下，前者比后者低半级。对此，在以色差转化级别评定结果时，需要特别注意指明采用的灰卡标准。

(2) 不同色差公式对应的色差值有差异。以GB 250变色灰卡为例，采用D65光源、10°视场、不同色差公式，用Datacolor色差仪测试其各档色差值见表7-2-4。

表 7-2-4　GB 250 灰卡等级与不同色差公式下的色差值

灰卡等级	ASLAB	CLELAB	CMC(2∶1)	CMC(1∶1)	JPC79	FMCII	Hunter
5	0.064	0.073	0.100	0.104	0.101	0.106	0.054
4～5	0.783	0.888	0.494	0.930	0.519	20123	0.800
4	1.529	1.733	0.918	1.796	0.968	4.157	1.576
3～4	2.221	2.517	1.332	2.594	1.404	6.111	2.303
3	2.994	3.391	1.746	3.484	1.847	8.394	3.116
2～3	4.107	4.648	2.4505	4.782	2.542	11.768	4.292
2	5.909	6.678	3.447	6.882	3.646	17.445	6.211
1～2	8.390	9.455	4.968	9.713	5.149	25.909	8.911
1	12.092	13.573	6.976	13.947	7.381	39.809	12.998

(3) 不同光源标准对应的色差值有差异。以 GB 250 变色灰卡为例，采用同一色差公式 CIE LAB，10°视场，在不同光源下的灰卡等级与色差值的关系见表 7-2-5。

表 7-2-5　GB 250 灰卡等级与不同光源下的色差值的关系

灰卡等级	D65	CWF	A	F
1	13.573	13.524	13.577	13.579
2	6.678	6.675	6.696	6.677
3	3.391	3.385	3.404	3.399
4	1.733	1.716	1.712	1.717
5	0.073	0.073	0.064	0.079

从表 7-2-3 至表 7-2-5 可知，采用的灰卡标准、计算的色差公式及测色光源不同，同一色差等级转换得来的色差值是不同的。所以，当以灰卡评级后再转换成色差值时，为减少纠纷，一定要明确所采用的灰卡标准、对色条件及所依据的色差公式。从实际应用情况看，CMC(2∶1)色差公式色差值较符合人的目光评定，美国及欧洲客户大多采用该色差公式来测定试样与标样色差。

总之，目测对色法是一般简单快捷的对色方法。但在正常情况下，仅凭肉眼观察虽然相当敏锐，但仍存在一定的局限性。人眼和神经系统在频繁的刺激后容易疲劳，或产生颜色适应现象，即人眼在颜色刺激的作用下所造成的颜色视觉变化。严重时甚至导致对某些颜色信号的错误判断。

为此，在目视对色时，对色人员不宜长时间紧盯色样。有条件的企业可以采用仪器对色法。

二、分光测色仪对色法

分光测色仪对色法分为刺激值直读法和分光测色法两种。其中刺激值直读法方便快捷。

(一) 刺激值直读法

刺激值直读法是使用光电色彩计(或称为色差计)进行对色、测色。用光电色彩计能直接

读出标样和试样的 X、Y、Z 值，可简便地进行对色、测色。光电色彩计由反射用和透射用光源、试样测试台、反射镜、受光器等组成。标样或试样放置在试样测试台上就可直接读出其 X、Y、Z 值。

刺激值直读法常用的仪器即是色彩色差计。如色彩色差计 CR-10 和 CR-14 等。国际上对颜色的评价一般利用色彩色差计。色彩色差仪是量化色彩现象，建立色彩标准，改善产品外观，颜色品质控制，进而进行电脑配色的不可缺少的工具。一台校准精确的色差计可以使颜色的量化简便易行，得到以各种色空间表示的测量结果，按照国际标准用数字来表达颜色。由于色差计总是利用同一光源和照明方法来测量，测定条件总是一样的，且不受观察者个体素质及色彩感觉差异的影响，测定的数值总是量化和精确的。色彩色差计擅长揭示细微的颜色变化，用数值来表示色差，便于调色和保存资料。

（二）分光测色法

当光线遇到物体时，物体的表面吸收一些光线并反射剩余的光线。物体的颜色是由反射和吸收光的波长比例决定的。

分光测色法是用分光光度计（光谱对色计）以图形方式显示分光比及反射率曲线，然后按规定计算，得到测定值。自动记录的分光光度计测得各项数据后，可以自动进行计算得到测定结果。分光测色仪除了微处理器及有关电路外，有四个主要组成部分：光源、积分球、光栅（分光单色器）和光电检测器。

分光测色仪精度较高，与单纯的色差仪测色的方法不同，分光测色仪能测量每个颜色点（10 nm 或者 20 nm 波长间隔）的“反射率曲线”，而色差仪不能。分光测色仪可以模拟多种光源，而色差仪一般只有一种或最多两种模拟光源。

分光光度测色仪又分为“0/45 度”和“d/8 度积分球”两种测量—观察方式：“0/45 度”只能用来测平滑的表面，而且不能用于电脑配色。“d/8 度积分球式”可以用来测量各种表面，也可以用于电脑配色。并且，在选择时，还要考虑有没有消除镜面反射，和包含镜面反射的测量模式，如果两种模式都有，则在测量光洁表面或有明显反射表面的色彩时非常有用。

仪器测量则是看标样与试样间的色差值，即 ΔE_{CMC}，具体色差值多少才算对色，视标样颜色及客户要求不同而不同。如一般印染加工色差在 1 以内是可接受的，但是有些客户要求在 0.8 以内，部分敏感系的色差值要求更小。

三、分光测色仪与目测结合对色法

对于敏感色系与非敏感色系来讲，相同的色差值在目测时色差感觉是有较大差异的。敏感色系如米色、咖啡色及灰色的 ΔE_{CMC} 在 0.3 以上时，目测即可看出色差；中等程度敏感色系如绿色、藏青色的 ΔE_{CMC} 在 1.0 以上时，目测才能看出色差；但不敏感色系如纯黄、纯荧光红的 ΔE_{CMC} 甚至大于 1.5 时，目测仍分辨不出色差。尤其是一些刚开始从事纺织贸易加工的跟单人员，由于缺乏对色与验货经验，一味地以色差值大小为认可试样与大货的依据，往往造成敏感色系相差甚远，不敏感色系又让印染企业认为是无理取闹。遇到这种情况，现场交验货时可以将两种方法结合起来使用；如果是国际贸易，以通过国际网络传输标样与试样或大货的“波长能量分布”对比来作为对色联系方式。

第三节　调　　色

对于配色打样工作者来说，要提高配色速度，除了准确地设计初次染色方案外，还要能够准确地对色和调色。对色时，对于达不到色差要求的试样要进行处方调整后重染。调色方向正确，事半功倍；否则，调整后的试样可能会与标样相差更远。应该说，处方调整是一项经验性的工作，但并不是完全没有任何规律可循。

做为配色打样人员，首先应掌握基本的配色原则（详见本书第一章第三节），把好染料选择第一关。在此基础上，掌握一些颜色的色光倾向、不同色系的颜色递变规律及调色原则，会为配色打样节省不少时间。

一、颜色色光的倾向

通常的颜色色光倾向呈现一定的规律性，其具体表现为：

1. 色相可以偏黄或偏蓝的颜色

绿色、红色、栗色。

2. 色相可以偏绿或偏红的颜色

蓝色、黄色、金黄色、灰黄色、紫色、棕色。

3. 色相可以偏蓝或偏绿的颜色

绿蓝、青色。

4. 色相可以偏黄或偏红的颜色

青铜色、红色、桔黄色。

5. 可以向任意颜色转向的颜色

白色、灰色、黑色、银色。

掌握颜色色光的倾向，便于确定调色方向，少走弯路。

二、不同敏感性颜色的递变规律与调色

如果对色结果表明，试样与标样相差不大，或分析发现可通过调色最终能够达到标样色泽，则一般不需要调换染料，而要耐心分析试样与标样的色光差异及色泽的性质，根据配色原理及调色的基本原则制定新的染色处方。

根据颜色色光随染色浓度变化而变化程度不同的特性，通常将颜色分为敏感色系和非敏感色系，下面对颜色按不同属性就调色情况加以分析。

（一）敏感色系

敏感色系诸如米色、灰色、咖啡色．棕色、橄榄色、紫色等，这些颜色当色差 ΔE_{CMC} 在 0.4 以上时，目测即能看得出色差。

敏感系的特点是颜色随染色浓度的变化突变大，只要拼色染料中有一只染料浓度有所变化都可以使该颜色变色，甚至脱离原来的色系。比如灰色，拼混灰色所用的三原色中有一只染料的浓度稍有变化，就会出现带有不同色光的灰，难以对样。所以敏感区内的颜色调色时都要谨慎，多方面考虑。一般在敏感区调整色光时尽量不要只调整一种染料，对于三拼色来说，在

调整色光应对两只副色调浓度同时进行调整，或加或减，如果只加或减去一只染料，很容易破坏颜色的平衡，严重时会直接影响到色相。且染色浓度调整范围也不宜过大，一般调整浓度范围要在所用染色浓度的5%以下。举例如下：

1. 紫色

属于红蓝二拼色，是由红色染料与蓝色染料拼混而成，除了纯正的紫色外，通常呈现出来的色光偏红或偏蓝。如偏蓝的紫，在色深与标样相近时，一般来说或减少蓝色染料的浓度或增加红色染料的浓度。例如采用加红的方法，只要将红色染料的用量在原浓度基础上增加10%，结果紫色就又偏向了红光。这种情况下，一般调整浓度为原浓度的5%以下。

2. 棕色

属于红黄蓝三拼色，是以黄色为主色，红色和蓝色为辅色。其色光可以偏向红或黄或蓝三个方向。只有红黄蓝三色的比例恰当才能得到纯正的棕色。这种情况调整染料时，以同时调整两只辅色红色和蓝色为宜，如果只调整红色或蓝色容易引起色光的突变。且调整浓度在原浓度的5%以下。

3. 米色等浅色

仿过色的人也许都会有这样的感觉，那就是浅色样比深色样难打。即使浅色样有时目测色差已经很小了，但是用电脑测色仪测得的色差值也许还会很大，因此浅色样一般是较深色样难仿的。仿浅色样时要严格遵循“微调”原则，一般调整染色浓度在原浓度的2%以下甚至更低。

（二）非敏感色系

非敏感色系是指对拼色染料调整浓度较大时，试样在色泽深浅上变化不大的颜色。该色系主要是由红色和黄色拼混得到的颜色如橘黄色、橘红色及橙色等。这种不敏感颜色的调整，对于配色打样初学者来说，会走很多弯路，有时目测色差较小，调色时不敢调整幅度过大，这样的结果，可能要调整很多次才能达到色差要求，浪费了大量时间。所以在对非敏感色系的颜色打样时，染色浓度的调整幅度可以适当的扩大。如一个偏红光的橙，需要通过增加黄色染料的浓度来削弱红光，这种情况下，可直接将黄色染料的浓度在原基础上增加20%以上，甚至有时增加50%才能将红光调整过来。

三、特殊效果颜色的调整

特殊效果颜色有很多，是指实际拼色染料与人们理论上认为的拼色用染料不同的颜色效果。如在视觉上认为是一次色，实际为二次色或三次色；或在视觉上认为属于二次色，实际上是三次色的颜色。这对于经验丰富的配色打样人员来说，能够驾轻就熟。而对初学者，往往找不到调整的方向。如常见的颜色发暗发灰现象，它不同于一般的颜色偏暗偏深，而是工厂中常说的出现“脏头”，形象地说，好像掉到地上被人踩过，沾污上很多灰一样。举例如下：

1. 暗绿色

纯粹的绿色很好拼色，人所共知，用黄色与蓝色以适当比例拼混染色即可。与纯粹的绿色不同，暗绿色有那么点灰暗的感觉，但是它又不完全等同于颜色的那种暗淡。如果有合适的染料如暗黄色，则与暗绿拼混，利用暗黄与暗绿的消色成分达到增强颜色灰度的效果。但在很多类型的染料中，绿色品种较少，只能用三原色拼混。如用标准三原色的黄色和蓝色拼色的话，往往无论怎样调整黄色和蓝色染料的浓度都出不来这种灰度效果，熟悉三原色拼色理论和具

有拼色经验人员的一眼就能看出，这种“灰暗”效果是三拼色结果。此时，用极少量的绿色的余色—红色染料来消色，可以得到需要的效果。

2. 土黄色

是以黄色为主，红色为副（两者拼混为橙色），后加入蓝色微调后得到的，说直接一点土黄色是黄橙色变暗以后得到的颜色，或者说利用蓝色调节橙色使其色光变暗变灰。但需注意的是，余色染料一旦过量，会出现色相的改变，让人错误的认为调整方向不对，所以切记余色染料要微量使用。

四、补色原理与余色原理的应用

（一）补色原理及其应用

补色原理主要应用于淡、艳、明快色的色光调整，是利用所带色光与需要消去消的色光互为补色的同色调染料来调整色光。

如一蓝色红光偏重，要消除红光，可加入带青光的蓝色染料，利用红光与青光的互补关系消去红光的同时，增加了织物上颜色的亮度。

（二）余色原理及其应用

余色原理主要应用于浓、暗颜色的色光调整，是通过加入微量与需要消去的色光互为余色的染料进行的。

如红光太重，可加入青色染料来吸收红光，但同时降低了织物上的亮度。

五、三原色的色光方向

应该说，纯正的符合光学要求的三原色是较少的，大多数染料三原色都带有一定色光。在拼色时，同类纤维织物的染色，不同企业所用染料三原色有可能不同，三原色的色光倾向不同。而三原色的色光方向，有时会给配色打样人员在拼色时产生误导。如在活性染料中有一套三原色为：活性红 R-2BF，活性金黄 R-4RFN，活性蓝 R-2GLN。在这套三原色系中，存在一个明显的现象：如果所调整的颜色少红光，而加入红 R-2BF 则色相发生明显变化，与待调整的方向越来越远。如橘黄色。该色由活性红R-2BF和活性黄 R-4RFN 拼色所得，当缺少红光时，如增加活性红 R-2BF 的用量，颜色色相发生变化；而增加活性黄 R-4RFN 的用量，反而能将色光调整过来。其实这不足为奇，通过仔细观察，可以发现红色染料中带有蓝光，而黄色颜料中带有红光，增加红色，会因蓝光而影响正常色相；增加黄色，其中的红光同时得到补充。因此调色时要注意各三原色染料的色光取向。

掌握上述基本规律，有利于更准确地分析色样，制订出合理的染色处方，以最少的拼色次数找到符合来样色泽的处方。

当然，在调整处方染色浓度时，还要严格掌握配色原理，熟悉三原色间的消色关系，忌用大量消色染料来消减色光，以防影响颜色的鲜艳度。对于初学者来说，因为缺乏染色浓度变化幅度与试样色差变化程度之间的关系方面的直观经验，调色时调整的幅度宜小一些；而且要善于总结颜色调整的规律，及时总结经验，以掌握更多的配色技巧，提高配色打样速度。

配色是一项复杂的工作，是一项大量依赖操作经验的工作，在染色打样时，只有脚踏实地、耐心细心地多做实验，才能积累经验，提高配色打样的水平。

本章小结

一、对色又称为对样、符色、符样、测色或比色，是指将染色后的试样（以下简称试样）与标样（或称为来样、原样）放在一起，在规定光源下进行色泽的对比，以判断两者色泽的差别。影响对色结果的因素有光源的光谱成分、亮度、照射距离、照射角度、对色人员的个体状况、物体的大小、形状、表面结构、观察视距、物体周围环境。对于配色工作者来说，了解各种因素对颜色的影响，掌握对色时的条件要求，有利于提高对色的准确性。

二、对色的方法分为目测对色、分光测色仪对色、分光测色仪对色与目测对色结合对色法。对色时要选用客户规定的光源，光源分为自然北光及各种标准光源，标准光源有D65、A、CWF、TL84、HOR、UV等类型。色差的表示方法分为灰卡色差等级表示法、三刺激值表示法和色差ΔE表示法。通常根据客户要求或交货方式不同，灵活选用对色方法。

三、调色时首先要辨色，辨色包括对色光方向的分析和色泽浓淡的分析，准确的辨色是提高调色速率的基础。其次，掌握色泽的规律和基本的调色原则能够少走弯路，包括常见颜色的色光倾向、敏感色与非敏感色的调色原则、特殊效果颜色的调色技巧、补色原理及余色原理的应用原则等。调色是一项经验性工作，需要配色工作者善于总结经验，才能不断提高配色效率。

思考题

1. 影响对色结果的因素有哪些？
2. 余色原理、补色原理在调色中如何运用？试举例说明。
3. 常用的对色方法主要有哪些？

第八章　基础样卡制作

染色打样是印染企业化验室的主要工作任务之一，也是染整生产过程的重要环节。具体地讲，染色打样工作内容包括三个方面，即单色打样、拼色打样和来样仿色打样（也称配色打样）。通常把前两种打样称为基础染色打样，打样完成后整理的样卡称为基础样卡。因此，基础样卡制作包括单色样卡和拼色样卡制作两种。实际工作中，这两种样卡作为配色打样的基础资料，为配色打样工作者提供染料选择、用量确定，以及打样工艺条件制订等方面的支持，从而使配色打样得以快速、顺利地进行。而来样仿色打样，即配色打样，则是在前两种样卡的参照指导下，对客户送来的染色（或印花）产品，按照客户提出的色泽与质量要求，通过小样染色（或印制色标）实验，获得符合色泽等要求的染色小样结果。配色打样的目的是为工艺员合理制定染色大生产工艺提供依据。

第一节　染色打样的准备工作

染色打样的准备工作是否做得充分到位，影响整个打样工作的效率。基础染色打样工作过程可以分为：打样准备→打样操作→整理贴样。打样前的准备工作包括染色方案制订、打样器材准备、贴样用材准备等几个方面。

一、打小样基本常识

打小样的最终目的是制定合适的生产工艺，务必做到以下几点：

（1）打小样用水应与大样生产用水一致，避免水质问题影响而导致大样与小样产生色光差异。

（2）打小样所用染料、助剂，必须是同一批号、同一力份、同一牌号。

（3）试样所吸染料浓度应合理选用吸管，尽可能不用大吸管吸取小体积的染液。

（4）对于溶液不稳定的染料和助剂，必须现配现用。

（5）对色应严格准确。

二、染色方案制订

根据单色样或拼色样的具体打样任务，打样者针对不同染料、染色工艺方法（浸染或轧染）和被染纤维材料等，将染料用量按浅、中、深色分成若干档浓度（浸染常用“%(o. w. f.)”表示，轧染常用“g/L”表示），制订出打样基本工艺（如染色处方、小样质量、染色浴比、温度、pH 值、时间等工艺条件），计算出打样时染料、助剂的取用量，即形成染色打样的基本方案。染色方案的合理和准确制订是保障染色打样质量的重要环节。直接染料单色样染色方案如表8-1-1所示。

表 8-1-1 直接染料单色样染色方案示例

染色基本条件	(1) 染色浴比:1∶30;棉织物质量:4 g/块;染料母液浓度:4 g/L;平平加 O 母液浓度:5 g/L (2) 45～50 ℃入染,15 min 内升温至 95～98 ℃,加促染剂,保温染 30 min			
染料浓度/%(o. w. f.)	0.1	0.5	1.0	2.0
染料母液体积(mL)	1	5	10	20
NaCl 浓度(g/L)	不加	2～3	4～7	8～15
称取 NaCl 质量(g)	0	0.24～0.26	0.48～0.84	0.96～1.8
平平加 O 浓度(g/L)	0.3	0.3	0.5	0.5
平平加 O 体积(mL)	7.2	7.2	12	12
染液总体积(mL)	120	120	120	120
补加水的体积(mL)	112	108	98	98

三、打样器材准备

在打样方案制定完成后,接下来的工作是准备打样实验用的设备和仪器、纤维材料和染料助剂等。

(一) 打样设备和仪器准备

1. 浸染打样常用设备和仪器

常温常压染色小样机或电热恒温水浴锅、高温高压染色小样机、电子天平(千分之一)或托盘药物天平、电熨斗、染杯(250 mL)、烧杯(250 mL、100 mL)、容量瓶(常用 250 mL、100 mL)、量筒(10 mL、100 mL)、各种规格的吸量管、玻璃棒、表面皿、温度计(100 ℃)、电炉、搪瓷量杯、剪刀、吸耳球、胶头滴管、洗瓶、药匙、滤纸等。

2. 轧染打样常用设备和仪器

连续轧染小样机(或小轧车),烘箱,电子天平(千分之一)、量筒(10 mL、100 mL)、烧杯(500 mL 或 250 mL)、玻璃棒、电炉、搪瓷量杯(500 mL 或 250 mL)、小搪瓷茶盘或不锈钢茶盘、剪刀、药匙、聚氯乙烯薄膜等。

根据需要,对打样所需设备和仪器进行检查并调试待用,把打样需要的玻璃仪器洗涤干净待用。

(二) 纤维材料准备

1. 纤维材料品质要求

染色基础打样所用的纤维制品,主要包括纱线和织物(机织物或针织物)两种形式,涉及的纤维种类主要有棉、涤/棉、真丝、黏纤、纯涤纶、羊毛、锦纶、腈纶等。为了保证染色色泽和染料上染率等,所用纤维制品需采用漂练半制品;如果为本色产品(未经练漂前处理),需先经过洗涤去杂,再进行染色打样。

2. 纤维材料的取样要求

(1) 浸染备样。将织物裁剪成质量近似为 2 g/块或 4 g/块的小样后称重,根据天平显示质量,进行加或减调整,最终使小样质量显示为:2 g/块(或 4 g/块)。常规织物采用4 g/块,特

别轻薄的织物可用 2 g/块。

(2) 轧染备样。通常将织物裁剪成 100 mm×200 mm/块的小样，然后称重，并记录。

(3) 纱线备样。绕取纱线，精确称取质量为 1 g/份(或 2 g/份)的小样。

当然，小样的质量也可根据织物厚薄或纱线粗细做适当调整，但其质量必须准确称取，并记录。

(三) 染料和其他染化药剂准备

1. 染料母液

为减小染料取用量误差，根据小样质量和吸量管规格，一般将染料配成一定浓度的溶液再量取使用。染料母液的浓度常定为 2 g/L 或 4 g/L。染料母液使用量以 1～10 mL 为宜。

溶解染料时，根据染料的性质不同，溶解的方法也有所不同：

(1) 直接染料、酸性染料、阳离子染料。这些染料的耐热稳定性相对较好，化料时先用温水将染料调成浆状，再冲沸水搅拌溶解。必要时，对溶解性差的直接染料可加入纯碱助溶。

(2) 活性染料。该类染料不耐热，高温下易水解，宜采用冷水调成浆状，再根据不同染料的水解稳定性，采用合适温度的水溶解。

(3) 还原染料。还原染料的溶解过程是一个还原反应过程，溶解时，要根据所用还原剂的还原条件来确定溶解的温度。如还原染料常用的还原剂是保险粉，在溶液中的最佳使用温度为 60 ℃，温度过高会导致保险粉大量分解。

(4) 分散染料。温度过高，分散染料易结晶析出，因此化料时宜先用冷水调浆，再用 60 ℃温水化料。

2. 表面活性剂母液

表面活性剂在染色中常用作缓染剂、分散剂和净洗剂，母液配制浓度一般为 5 g/L。

3. 其他染化药剂母液

染色中常用酸、碱类物质调节染液 pH 值，用中性盐作为促染或缓染药剂。按染色处方计算，当这些物质的取用体积小于 1 mL 或质量小于 0.01 g 时，需配制母液后再取用，以减小取用误差，方便操作。

酸、碱、盐母液配制浓度一般为 10 mL/L、10 g/L 或 20 g/L。

4. 特别说明

常用各种染料为染料标准品；化料用水一般采用硬度$<25\times10^{-6}$(以 $CaCO_3$ 含量计)的软化水或纯净水；化工原料除注明等级外，一般采用工业品。

四、贴样材料准备

(一) 贴样基本材料

笔、卡纸、直尺(或三角尺)、文具刀、塑料套装活页本、剪刀、固体胶或双面胶带、白纸等。

为了将基础样卡统一装订，便于资料保存，实际工作中，常把贴样用卡纸按设计的贴样格式印制，成为专用贴样卡纸。

(二) 卡纸样式准备

1. 单色样贴样卡纸

尺寸为 21 cm×26.5 cm，正面绘制表格，参考样式见表 8-1-2。

表 8-1-2　××染料单色样卡

染料浓度/%(o. w. f.)	0.1	0.5	1	2	4
染色样					
工艺					
固色样					
工艺					
其他备注					

2. 二拼色样贴样卡纸

尺寸为 21 cm×26.5 cm,正面绘制表格,参考样式见表 8-1-3。

表 8-1-3　××染料二拼色样卡

染料 1 浓度/%(o. w. f.)					
染料 2 浓度/%(o. w. f.)					
染色样					
工艺					
固色样					
工艺					
其他备注					

3. 三原拼色贴样卡纸

尺寸为 21 cm×26.5 cm,正面绘制等边三角形(边长 22 cm),均分为 11 份,参考样式见图 8-1-1。

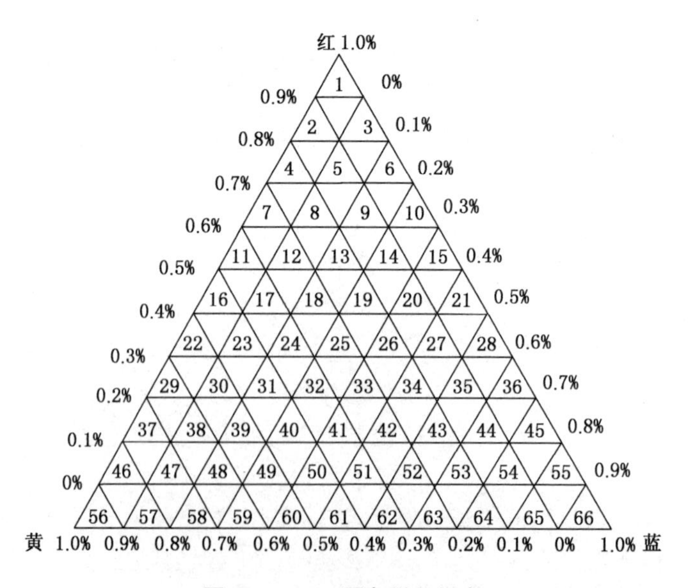

图 8-1-1　三原色拼色样卡

第二节　染色打样的基本步骤

纤维制品的染色生产加工方法，根据加工方式不同分为两大类，即浸染法和轧染法。两种方法各有特点，例如：浸染法适合小批量、多品种产品染色加工，设备占地小，单台机价格相对低，使用灵活性强；轧染法则突出体现为染色生产具有连续高效的优点，而且对某些染料如还原染料等更适合应用。与两种染色方法相对应，染色打样也具有浸染和轧染两种方式。

一、浸染法打样的基本步骤

浸染法打样的基本步骤为：润湿被染物→准备热源→配制染液→染色操作→整理贴样。

1. 小样润湿

将事先准备好的小样，放入温水（40 ℃左右）或冷水（对于低温染色的染料，如 X 型活性染料等）中润湿浸透，挤干，待用。

2. 热源准备

打开水浴锅加热；没有水浴锅，可用电炉间接水浴加热。

3. 配制染液

根据染料浓度、助剂用量和浴比配制染液。通常，缓染剂在配制染液时加入，促染剂在染色进行一定时间（一般为 15 min）后开始加入。

4. 染色操作

将配制好的染液放入水浴锅中加热至入染温度，放入准备好的小样开始染色，在规定时间内升至染色的最高温度，加入促染剂（用量较大时，可分 2～3 次加入；加入时，先将小样提出液面，搅拌溶解后再将小样放入），染至规定时间，取出染样，水洗，皂煮（需要固色的要进行固色），水洗，最后熨干。

5. 整理贴样

将染色或固色后已经干燥的织物小样，裁剪成适合样式表格大小的整齐方形或花边方形，在裁好的方形染样背面边沿处涂抹固体胶，对应粘贴在样卡上。注意粘贴时，各浓度染样的纹路方向须一致。

染色后的纱线小样可整理成小束，扭成“8”字形等，用胶带粘贴在样卡对应处。

6. 注意事项

（1）在染色开始的 5 min 内，以及刚加入促染剂后的 5 min 内，染料上染较快，此时，需加强搅拌，以防染色不匀。

（2）在整个染色过程中，要尽量防止小样暴露在液面外。

（3）染色时，小样要处于松弛状态，避免玻璃棒压住小样而影响染液渗透。

（4）如果染色结束时染液的颜色较浓，说明染料的上染率低，此时应检查染色处方是否合理；若与染料的实际上染能力不相符（如活性染料较低，直接染料和酸性染料较高），则应调整助剂的用量，重新染色。

（5）若出现染色不匀现象，必须重新染色。

7. 特别说明

分散染料高温高压染色，因染色小样机的特殊性，染杯是严格密封的。打样时，将染液按处方要求配制后，加入被染涤纶织物，盖好染杯盖，把染杯置于样机中，按工艺要求设置升温曲线，然后运行，样机自动完成染色过程。

二、轧染法打样的基本步骤

轧染法打样的基本步骤为：计算染料和助剂用量→配制轧染工作液→小样浸轧染液→烘干→固色操作→染后处理→整理贴样。

1. 计算染料和助剂用量

按制订的染色方案，计算配制 100 mL 染液所需的染料和助剂用量。

2. 配制轧染工作液

用电子天平称取染料和助剂，按一定方式化料，并按一定顺序加入 100 mL 烧杯中，搅拌均匀；加水至规定液量(100 mL)，待用。

3. 小样浸轧染液

将配好的染液倒入事先准备好的方形搪瓷(或不锈钢)小茶盘，把准备好的干燥小样平放入染液中，使染液浸渍润透小样约 10 s，取出小样，使其紧贴小轧车压辊，开车均匀挤压(按轧余率要求事先调好压力)。浸轧方式一般采取室温下二浸二轧。

4. 烘干

将浸染后的小样悬挂在烘箱内烘干，或在连续轧染小样机(如PT-J型连续式压吸热固机)上以红外线和热风烘干。

5. 固色操作

用于轧染的常见染料有活性染料、还原染料和分散染料。由于上染原理不完全相同，结合化验室仪器和设备情况，可以采用的固色方式不尽相同。常用固色操作方法有以下几种：

(1) 将烘干的小样直接置于蒸箱内，按规定温度和时间汽蒸固色。

(2) 将烘干的小样置于烘箱内，按规定温度和时间焙烘固色；或在连续轧染小样机(如PT-J型连续式压吸热固机)上直接将经红外线和热风烘干的小样导入焙烘室焙烘固色。

(3) 将烘干的小样浸渍固色液后置于蒸箱内，按规定温度和时间汽蒸固色，如活性染料二浴法轧染、还原染料悬浮体轧染。

(4) 将烘干的小样浸渍固色液后，再用聚氯乙烯薄膜将小样上下包盖，赶尽气泡后置于烘箱内，按规定温度和时间固色(模拟汽蒸)。

6. 染后处理

活性染料、还原染料和分散染料的染后处理有一定区别。

(1) 活性染料：将固色后的织物经冷水洗、皂洗、水洗、烘干(熨干)。

(2) 还原染料：将固色后的织物经水洗、氧化、水洗、皂煮、水洗、干燥(熨干)。

(3) 分散染料：将固色后的织物经水洗、还原清洗(浅色皂洗即可)、水洗、干燥(熨干)。

7. 整理贴样

同浸染法。

第三节　浸染法单色样卡制作

一、概述

所谓单色样卡，是印染化验室对使用的每种染料，确定一系列不同档浓度后，采用其他条件完全相同的工艺，对同种纤维制品进行染色，将所得色样整理后，对应粘贴在卡纸上而制作的样卡。通常在生产中，印染企业通过单色样卡直观地了解染料力份。同时，在制作单色样卡的过程中，对该染料的染色性能（如匀染性、上染速率、上染率等）做了解和记录，为车间生产使用该染料时需注意的问题提供依据。所以，印染化验室的工作之一，就是对购入的每一种染料，首先进行单色样卡制作，即打单色样。

二、单色样卡贴样格式

为了便于保存各染料对不同织物的染色单色样，通常在贴样后统一装订，贴样格式参见表8-1-2。

三、常用染料的单色样浸染工艺

（一）直接染料染棉

1. 染色处方及工艺

见表8-3-1。

表8-3-1　直接染料染棉单色样染色处方及工艺

染料浓度/%(o. w. f.)		0.1	0.5	1.0	2.0
食盐浓度(g/L)		不加	2～3	4～7	8～15
平平加O浓度(g/L)		0.3	0.3	0.5	0.5
固色工艺	固色剂浓度/%(o. w. f.)	固色剂Y:2～3 30%HAc: 0.5～1.0			
	温度(℃)	50～60			
	时间(min)	20～30			
	浴比	1∶20～1∶30			

2. 染液配制方案

见表8-3-2。

表8-3-2　直接染料染棉染液配制方案

染色基本条件	浴比：1∶30；棉织物质量：4 g/块；染料母液浓度：4 g/L；平平加O母液浓度：5 g/L			
染料浓度/%(o. w. f.)	0.1	0.5	1.0	2.0
染料母液体积(mL)	1	5	10	20
食盐浓度(g/L)	不加	2～3	4～7	8～15

续 表

染色基本条件	浴比：1∶30；棉织物质量：4 g/块；染料母液浓度：4 g/L；平平加 O 母液浓度：5 g/L			
称取食盐质量(g)	0	0.24～0.26	0.48～0.84	0.96～1.8
平平加 O 浓度(g/L)	0.3	0.3	0.5	0.5
平平加 O 母液体积(mL)	7.2	7.2	12	12
染液总体积(mL)	120	120	120	120
补加水的体积(mL)	112	108	98	98

3. 染色操作

润湿并挤干的小样于 50 ℃左右入染，15 min 内升温至 95～98 ℃，取出小样；然后加入食盐(若用量较高，必须分 2 次加入，第二次在第一次加入 15 min 后进行)，搅拌溶解后重新放入小样，30 min 后取出小样，以冷水充分洗涤，剪取部分染样，熨干后贴于单色样卡的染色样一栏中；剩余染样进行固色(40～50 ℃，15 min)，40～50 ℃温水洗涤，熨干，剪取固色样，贴于固色样一栏中。

4. 染色工艺曲线

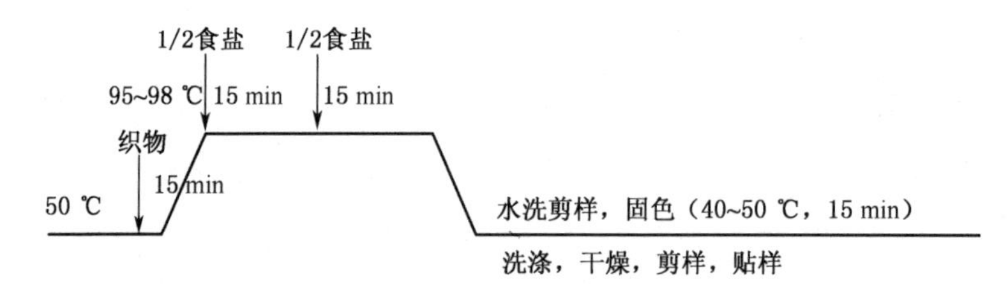

说明：对于黏胶纤维，为提高匀染性，入染温度降为 40 ℃，并适当延长染色时间 10～15 min。

(二) 活性染料染棉

1. 染色处方及工艺

见表 8-3-3。

表 8-3-3　活性染料染棉染色处方及工艺(一浴两步法)

染料浓度/%(o. w. f.)	0.1	0.5	1.0	2.0
食盐浓度(g/L)	5	10	15	20～40
纯碱浓度(g/L)	X 型：8 其他：10	X 型：12 其他：12	X 型：15 其他：15	X 型：15 其他：15
染色温度(℃)	X 型：20～30；KN 型，B 型，雷玛素型：40～60 K 型：40～70；M 型：60～90			
染色时间(min)	20～40 (视色泽浓淡和染料性能)			
固色温度(℃)	X 型：20～30；KN 型，B 型，雷玛素型：60～75 K 型：85～95；M 型：60～95			
固色时间(min)	30～40 (视色泽浓淡和染料性能)			
皂洗工艺	中性皂(合成洗涤剂)(g/L)		2～3	
	温度(℃)		95～98	
	时间(min)		5～10	

2. 染液配制方案

见表 8-3-4。

表 8-3-4　活性染料染棉染液配制方案(一浴两步法)

染色基本条件	浴比:1∶30;棉织物质量:4 g/块;染料母液浓度:4 g/L			
染料浓度/%(o. w. f.)	0.1	0.5	1.0	2.0
染料母液体积(mL)	1	5	10	20
食盐浓度(g/L)	5	10	15	20～40
称取食盐质量(g)	0.6	1.2	1.8	2.4～4.8
纯碱浓度(g/L)	X 型:8 其他:10	X 型:12 其他:12	X 型:15 其他:15	X 型:15 其他:15
称取纯碱质量(g)	X 型:0.96 其他:1.2	X 型:1.44 其他:1.44	X 型:1.8 其他:1.8	X 型:1.8 其他:1.8
染液总体积(mL)	120	120	120	120
补加水的体积(mL)	119	115	110	100

3. 染色操作

(1) 小样放入温水(40 ℃左右)或冷水(对于低温染色染料,如 X 型活性染料等)中润湿,挤干后待用。

(2) 吸取染料母液,补加水至规定染液体积,加入食盐促溶,搅匀。

(3) 将配制好的染液放入水浴锅中加热至入染温度,放入准备好的小样开始染色,在规定时间内升至染色的最高温度,续染至规定时间。

(4) 取出小样,染液中加入纯碱,溶解均匀后,重新放入小样,在规定温度下固色至规定时间,水洗,皂煮,再水洗,最后熨干,剪样并贴样。

4. 染色工艺曲线

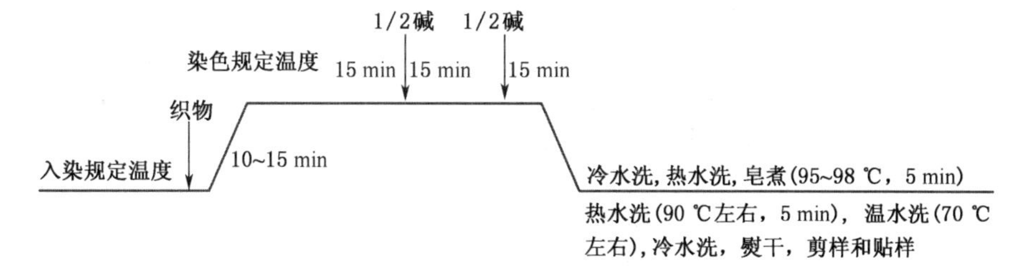

5. 特别说明

(1) 对于匀染性较差的活性染料,为保证染色均匀,可适量加入匀染剂。

(2) 染色处方中染色和固色温度给定了一个范围,对于不同染色性能的染料,需选择适当的染色和固色温度。

(3) 活性染料的促染剂一般可在染色开始时加入,对于匀染性较差的染料,则必须在染色开始 10～15 min 后加入。

(4) 若是对纱线染色,染色总时间可缩短为 15～30 min,相应地,促染剂和固色碱剂的加入时间提前。

(5) 活性染料的化料方法：先用少量水（X 型用冷水，其他类型可用 40～60 ℃温水）调成浆状，再加入适当温度的水溶解。各种类型的活性染料的溶解温度见表 8-3-5。

表 8-3-5 各类活性染料的溶解温度

染料类型	X 型	K 型	KN 型	M 型	B 型
化料温度(℃)	30～40	70～80	60～70	60～70	＜80

例如：活性翠蓝 G 的溶解度较低，较好的溶解方法是先用冷水将染料搅成浆状，再用60 ℃左右的温水搅拌溶解。如果染料用量较多，可加入 3～5 倍尿素助溶。活性翠蓝 G 不可用沸水直接溶解，沸水会使其黏结，很难化开。

(三) 酸性染料染蛋白质纤维

1. 强酸性染料对羊毛的染色

(1) 染色处方和染液配制方案见表 8-3-6。

表 8-3-6 强酸性染料染羊毛染色处方和染液配制方案

染色基本条件	浴比：1∶50；羊毛质量：2 g/份；染料母液浓度：2 g/L；硫酸母液浓度：10 g/L；元明粉母液浓度：20 g/L			
染料浓度/%(o. w. f.)	0.1	0.5	1.0	2.0
染料母液体积(mL)	1	5	10	20
98%硫酸浓度/%(o. w. f.)	2	2	3	4
硫酸母液体积(mL)	4	4	6	6
元明粉浓度/%(o. w. f.)	5	5	10	10
元明粉母液体积(mL)	5	5	10	10
染液总体积(mL)	100	100	100	100
染料浓度/%(o. w. f.)	90	86	74	64

(2) 染色操作。吸取染料母液、元明粉母液，补加规定量的水于染杯中，混匀；染杯置于水浴中加热至 30 ℃左右，润湿并挤干的小样入染，30 min 内升温至 95～98 ℃，取出小样；加入硫酸母液（若用量较高，可分 2 次加入，第二次在第一次加入 15 min 后进行），搅拌均匀后重新放入小样，30 min 后取出小样，以冷水充分洗涤，干燥后整理，贴于单色样卡的染色样一栏中。

(3) 染色工艺曲线如下：

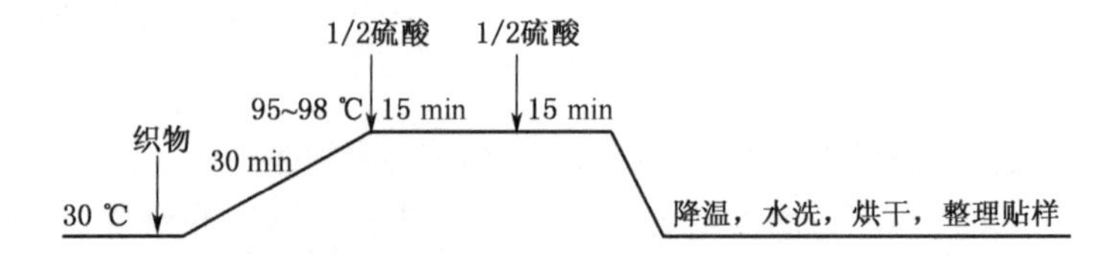

2. 弱酸性染料染真丝

(1) 染色处方和染液配制方案见表 8-3-7。

表 8-3-7 弱酸性染料染真丝染色处方和染液配制方案

染色基本条件	浴比:1∶30;真丝织物质量:4 g/块;染料母液浓度:4 g/L;平平加O母液浓度:10 g/L;冰醋酸母液浓度:10 mL/L;pH值:4～4.5			
染料浓度/%(o.w.f.)	0.1	0.5	1.0	2.0
染料母液体积(mL)	1	5	10	20
平平加O母液浓度(g/L)	0.5	0.5	0.33	0.25
平平加O母液体积(mL)	6	6	4	3
冰醋酸母液浓度(mL/L)	0.5	0.5	0.5	0.5
冰醋酸母液体积(mL)	6	6	6	6
食盐浓度(g/L)	不加	不加	2.0	5.0
称取食盐质量(g)	0	0	0.24	0.6
染液总体积(mL)	120	120	120	120
补加水的体积(mL)	107	103	100	91

注:若待染的真丝织物轻薄,则小样质量可定为2 g/块,浴比为1∶50。

(2) 染色操作。称取食盐,吸取冰醋酸母液和染料母液,置于染杯中,补加规定量的水,混匀;染液在水浴中加热至50～60 ℃时,把润湿并挤干的真丝小样入染,在15 min内升温至95～98 ℃,继续染色45 min后取出小样,以冷水充分洗涤,干燥后整理剪样,贴于单色样卡的染色样一栏中。

(3) 染色工艺曲线如下:

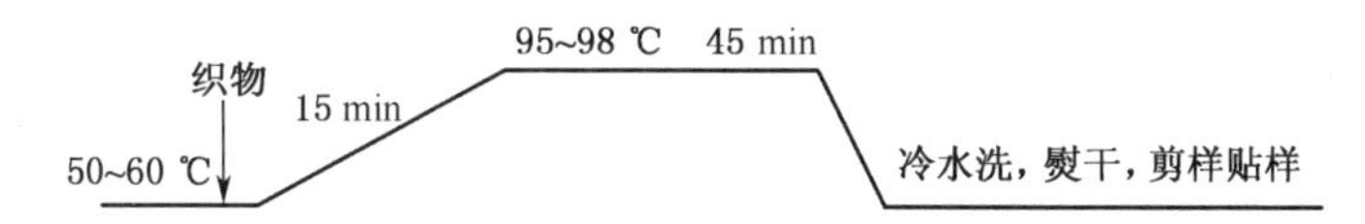

(四) 还原染料隐色体染棉

1. 染色处方及工艺

见表8-3-8。

表 8-3-8 还原染料隐色体染棉染色处方及工艺

染色基本条件	棉织物质量:4 g/块;浴比:1∶50											
染料浓度/%(o.w.f.)	0.1			0.5			1.0			2.0		
染色方法	甲	乙	丙	甲	乙	丙	甲	乙	丙	甲	乙	丙
烧碱浓度 (mL/L)	20	8	8	25	10	10	25	10	10	30	15	15
保险粉浓度(g/L)	3	3	3	5	5	5	7	7	7	10	8	8
食盐浓度(g/L)	—	—	—	—	8	10	—	10	15	—	15	20
太古油	数滴(以染料调成浆状为标准)											
还原温度(℃)	甲法:60;乙法50;丙法:50											
染色温度(℃)	甲法:60;乙法50;丙法:50											
氧化方法	一般采用空气或水浴氧化。对于难氧化的,可采用:过硼酸钠3 g/L,30～50 ℃,10 min;重铬酸钠1～2 g/L,50～70 ℃,10 min;次氯酸钠1.5～3 g/L,室温,15～30 min											
皂煮	肥皂4 g/L,纯碱3 g/L,浴比1∶30,90～95 ℃,10 min											

注:还原染料隐色体的特殊法染色应用较少,因此,未列入染色处方中。

2. 染液配制

还原染料还原成隐色体而溶解，还原方法有以下两种：

(1) 干缸还原法。称取染料放入小烧杯中，加太古油数滴调成浆状，用热水(约 50 mL)调匀，然后加入 2/3 的烧碱和保险粉，并使染浴量约为全浴量的 1/3，在规定温度下还原 10～15 min，直至染液澄清(或将染液滴于滤纸上，无浮渣出现)。另外，预先在染杯内加入剩余的烧碱和保险粉及水，然后将上述干缸还原液加入，即组成染液。

(2) 全浴还原法。在染杯内加入称好的染料，滴加太古油调成浆状，用少量热水调匀，然后加入烧碱和保险粉，加入水至全浴量，在规定温度下还原 10～15 min，直至染液澄清。

常见染料的还原方法选择见表 8-3-9。

表 8-3-9　常用染料的还原方法选择

染料名称	还原方法	染料名称	还原方法
还原黄 GCN	干缸还原	还原蓝 RSN	全浴还原
还原黄 6GK	干缸还原	还原蓝 BC	全浴还原
还原艳橙 RK	干缸还原	还原艳绿 FFB	干缸还原
还原艳桃红 R	干缸还原	还原橄榄绿 B	干缸还原
还原大红 R	全浴还原	还原卡其 2G	干缸还原
还原黄 C	干缸还原	还原橄榄 R	干缸还原

3. 染色工艺曲线

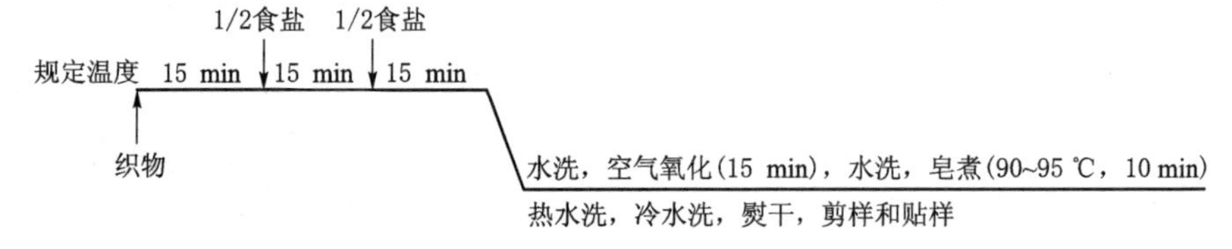

4. 染色操作

将染杯置于水浴锅中，将温度升至规定染色温度，把经过充分润湿并挤干的试样放入染液中，染色 15 min 后加入 1/2 食盐(甲法不加)，再经过 15 min 加入另外的 1/2 食盐，继续染色 15 min；取出试样，均匀挤干，摊开放在空气中氧化 15 min；然后水洗(剪取部分试样，贴样，做对比)，皂煮(90～95 ℃，10 min)后热水洗，再冷水洗，熨干后剪样、贴样。

5. 注意事项

在染色过程中，防止试样暴露在液面外；每隔 10～15 min 检查一次氢氧化钠和保险粉是否足量(检验 NaOH 的方法：用 pH 试纸，染色液 pH 值保持在 13 左右；检验保险粉的方法：用还原黄 G 试纸，在 3 s 内由黄变蓝，若变蓝较慢，说明保险粉的量已不足)，若不足量，会使隐色体过早氧化从而影响上染，此时需适量补加。

(五) 分散染料染涤纶

1. 染色处方和染液配制方案

染色处方和染液配制方案见表 8-3-10。

表 8-3-10　分散染料染涤纶染色处方和染液配制方案

染色基本条件	涤纶织物质量：2 g/块；浴比：1∶50；pH 值：4.5～5.5；染料母液浓度：2 g/L；冰醋酸母液浓度：10 mL/L			
染料浓度/%(o.w.f.)	0.1	0.5	1.0	2.0
染料母液体积(mL)	1	5	10	20
冰醋酸浓度(mL/L)	0.4	0.4	0.4	0.4
冰醋酸母液体积(mL)	4	4	4	4
扩散剂浓度(g/L)	2	1.5	1	0.5
称取扩散剂质量(g)	0.2	0.15	0.1	0.05
染液总体积(mL)	100	100	100	100
补加水体积(mL)	95	91	86	76

2. 染色工艺曲线

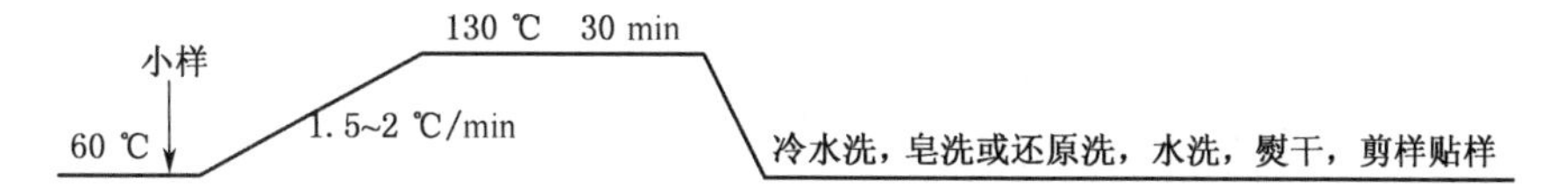

3. 染色操作

（1）吸取扩散剂、冰醋酸、染料母液，置于不锈钢染杯中，并补加水至总染液体积，混匀。

（2）将染杯置于水浴中加热至 60 ℃，把充分润湿并挤干的小样放入染杯中，盖好染杯盖，并拧紧杯盖。

（3）将染杯置于红外线高温高压样机中，关好样机门，设定工艺参数后开机运行，直至染色机按程序完成染色。

（4）取出染杯和小样，进行水洗和皂煮或还原清洗，最后经水洗、熨干，剪样并贴样。皂洗或还原清洗处方见表 8-3-11。

表 8-3-11　皂洗或还原清洗处方

项　目	肥皂浓度(g/L)	纯碱浓度(g/L)	保险粉浓度(g/L)	平平加 O 浓度(g/L)	温度(℃)	时间(min)
皂煮清洗	2	2	—	—	98～100	10
还原清洗	—	1～2	1～2	1	75～85	10～15

（六）阳离子染料染腈纶

1. 染色处方和染液配制方案

染色处方和染液配制方案见表 8-3-12。

表 8-3-12　阳离子染料染腈纶染色处方和染液配制方案

染色基本条件	腈纶质量：2 g/份；浴比：1∶50；染料母液浓度：2 g/L；冰醋酸母液浓度：10 g/L（近似为 10 mL/L）；醋酸钠母液浓度：10 g/L；匀染剂 1227 母液浓度：5 g/L			
染料浓度/%(o.w.f.)	0.1	0.5	1.0	2.0
染料母液体积(mL)	1	5	10	20

续 表

染色基本条件	腈纶质量:2 g/份;浴比:1∶50;染料母液浓度:2 g/L;冰醋酸母液浓度:10 g/L(近似为 10 mL/L);醋酸钠母液浓度:10 g/L;匀染剂 1227 母液浓度:5 g/L			
冰醋酸浓度/%(o. w. f.)	3.0	3.0	2.0	2.0
冰醋酸母液体积(mL)	6	6	4	4
醋酸钠浓度/%(o. w. f.)	1.0	1.0	1.0	1.0
醋酸钠母液体积(mL)	2	2	2	2
匀染剂 1227 浓度/%(o. w. f.)	0.5	0.5	0.5	0.5
匀染剂 1227 母液体积(mL)	2	2	2	2
染液总体积(mL)	100	100	100	100
补加水体积(mL)	89	84	82	72
pH 值	3.0～4.5	3.0～4.5	4.0～5.0	4.0～5.0

2. 染色工艺曲线

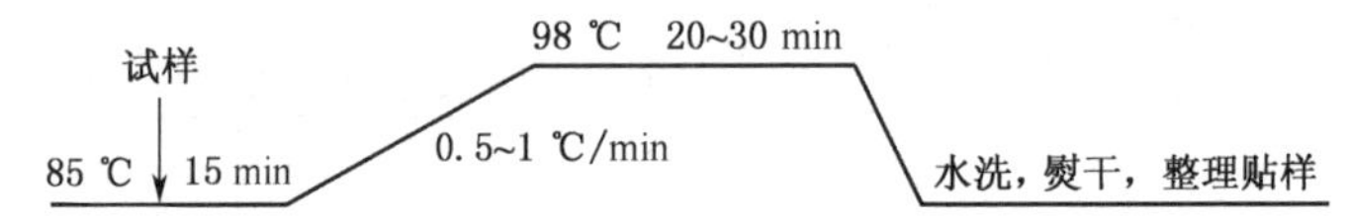

3. 染色操作

(1) 吸取规定量的醋酸钠母液和匀染剂母液，置于染杯中，并补加规定量的水配成溶液，混匀。

(2) 将上述溶液置于水浴中升温至 85 ℃，然后投入试样处理 10 min。

(3) 取出试样，染杯中加入规定量的染料母液，在 85 ℃恒温条件下染色 45 min，并不断翻动试样。

(4) 升温至沸，续染 20～30 min。

(5) 取出染杯，让其自然降温至 50 ℃，取出试样，水洗、熨干，整理贴样。

(七) 弱酸性染料染锦纶

1. 染色处方和染液配制方案

染色处方和染液配制方案见表 8-3-13。

表 8-3-13 弱酸性染料染锦纶染色处方和染液配制方案

染色基本条件	浴比:1∶50;锦纶织物质量:2 g/块;染料母液浓度:2 g/L;冰醋酸母液浓度:10 g/L (近似为 10 mL/L);净洗剂 LS 母液浓度:10 g/L;pH 值:3～6			
染料浓度/%(o. w. f.)	0.1	0.5	1.0	2.0
染料母液体积(mL)	1	5	10	20
冰醋酸浓度/%(o. w. f.)	0.5	1.0	2.0	3.0
冰醋酸母液体积(mL)	1	2	4	6
净洗剂 LS 浓度/%(o. w. f.)	3.0	3.0	2.0	2.0
净洗剂母液体积(mL)	6	6	4	4
染液总体积(mL)	100	100	100	100
补加水的体积(mL)	92	87	82	70

2. 染色工艺曲线

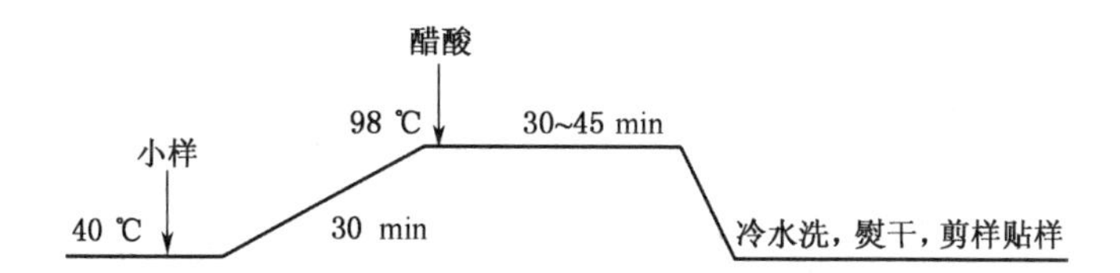

3. 染色操作

(1) 吸取规定量的染料母液、净洗剂 LS 母液，置于染杯中，补加规定量的水，混匀。

(2) 将染液在水浴中加热至 40 ℃左右时，把已润湿并挤干的小样入染，在 30 min 内升温至 95～100 ℃；然后取出小样，加入醋酸(若用量较高，可分 2 次加入，第二次在第一次加入 15 min后进行)，搅拌均匀后重新放入小样，染色 30～45 min，取出小样。

(3) 小样经水洗，熨干后整理剪样，贴于单色样卡的染色样一栏中。

第四节　轧染法单色样卡制作

一、活性染料染色

活性染料的轧染工艺方法可分为两种：染料碱剂一浴法和染料碱剂二浴法。另外，活性染料还可以用冷轧堆法实施染色。各方法的单色打样工艺如下：

(一) 染料碱剂一浴法

1. 工艺流程

小样浸轧染液(二浸二轧，轧余率 70%)→烘干(80～90 ℃)→汽蒸或焙烘→水洗(先冷水后热水)→皂洗(皂粉 3 g/L，浴比 1∶30，95 ℃以上，3～5 min)→水洗(先热水洗，后冷水洗)→熨干→整理贴样。

2. 染色处方及工艺

见表 8-4-1 和表 8-4-2。

表 8-4-1　X 型和 KN 型活性染料染棉一浴法轧染染色处方及工艺

染料浓度(g/L)	0.5	1.0	2.0	5.0	10	20
碳酸氢钠浓度(g/L)	3	5	8	10	15	20
润湿剂浓度(g/L)	2	2	2	2	2	2
汽蒸固色工艺	温度 100～103 ℃，时间 0.5～2 min					
焙烘固色工艺	温度 120～140 ℃，时间 2～4 min					
备　注	小样尺寸：100 mm×200 mm/块					

表 8-4-2　M 型活性染料染棉一浴法轧染染色处方及工艺

染料浓度(g/L)	0.5	1.0	2.0	5.0	10	20
碳酸氢钠浓度(g/L)	4	6	10	15	20	25
润湿剂浓度(g/L)	2	2	2	2	2	2

续 表

汽蒸固色工艺	温度 100～103 ℃,时间 1～2 min
焙烘固色工艺	温度 120～160 ℃,时间 2～4 min

注:K 型活性染料的碱剂用纯碱或磷酸钠,用量与表 8-4-1 中的处方同;汽蒸固色时间为 3～6 min,焙烘固色温度为 150～160 ℃

3. 染色操作

(1) 计算染料和助剂用量:根据处方计算配制 100 mL 染液所需的染料和助剂用量。

(2) 配制轧染工作液:用电子天平称取染料,置于 250 mL 烧杯中,滴加渗透剂调成浆状,并以少量纯净水溶解,再加入已经溶解好的尿素、防泳移剂、碳酸氢钠溶液,搅拌均匀,加水至规定液量,待用。

(3) 小样浸轧染液:将准备好的干燥小样投入染液中,室温下二浸二轧,每次浸渍时间约 10 s。

(4) 烘干:将浸染后的小样悬挂在烘箱内,在 80～90 ℃下烘干。

(5) 固色:将烘干的小样置于蒸箱内,按规定温度和时间汽蒸固色;或将烘干的小样置于烘箱内,按规定温度和时间焙烘固色。

(6) 染后处理:将固色后的小样以冷水洗,然后皂洗,再经水洗并烘干。

(7) 整理贴样:同浸染法。

4. 注意事项

(1) 小样浸轧液应均匀,浸轧前后小样防止碰到水滴。

(2) KN 型活性染料,若采用焙烘法固色,除酞菁结构外,一般不加尿素,防止碱性高温条件下尿素与 KN 型染料的活性基反应。

(3) 一浴法更适合反应性较强的活性染料(如 X 型),二浴法较适合反应性较弱的活性染料(如 K 型)。

(二) 染料碱剂二浴法

1. 工艺流程

浸轧染液(二浸二轧,轧余率 70%)→烘干(80～90 ℃)→浸渍固色液(室温,5～10 s)→汽蒸(100～103 ℃,1 min)→后处理(同染料碱剂一浴法)。

2. 染液及固色液处方

见表 8-4-3 和表 8-4-4。

表 8-4-3 X 型和 KN 型活性染料染棉二浴法轧染染液及固色液处方

轧染液	染料浓度(g/L)	0.5	1.0	2.0	5.0	10	20
	润湿剂浓度(g/L)	2	2	2	2	2	2
固色液	纯碱浓度(g/L)	3	5	8	10	15	20
	元明粉浓度(g/L)	50	50	50	60	60	60

表 8-4-4 B 型、K 型和 M 型活性染料染棉二浴法轧染染液及固色液处方

轧染液	染料浓度(g/L)	0.5	1.0	2.0	5.0	10	20
	润湿剂浓度(g/L)	2	2	2	2	2	2
固色液	烧碱浓度(g/L)	3	5	8	10	15	20
	食盐浓度(g/L)	50	50	50	60	600	60

3. 染色操作

(1) 计算染料和助剂用量：根据处方计算配制 100 mL 染液所需的染料和助剂用量。

(2) 配制轧染工作液：用电子天平称取染料，置于 250 mL 烧杯中，滴加渗透剂调成浆状，并以少量水溶解，再加入已经溶解好的尿素、防泳移剂，搅拌均匀，加水至规定液量，待用。

(3) 小样浸轧染液：将准备好的干燥小样投入染液中，室温下浸轧染液。二浸二轧，每次浸渍时间约 10 s。

(4) 烘干：将浸染后的小样悬挂在烘箱内烘干。

(5) 配制碱固色液：根据处方计算配制 100 mL 固色液所需的碱剂和食盐用量。用电子天平称取固色碱、食盐钠，置于 250 mL 烧杯中，加水溶解并稀释至规定液量，搅拌均匀，待用。

(6) 浸渍固色液：将烘干后的小样浸渍固色液后立即取出，平放在一片聚氯乙烯塑料薄膜上，并迅速盖上另一片薄膜，压平至无气泡。

(7) 汽蒸固色：将盖有薄膜的小样置于烘箱内，按规定温度和时间汽蒸固色。

(8) 染后处理：将固色后的小样经冷水洗、皂洗，再经水洗，然后烘干。

(9) 整理贴样。

(三) 活性染料冷轧堆法

1. 工艺流程

小样浸轧染液(室温，二浸二轧，轧余率 60%)→塑料薄膜包封→室温堆置→染后处理(同染料碱剂一浴法)。

2. 轧染液处方

见表 8-4-5～表 8-4-7。

表 8-4-5　X 型活性染料染棉冷轧堆轧染液处方

染料浓度(g/L)	0.5	1.0	2.0	5.0	10	20
尿素浓度(g/L)	—	—	—	—	20	30
纯碱浓度(g/L)	2	3	5	8	10	20
备　注	轧染后室温堆置时间为 3～5 h					

表 8-4-6　B 型、M 型和 KN 型活性染料染棉冷轧堆轧染液处方

染料浓度(g/L)	0.5	1.0	2.0	5.0	10	20
尿素浓度(g/L)	—	—	—	—	20	30
30%烧碱浓度(g/L)	5	5	6	6	10	10
35%水玻璃浓度(g/L)	60	60	70	70	70	70
备　注	轧染后室温堆置时间为 8～10 h					

表 8-4-7　KE 型和 K 型活性染料染棉冷轧堆轧染液处方

染料浓度(g/L)	0.5	1.0	2.0	5.0	10	20
尿素浓度(g/L)	—	—	—	—	20	30
30%烧碱浓度(g/L)	10	12	15	20	25	30
35%水玻璃浓度(g/L)	60	60	60	70	70	70
备　注	轧染后室温堆置时间：KE 型 15～18 h，K 型 16～24 h					

3. 染色操作

(1) 计算染料和助剂用量:根据处方计算配制 100 mL 染液所需的染料和助剂用量。

(2) 配制轧染工作液:用电子天平称取染料,置于 250 mL 烧杯中,以少量水调匀,再加入已经溶解好的其他助剂(如尿素、碱剂、水玻璃)溶液,搅拌均匀并加水至规定液量。

(3) 小样浸轧染液:将准备好的干燥小样投入染液中,室温下浸轧染液。二浸二轧,每次浸渍时间约 10 s。

(4) 堆置固色:将浸染后的小样用塑料薄膜包好,室温下放置规定时间。

(5) 染后处理:将固色后的小样经冷水洗、皂洗,再经水洗,然后烘干(熨干)。

(6) 整理贴样。

4. 注意事项

(1) 小样浸轧液应均匀,浸轧前后小样防止碰到水滴。

(2) 浸轧染液严格控制轧余率,并保证均匀浸轧。

(3) 塑料薄膜包封时应平整、密封、无气泡。

二、还原染料轧染

1. 工艺流程

浸轧染料(室温,二浸二轧,轧余率 65%~70%)→烘干(80 ~ 90 ℃)→浸轧还原液(室温,一浸一轧)→汽蒸(100 ~ 102 ℃,1 min 左右)→水洗→氧化→皂洗(肥皂 5 g/L,纯碱3 g/L,浴比 1∶30,95 ℃以上,3~5 min)→水洗→烘干。

2. 染色处方及工艺

见表 8-4-8。

表 8-4-8 还原染料轧染染色处方及工艺

项目		浅色	中色	深色
轧染液组成	染料浓度(g/L)	≤10	11~24	≥25
	扩散剂 NNO 浓度(g/L)	0.5~1.0	1.0~1.5	1.5
	渗透剂 JFC 浓度(g/L)	1	1.5	2
	防泳移剂浓度(g/L)	10	10	10
还原液	烧碱浓度(g/L)	15~20	20~25	≥25
	保险粉浓度(g/L)	15~20	20~25	≥25
氧化	30%双氧水浓度(g/L)	0.5~1.5		
	工艺条件	温度 40~50 ℃,时间 10~15 min		
皂煮	肥皂浓度(g/L)	5		
	纯碱浓度(g/L)	3		
	工艺条件	浴比 1∶30,95 ℃以上,3~5 min		

3. 染色操作

(1) 计算染化药剂用量:按染料悬浮液处方计算配制 100 mL 染液所需的染料和助剂用量;按还原液处方,计算配制 100 mL 还原液所需的保险粉、氢氧化钠的用量。

(2) 配制染料悬浮液:用电子天平称取染料,置于 250 mL 烧杯中,滴加扩散剂和渗透剂 JFC 溶液调成浆状,加入少量水搅拌均匀,加水稀释至规定液量,待用。

(3) 小样浸轧染液：将准备好的干燥小样投入染液中，室温下二浸二轧，每次浸渍时间约 10 s。

(4) 烘干：将浸染后的小样悬挂在烘箱内烘干。

(5) 配制还原液：用电子天平称取保险粉置于 250 mL 烧杯中，加水溶解后加入氢氧化钠，加水稀释至规定液量，搅拌均匀，待用。

(6) 浸渍还原液：将烘干小样浸渍还原液后立即取出，平放在一片聚氯乙烯塑料薄膜上，并迅速盖上另一片薄膜，压平至无气泡。

(7) 汽蒸还原固色：将盖有薄膜的小样置于烘箱内，按规定温度和时间汽蒸还原。

(8) 染后处理：将固色后的小样经水洗、氧化，再经水洗、皂煮，最后水洗、干燥。

(9) 剪样和贴样。

4. 注意事项

(1) 还原染料颗粒要细而匀(<2 μm)，以确保染料悬浮液稳定和还原速率。染色前应对染料的颗粒度进行检验，常用的简便方法为：取待检染料分散在含平平加 O 0.01 g/L 的溶液中，配成 5 g/L 的染料悬浮液，然后滴在滤纸上，染料向四周扩散形成圆形；若圆形的直径为 3～5cm，圆周内无水印，圆心无色点、色圈，染料扩散均匀，干燥后外圈有一圈深色，则染料颗粒度符合要求。该方法称为滤纸渗圈测定法。

(2) 小样保持平整且浸还原液时间短，防止染料脱落。

(3) 轧液应均匀，浸轧前后小样防止碰到水滴。

(4) 调节小轧车压辊压力，保证需要的轧余率。

(5) 烘干时防止染料产生泳移现象，温度以控制在 80～90 ℃为宜；也可以先用电炉将小样烘至半干，再置于烘箱内烘干。

(6) 烘干后的小样冷却后，再浸渍还原液。

(7) 塑料薄膜内空气应排干净，防止影响染料还原。

三、分散染料热熔法染色

1. 工艺流程

浸轧染液(室温，二浸二轧，轧余率 45%)→烘干(80～90 ℃)→高温热熔(190～220 ℃，1～1.5 min)→皂洗或还原清洗→热水洗→冷水洗→烘干→整理贴样。

2. 染色处方及工艺

见表 8-4-9。

表 8-4-9 分散染料染涤化热熔染色处方及工艺

轧染液	染料浓度(g/L)	0.5	1.0	2.0	5.0	10	20
	JFC 浓度(g/L)	1	1	1	1	1	1
皂洗 (适于浅色)	肥皂浓度(g/L)	2	2	2	2	—	
	纯碱浓度(g/L)	2	2	2	2	—	
	工艺条件	98～100 ℃，10 min				—	
还原清洗 (适于中深色)	保险粉浓度(g/L)	—				2	2
	纯碱浓度(g/L)	—				2	2
	平平加 O 浓度(g/L)	—				1	1
	工艺条件	—				75～85 ℃，10～15 min	

3. 染色操作

(1) 计算染料和助剂用量：按处方计算配制 100 mL 染液所需的染料和助剂用量。

(2) 配制轧染工作液：用电子天平称取染料，置于 250 mL 烧杯中，滴加渗透剂和少量水调成浆状，搅拌均匀并加水至规定液量，待用。

(3) 小样浸轧染液：将准备好的干燥小样投入染液中，室温下浸轧染液。二浸二轧，每次浸渍时间约 10 s。

(4) 烘干：将浸染后的小样悬挂在烘箱内烘干。

(5) 固色：将烘干的小样置于烘箱内，按规定温度和时间焙烘固色。

(6) 染后处理：将固色后的小样经水洗、皂洗或还原清洗，再经水洗、烘干。

(7) 整理贴样：同浸染法。

4. 注意事项

(1) 小样浸轧液应均匀，浸轧前后小样防止碰到水滴。

(2) 热熔染色需选用中、高温型分散染料，否则易升华。

(3) 为防止染料泳移，小样浸轧染液后可先用电炉烘至半干，再置于烘箱内烘干。

四、涂料轧染

用于纺织品染色和印花的涂料，一般由颜料和一定比例的甘油、匀染剂、乳化剂，以及水配成浆状，再配以一定量的增稠剂、消泡剂和交联剂。使用时，利用黏合剂的作用，将颜料机械地黏着在纤维的表面，达到染色或印花的目的。

颜料是对纤维无亲和力，且不溶于水的有色物质。涂料轧染是通过压辊挤轧作用，将涂料和黏合剂均匀浸轧在织物上，然后经过高温焙烘，使黏合剂在织物表面形成一层薄膜，从而将涂料机械地黏着在纤维上。涂料染色的特点表现为对纤维无亲和力、无选择性，所以适用于各种纤维织物，工艺流程短，不需水洗，可节约水资源，但染色产品的手感一般不理想。

1. 工艺流程

小样浸轧涂料液（室温，二浸二轧，一定轧余率）→烘干（80～90 ℃）→焙烘（160 ℃，2 min）。

2. 染色处方

见表 8-4-10。

表 8-4-10　涂料轧染染色处方

涂料浓度(g/L)	0.05	0.1	0.5	1.0	2.0	5.0
黏合剂浓度(g/L)	0	10	15	20	20	30
备　注	打小样可以不加黏合剂					

3. 染色操作

(1) 计算涂料和助剂用量：按处方计算配制 100 mL 涂料轧染液所需要的涂料和助剂用量。

(2) 配制轧染工作液：用电子天平称取涂料，置于 250 mL 烧杯中，用少量水调成浆状，在不断搅拌条件下顺序加入黏合剂，加水至规定液量，搅拌均匀，待用。

（3）小样浸轧涂料液：将配好的涂料液倒入小搪瓷盘，把准备好的小样平放入涂料液中，室温下二浸二轧，每次浸渍时间约 10 s。

（4）烘干：将浸染后的小样悬挂在烘箱内，于规定温度下烘干。

（5）固色：烘干的小样置于烘箱内，按规定温度和时间焙烘固色。

（6）整理贴样。

4. 注意事项

（1）选用的涂料粒径应小于 0.5 μm，否则易出现色点疵病。

（2）配制涂料轧染液时，搅拌需充分均匀，浸轧染液均匀，确保得色均匀。

第五节　三原色拼色样卡制作

一、三原色拼色打样基本方案

染料的拼色属于减法混色。染料的三原色是红、黄、蓝。理论上讲，各种颜色都可以用这三种颜色的染料，以不同的比例混合拼成。为了能直观地观察三原色拼色时颜色的变化规律，增强对颜色变化量的把握能力，制作三原色拼色样卡对从事配色打样工作而言是十分必要的。

三原色拼色工作步骤包括：三原色染料选择→确定染色总浓度→规定三原色浓度递变梯度→确定三原色拼混处方→分批染色打样→整理贴样。

1. 染料三原色选择

最好选择染料生产供应商所提供的配套三原色进行拼色实验。

2. 确定染色总浓度

染料拼色时，染色总浓度的确定一般按照浅色、中色、深色分为几个档次系列。例如，将三原色的总浓度的档次系列定为：浅色≤0.5%(o. w. f.)；中浅色为 0.5%(o. w. f.)～1.5%(o. w. f.)；中深色为 1.5%(o. w. f). ～2.0%(o. w. f.)；深色≥2.0%(o. w. f.)；等等。

3. 规定三原色浓度递变梯度

三原色染料浓度的递变梯度是根据实际情况人为规定的，为了更直观地观察拼色颜色的变化规律，并且能更加快速地得到拼混处方，每种染料按原浓度的 1/10(或 1/5 和 1/20 等)的梯度进行规律性递变，这样便可以形成红、黄、蓝三种颜色的染料浓度不断变化的、一定数目的三原色拼混处方。

4. 染色打样，整理贴样

根据染色处方分批完成染色打样，及时整理小样，贴在三原色拼色样卡上，即得到一套有重要参考价值的三原色拼色样卡。

二、三原色染料浓度递变原理图

1. 染料浓度递变原理图绘制

（1）拼色染料总浓度定为：1.0%(o. w. f.)，规定浓度递变梯度为总浓度的 1/10，即染料按 0.1%(o. w. f.)的用量减少或增加。

(2) 绘制一个等边三角形，三个顶点分别表示：红(R)1.0%；黄(Y)1.0%；蓝(B)1.0%。

(3) 把三角形的三条边10等分，标出刻度点，将各边刻度点连线，得到图8-5-1所示的浓度递变原理图。

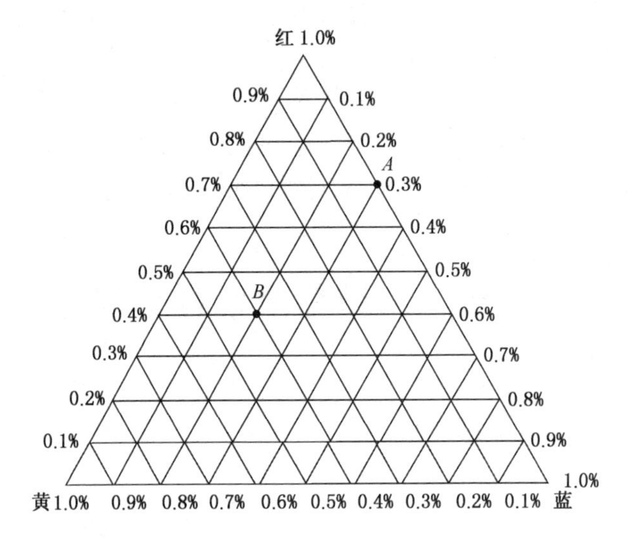

图8-5-1　三原色拼色染料浓度递变原理图

2. 递变原理图中的交点信息

(1) 递变图中，每个交点对应一个染料拼色处方，即打样染料处方。图中的交点总数 N，由等差数列求和公式可求出 $N=66$，即打样总数为66个。采用不同的浓度递变梯度，有不同数目的交点，即打样处方数不同，可根据情况人为规定。

(2) 66个颜色包括以下三种情况：

① 三角形的三个顶点分别为红、黄、蓝各给出浓度的纯色。

② 三角形的三条边上的交点分别为两种颜色的拼色，"红-黄"边上的各交点为红、黄拼色，"红-蓝"边上的各交点为红、蓝拼色，"黄-蓝"边上的各交点为黄、蓝拼色。

③ 三角形内部各交点为红、黄、蓝三种颜色的拼色处方。

例如：图中 A 交点代表红、蓝拼色的一个处方，根据浓度递变梯度可知，拼色时红、蓝染料的浓度为红0.7%(o. w. f.)、蓝0.3%(o. w. f.)；图中 B 交点代表红、黄、蓝拼色的一个处方，拼色时各颜色的染料浓度为红0.4%(o. w. f.)、黄0.4%(o. w. f.)、蓝0.2%(o. w. f.)。

(3) 对应各交点打出的小样，整理裁剪成小三角形后，对应粘贴在图8-5-1中交点下的小三角形中，即制成三原色拼色样卡。所形成的样卡也称为三原色拼色宝塔图或三原色拼色金字塔图等，如图8-5-2所示。

3. 拼色染料组成方案确定

(1) 把66个交点，从1～66依次编号，并标注。例如：按照从上到下、从左到右的顺序编号。

(2) 根据三角形各边的刻度标，确定1～66号的对应染料浓度组成(打样染料处方组成)，并填入画好的表格中，如表8-5-1所示。

表 8-5-1 三原色拼色染料处方浓度

序号	R 染料浓度-染料母液体积	Y 染料浓度-染料母液体积	B 染料浓度-染料母液体积	序号	R 染料浓度-染料母液体积	Y 染料浓度-染料母液体积	B 染料浓度-染料母液体积
1	1%(o.w.f.)-10 mL	0	0	34	0.3%(o.w.f.)-3 mL	0.2%(o.w.f.)-2 mL	0.5%(o.w.f.)-5 mL
2	0.9%(o.w.f.)-9 mL	0.1%(o.w.f.)-1 mL	0	35	0.3%(o.w.f.)-3 mL	0.1%(o.w.f.)-1 mL	0.6%(o.w.f.)-6 mL
3	0.9%(o.w.f.)-9 mL	0	0.1%(o.w.f.)-1 mL	36	0.3%(o.w.f.)-3 mL	0	0.7%(o.w.f.)-7 mL
4	0.8%(o.w.f.)-8 mL	0.2%(o.w.f.)-2 mL	0	37	0.2%(o.w.f.)-2 mL	0.8%(o.w.f.)-8 mL	0
5	0.8%(o.w.f.)-8 mL	0.1%(o.w.f.)-1 mL	0.1%(o.w.f.)-1 mL	38	0.2%(o.w.f.)-2 mL	0.7%(o.w.f.)-7 mL	0.1%(o.w.f.)-1 mL
6	0.8%(o.w.f.)-8 mL	0	0.2%(o.w.f.)-2 mL	39	0.2%(o.w.f.)-2 mL	0.6%(o.w.f.)-6 mL	0.2%(o.w.f.)-2 mL
7	0.7%(o.w.f.)-7 mL	0.3%(o.w.f.)-3 mL	0	40	0.2%(o.w.f.)-2 mL	0.5%(o.w.f.)-5 mL	0.3%(o.w.f.)-3 mL
8	0.7%(o.w.f.)-7 mL	0.2%(o.w.f.)-2 mL	0.1%(o.w.f.)-1 mL	41	0.2%(o.w.f.)-2 mL	0.4%(o.w.f.)-4 mL	0.4%(o.w.f.)-4 mL
9	0.7%(o.w.f.)-7 mL	0.1%(o.w.f.)-1 mL	0.2%(o.w.f.)-2 mL	42	0.2%(o.w.f.)-2 mL	0.3%(o.w.f.)-3 mL	0.5%(o.w.f.)-5 mL
10	0.7%(o.w.f.)-7 mL	0	0.3%(o.w.f.)-3 mL	43	0.2%(o.w.f.)-2 mL	0.2%(o.w.f.)-2 mL	0.6%(o.w.f.)-6 mL
11	0.6%(o.w.f.)-6 mL	0.4%(o.w.f.)-4 mL	0	44	0.2%(o.w.f.)-2 mL	0.1%(o.w.f.)-1 mL	0.7%(o.w.f.)-7 mL
12	0.6%(o.w.f.)-6 mL	0.3%(o.w.f.)-3 mL	0.1%(o.w.f.)-1 mL	45	0.2%(o.w.f.)-2 mL	0	0.8%(o.w.f.)-8 mL
13	0.6%(o.w.f.)-6 mL	0.2%(o.w.f.)-2 mL	0.2%(o.w.f.)-2 mL	46	0.1%(o.w.f.)-1 mL	0.9%(o.w.f.)-9 mL	0
14	0.6%(o.w.f.)-6 mL	0.1%(o.w.f.)-1 mL	0.3%(o.w.f.)-3 mL	47	0.1%(o.w.f.)-1 mL	0.8%(o.w.f.)-8 mL	0.1%(o.w.f.)-1 mL
15	0.6%(o.w.f.)-6 mL	0	0.4%(o.w.f.)-4 mL	48	0.1%(o.w.f.)-1 mL	0.7%(o.w.f.)-7 mL	0.2%(o.w.f.)-2 mL
16	0.5%(o.w.f.)-5 mL	0.5%(o.w.f.)-5 mL	0	49	0.1%(o.w.f.)-1 mL	0.6%(o.w.f.)-6 mL	0.3%(o.w.f.)-3 mL
17	0.5%(o.w.f.)-5 mL	0.4%(o.w.f.)-4 mL	0.1%(o.w.f.)-1 mL	50	0.1%(o.w.f.)-1 mL	0.5%(o.w.f.)-5 mL	0.4%(o.w.f.)-4 mL
18	0.5%(o.w.f.)-5 mL	0.3%(o.w.f.)-3 mL	0.2%(o.w.f.)-2 mL	51	0.1%(o.w.f.)-1 mL	0.4%(o.w.f.)-4 mL	0.5%(o.w.f.)-5 mL
19	0.5%(o.w.f.)-5 mL	0.2%(o.w.f.)-2 mL	0.3%(o.w.f.)-3 mL	52	0.1%(o.w.f.)-1 mL	0.3%(o.w.f.)-3 mL	0.6%(o.w.f.)-6 mL
20	0.5%(o.w.f.)-5 mL	0.1%(o.w.f.)-1 mL	0.4%(o.w.f.)-4 mL	53	0.1%(o.w.f.)-1 mL	0.2%(o.w.f.)-2 mL	0.7%(o.w.f.)-7 mL
21	0.5%(o.w.f.)-5 mL	0	0.5%(o.w.f.)-5 mL	54	0.1%(o.w.f.)-1 mL	0.1%(o.w.f.)-1 mL	0.8%(o.w.f.)-8 mL
22	0.4%(o.w.f.)-4 mL	0.6%(o.w.f.)-6 mL	0	55	0.1%(o.w.f.)-1 mL	0	0.9%(o.w.f.)-9 mL
23	0.4%(o.w.f.)-4 mL	0.5%(o.w.f.)-5 mL	0.1%(o.w.f.)-1 mL	56	0	1%(o.w.f.)-10 mL	0
24	0.4%(o.w.f.)-4 mL	0.4%(o.w.f.)-4 mL	0.2%(o.w.f.)-2 mL	57	0	0.9%(o.w.f.)-9 mL	0.1%(o.w.f.)-1 mL
25	0.4%(o.w.f.)-4 mL	0.3%(o.w.f.)-3 mL	0.3%(o.w.f.)-3 mL	58	0	0.8%(o.w.f.)-8 mL	0.2%(o.w.f.)-2 mL
26	0.4%(o.w.f.)-4 mL	0.2%(o.w.f.)-2 mL	0.4%(o.w.f.)-4 mL	59	0	0.7%(o.w.f.)-7 mL	0.3%(o.w.f.)-3 mL
27	0.4%(o.w.f.)-4 mL	0.1%(o.w.f.)-1 mL	0.5%(o.w.f.)-5 mL	60	0	0.6%(o.w.f.)-6 mL	0.4%(o.w.f.)-4 mL
28	0.4%(o.w.f.)-4 mL	0	0.6%(o.w.f.)-6 mL	61	0	0.5%(o.w.f.)-5 mL	0.5%(o.w.f.)-5 mL
29	0.3%(o.w.f.)-3 mL	0.7%(o.w.f.)-7 mL	0	62	0	0.4%(o.w.f.)-4 mL	0.6%(o.w.f.)-6 mL
30	0.3%(o.w.f.)-3 mL	0.6%(o.w.f.)-6 mL	0.1%(o.w.f.)-1 mL	63	0	0.3%(o.w.f.)-3 mL	0.7%(o.w.f.)-7 mL
31	0.3%(o.w.f.)-3 mL	0.5%(o.w.f.)-5 mL	0.2%(o.w.f.)-2 mL	64	0	0.2%(o.w.f.)-2 mL	0.8%(o.w.f.)-8 mL
32	0.3%(o.w.f.)-3 mL	0.4%(o.w.f.)-4 mL	0.3%(o.w.f.)-3 mL	65	0	0.1%(o.w.f.)-1 mL	0.9%(o.w.f.)-9 mL
33	0.3%(o.w.f.)-3 mL	0.3%(o.w.f.)-3 mL	0.4%(o.w.f.)-4 mL	66	0	0	1%(o.w.f.)-10 mL

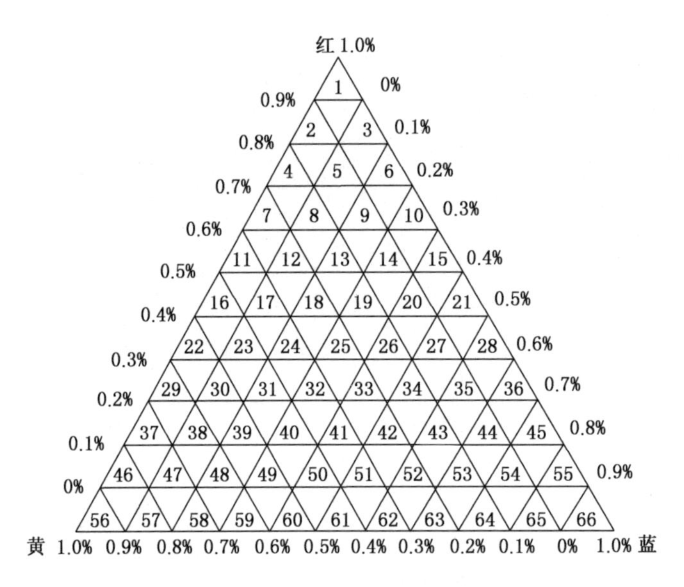

图 8-5-2 三原色拼色样卡图

三、染料母液浓度和染色工艺确定

1. 染料母液浓度确定

打样时，为了方便操作，减小染料取用误差，根据吸量管规格及小样质量和染色浓度，一般要求染料母液取用体积在 1～10 mL 之间，由此可以确定染料母液的合适浓度。

设染色小样质量为 m g/块，打样染料总浓度档次为 $a\%$(o. w. f.)，规定吸取染料母液 10 mL 正好满足打样需要的染料量，则染料母液的浓度为：

$$C=\frac{m\cdot a\%}{10}\times 1\ 000=m\cdot a\ (\text{g/L})$$

例如：染料浓度为 1.5%(o. w. f.)时，小样质量为 4 g，则染料母液的浓度为

$$C=1.5\times 4=6\ (\text{g/L})$$

当拼色打样浓度递变梯度定为总浓度的 1/10 时，吸取染料母液体积即为 1 mL。因此，表 8-5-1 中的染料用量可对应列出取用染料母液体积。

2. 染色工艺确定

见表 8-5-2。

表 8-5-2 ××染料三原色拼色打样染色工艺

染色基本条件	小样质量：4 g/块；浴比：1∶30；染料母液浓度：0.4 g/L
拼色染料总浓度 1%(o. w. f.)	0.1(0.5，1.0，1.5，2.0，3.0，…)
红、黄、蓝染料浓度 1%(o. w. f.)	见表 8-5-1
红、黄、蓝染料母液吸取体积(mL)	见表 8-5-1
助剂	用量以总浓度为准，参阅同类染料单色打样用量
染色操作	参阅同类染料的单色打样操作
染色工艺曲线	参阅同类染料的单色打样工艺曲线
染后处理	参阅同类染料的单色打样工艺

四、其他说明

1. 染色操作

可参阅同类染料的单色样打样的染色操作。

2. 拼色操作

拼色时，各染料的相对浓度可以规律性递变，递变幅度可灵活调整。因此，染料拼色处方是无限的。拼色越多，色彩越丰富。通过拼色，可以观察单色样与拼色样的颜色色相的变化；也可以在拼色时，固定主色调，微量拼入另一种染料（如用量≤0.01%(o.w.f.)，以便熟悉颜色色光的变化，积累更多打样经验。

本章小结

基础样卡制作是染色打样实训的重要任务之一，熟悉常见染料的浸染和轧染染色工艺，熟练掌握浸染和轧染法的相关染色操作。

一、染色打样的准备工作包括染色方案制定、贴样材料准备、染色用器材准备（仪器、纤维材料、染化药剂等）。牢记基础打样的最终目的，熟悉打小样常识及各项准备工作要求。

二、染色打样的基本步骤包括浸染染色打样的基本操作步骤和轧染染色打样的基本操作步骤。浸染法打样的基本步骤为润湿被染物→准备热源→配制染液→染色操作→整理贴样；轧染法打样基本步骤为计算染料和助剂用量→配制轧染工作液→织物浸轧染液→烘干→固色操作→染后处理→整理贴样。掌握每个步骤的具体要求。

三、浸染法单色样卡制作中介绍了常见染料的染色打样工艺及染色操作。重点掌握直接染料、活性染料、还原染料染棉，酸性染料染毛、丝、锦纶，分散染料染涤纶，以及阳离子染料染腈纶的工艺和染色操作。

四、轧染法单色样卡制作介绍了常用染料的轧染工艺和操作。重点掌握活性染料、还原染料、分散染料的轧染打样工艺和操作，熟悉涂料轧染染色工艺。

五、三原色拼色样卡制作包括拼色工作基本步骤、三原色染料的选择、拼色原理、拼色处方制订等。熟悉样卡制作基本步骤，掌握拼色原理，能熟练进行三原色染料拼色处方确定，在掌握常见染料单色样打样工艺的基础上，会制订三原色拼色工艺。

思考题

1. 单色样卡在染色打样工作中有何应用？如何制作？
2. 三原色拼色样卡如何制作？简述三原色样卡在染色打样工作中的用途。

第九章 测配色基础

第一节 人工测色

一、颜色基础知识

颜色是光作用在物体表面，发生不同的反射，从而刺激人的眼睛所产生的。不同的光产生不同的刺激，人们得到不同的颜色感觉。因此，颜色是由光源、物体的光学特性和人的颜色知觉特性这三大因素综合决定的。

（一）光源

光是一种电磁波，具有较广的波长范围。但只有波长为 380～780 nm 的电磁波对人的视觉神经有刺激作用，因而被称为可见光，只占电磁波的很小部分。

在可见光范围内，一定波长的光与另外一定波长的光，以适当的强度比例混合可得到白光，那么这两种有色光称为互补色光。太阳光（白光）由无数对互为补色的混合光所组成。

（二）物体对光的作用

当太阳光或其他光源照射到物体上时，由于物体对光的反射、吸收和透射的能力不同，物体所呈现的颜色结果是不同的。将可见光中所有波长的有色光，全部吸收，则物体呈现黑色；全部反射，物体呈现白色；全部透过，物体呈无色透明状；均匀吸收，物体呈现灰色。这些情形是物体对光的波长做出的非选择性吸收，物体均呈现为非彩色，也称为消色。

自然界中大部分物体，包括染色印花织物，对可见光源中各种光波具有不同的吸收率，即选择性吸收，吸收某一波长的光，而反射其互补光，从而呈现其互补光的颜色（补色）。例如，黄色染料呈黄色，是它吸收光谱中的蓝光而反射黄光的结果。

物体的颜色首先与光源有关，再者与物质的浓度有关，与物质的物理状态、物体的表面积、物体的表面性质及折光系数也有关系。人们体会到服装在日光下和霓虹灯下会呈现不同的颜色，说明物体的颜色与光源有关，所以印染行业测定颜色应在指定光源下进行。物体的颜色与物质的浓度有关，这和有色溶液的情况相似。有色物质的浓度越大，对入射光的吸收越多，颜色越深。

物体中有色物质的状态对物体颜色的影响，对于纺织品来说，主要与纤维中染料的物理状态有关。比如还原染料染色通过皂煮后，染料在纤维中发生重新聚集结晶，色光更加趋于稳定，颜色色相发生变化。如还原黄 GK，皂煮前有色织物的最大吸收波长为 445 nm，皂煮后变为 462 nm。

（三）人的视觉系统

1. 生理视觉机制

引起视觉的感受器官是眼睛，人眼的适宜刺激是波长 380～780 nm 的电磁波。在这一可见光谱范围内，人脑通过接收来自视网膜的传入信息，可以分辨视网膜像的不同亮度和色泽。

视网膜上含有感光的杆状细胞和锥状细胞。锥状细胞布满在视网膜中心处，是判断色彩变化的感应细胞，在日光下感应非常敏锐；而杆状细胞布满在视网膜周围，是判断明暗变化的感应细胞，在昏暗光源下特别敏锐。

人与物体保持一定距离时，若物体越大，则视角越大，物体在视网膜上形成的像越大；反之越小。同一个物体，越靠近人的眼睛，则视角越大。因此，视角与物体尺寸有关，也与物体与眼睛之间的距离有关。

2. 视觉现象

(1) 颜色辨认。凡视力正常的人，都可以分辨整个可见光谱内的红、橙、黄、绿、蓝、紫等各种颜色，以及大量的中间色。

(2) 颜色对比。在视场中，相邻区域的两个不同颜色产生互相影响，能使颜色的色调向另一颜色的补色方向变化，叫作颜色对比。在一张红色背景上，放一张白纸或灰色的纸，当人眼视白纸几分钟后，白纸会出现绿色；如果背景是黄色，白纸出现蓝色。在两个颜色的边界，对比现象更为明显。因此，进行颜色观察时应尽量避免环境中对比效应的干扰。

(3) 颜色适应。颜色适应指人眼在颜色刺激的作用下所造成的颜色视觉变化。如长时间注视背景，特别是刺激较大的背景颜色，再去观看物体色时，往往会发生视觉变化，而带有背景补色的感觉，但经过一段时间后，视觉又逐渐恢复。

（四）颜色的基本特征

要确切地表示一种颜色，则必须给出该颜色的色调、纯度和亮度三个物理量。颜色的色调、纯度和亮度又称为色的三要素。

1. 色调

色调又称色相，是指能够比较准确地表示某种颜色色别的名称，是色与色之间的主要区别。如红、橙、黄、绿、蓝、青、紫等表示不同的色调。

2. 纯度

纯度又称饱和度、鲜艳度和彩度，是指颜色中彩色成分与非彩色成分的比例，即颜色中光谱色的含量，可用来区分颜色的鲜艳度，也指颜色的纯洁性。物体颜色中的彩色成分愈大，则纯度愈高。纯度低的颜色称为灰，纯度高的颜色称为艳。中性灰、黑色、白色这些非彩色的纯度最低，为 0。

3. 亮度

亮度又称明度，表示有色物体表面明亮程度，与物体所反射的光的强度有关，可区分颜色的浓淡。凡物体吸收的光越少，反射率越高，则明度越高，该物体的颜色越淡。非彩色中，白色的明度最高，黑色的明度最低，灰色的明度介于白色与黑色之间；彩色中，一般黄色的明度较高，蓝色的明度较低。

二、人工测色的方法与标准

人工测色就是通过人工依据对色样卡来测定颜色之间的差别，通常测定化验室确认样与客户来样之间的颜色差别或生产大样与客户来样之间的颜色差别。这种测色有时是由客户提

出的，有时是由染厂内部技术质量管理部门提出的。

(一) 测色人员

从事色差测量的人员必须具有正常的色感觉和色敏感性。检查人的色觉仪器有彩色隐字网点图、孟塞尔的100色相试验、异常检眼镜等。测色人员必须具有测色资质，需经质量监督部门培训考核合格，颁发测色资格证书，方可进行测色工作和出具颜色检测报告。

(二) 测色光源

检定货品的颜色时，必须在相同的光源及可控制的条件下进行。例如，国际通用标准中常采用人工日光D65作为评定货品颜色的标准光源。标准光源箱内一般有D65光源、TL84光源、CWF光源、U30光源、UV光源、A光源等几种光源，具备测试同色异谱效应的功能。

标准光源灯箱内的背景颜色为吸光型中灰色。使用灯箱时，应尽量避免外界光线照射到被检测物品上，同时灯箱内不可放置其他杂物。应准确记录每组灯管的使用时间，特别是D65标准灯管，使用超过2 000 h后需要更换，以免因灯管老化而引起检测误差。对于照明光源，各地区、各国家都有自己的喜好，在测色、评定色差时，必须在客户指定的光源要求下进行。如美国客户经常要求采用CWF，欧洲及日本客户则要求采用TL84。因为货品零售时摆放在室内货架上供顾客挑选，顾客决定是否购买该物品是在商店灯光下进行的，而并非在室外太阳光下，所以使用商店灯光日益普遍。

如果客户没有特别的说明，纺织品颜色的测定一般在D65光源下进行。测色时，光源的光照度过于灰暗或过于明亮，都会对检验结果产生影响。在没有标准光源箱的染厂内，测色必须在照度适中的日光灯下进行。颜色检验必须在北光下进行。所谓北光，就是阳光无法从窗户照射到室内，仅可以从朝北的窗户中进入室内的光。北光对颜色检验产生的影响比较微弱。

(三) 测色环境

测色环境对测色结果会产生较大影响。实验证明，以中等明度的中性灰为背景色，对测色结果的影响最小，因此可将测色环境设为灰色背景。颜色检验工作台的表面用毛玻璃盖住，毛玻璃下面垫平纹涤/棉半漂织物。如果没有毛玻璃，可以在普通玻璃下铺垫一层白色复印纸或其他白度较高的纸张。

(四) 样品尺寸

在颜色测定时，需要对样品的尺寸提出要求。一般情况下，对比颜色差别时，两块色样的尺寸应该尽量接近，样品的尺寸最好为4 cm×4 cm。人们都有这样的经验，那就是在一块较大的样品上剪下一块尺寸较小的小样，比如说1 cm×1 cm，然后把这块小样放在原来的大块样品的中央，此时大多数人都认为放在大样上的那块小样的颜色更深。其实，这是一种错觉。

(五) 测色方法

正确的测色方法有助于准确地判断颜色的差别。把两块尺寸接近的色样并排摆放在工作台上，中间不留任何缝隙，观察色样的颜色差别；换一个方向，再次比对两块色样的颜色差别，或者把两块色样的位置对调，再次观察色样的差别。通过这样的方法，用肉眼就能对两块色样的颜色差别给出一个基本的判断。先看深浅，后看色光，就可以对颜色差别给出具体的判断结论。

有时候也可以采用对折样品的方法来比对色样的差别。如果不能马上判断出两块色样的深浅差别，把两块色样的位置对调再比对。

(六) 测色色卡

国家标准GB 250明确规定了判断纺织品色差的基本方法。该标准规定颜色差别为5级

9 档，其中 5 级最好，1 级最差。

为了准确判断纺织品之间的颜色差别，国家标准 GB 250 还配备了灰色样卡。灰色样卡简称灰卡。

纺织品的色差主要包括头尾差、前后差、左中右色差、缸差、管差、匹差等。头尾差是指长车轧染织物的头部和尾部的颜色差别，一般要求不得低于 4 级。每种颜色的前端和后端颜色之间的差别叫作前后差，要求也是 4 级。不同匹数之间的颜色差别叫作匹差，要求不得低于 4 级。整幅织物之内，左边、中间和右边三个部位的颜色差别称为左中右色差，客户一般要求不得低于 4.5 级。相同颜色的缸与缸之间的色差，不可低于 4 级。一缸双管染色设备对织物染色后形成的两根染管之间的颜色差别称为管差，通常要求不得低于 4.5 级。

第二节　人 工 配 色

一、混色规律的应用

(一) 加法混色

加法混色是在人眼视网膜上同时射人两束或两束以上的光，产生与这些光的颜色不同的另一个颜色的感觉，它是把色光叠加起来的混色方法，是指光的颜色的混合方法。人们知道两种特定波长的互为补色的两束光，经适当比例的混合可以得到白光，如红光和青光、蓝光和黄光。实验证明，把红、绿、蓝三种特定波长($\lambda_{绿色}=700$ nm，$\lambda_{红色}=546.1$ nm，$\lambda_{蓝色}=435.8$ nm)的光以适当比例混合，可以得到白光；若变化其混合比例，可以得到很多的颜色。

因此，把这三种红、绿、蓝光的颜色，称为加法混色的三原色。有些光混合后并不是白光。例如，红光和绿光适当混合形成黄光，红光和蓝光适当混合形成品红光。混色光的亮度等于混成该混色光的各种光的亮度的总和，所以加法混色后颜色的亮度增加。

彩色电视机荧光屏的混色是加法混色在日常生活中的例子，纺织品的荧光增白是加法混色应用于印染的例子。

(二) 减法混色

减法混色是指把两个或两个以上的有色物体叠加在一起，产生与各有色物体不同的颜色的混合方法，是指物体色的混合。有色物体在白光的照射下，从白光中减去被有色物体所吸收的部分，剩余部分光线进行混合。由于减法混色时，每个有色物体吸收可见光中的一部分，两个有色物体重叠后吸收可见光的范围增大，而反射或透射的可见光范围缩小，所以减法混色的结果是最终得到黑色。品红、黄、青是减法混色的三原色，它们以适当比例混合，可以得到各种颜色。加法混色的三原色与减法混色的三原色互为补色。

印染工业中的拼色就是减法混色的例子，多拼一种染料，就多吸收一定波长的光，因此拼色染料种数愈多，色泽愈暗，最终为黑色。

二、染料色卡的制作和应用

通常染厂把客户送来的颜色色样称作客户来样。色样的确认过程是以染厂打样为基础，以与跟单员共同交流为纽带，以国外客户的最终确认为终点的工作流程。其中染厂打样室打样的准确性是关键所在。首先进行客户来样分析，再利用标准色卡确定实验室颜色打样配方，然后与客户来样比对，再次调整配方，最终得到客户确认，从而制订生产染色配方和工艺。这一系列工作是人工配色的全过程。

(一) 标准色卡的类型

用以确定实验室颜色打样配方的标准色卡分为矩形单色色卡、宝塔形标准色卡和大生产参考样卡。矩形单色色卡是指各系列染料具有浓度梯度的单色色卡，用于技术人员熟悉相关染料的色相和其浓淡变化。宝塔形标准色卡是指各系列染料相互拼混后的颜色样卡，用于熟悉各种染料拼色的效果。大生产参考样卡是指各染厂在大生产过程中积累的染色样卡，为技术人员在打样过程中提供参考。

1. 矩形单色色卡的基本构成

染料厂家一般会提供染料单色样的样卡。但是，有的是纸样，有的浓度梯度不够丰富，有的染色基布品种单一，所以染厂将常用染料结合本厂基布品种制作成染料矩形单色色卡，用于技术人员熟悉相关染料的色相和其浓淡变化。该类型色卡也叫作本样，是某染料在不同染色浓度下的本来颜色。

制作矩形单色色卡时，把不同浓度的染料样卡粘贴在便于长期保存的纸张上。矩形的左上角的染色浓度最低，右下角的染色浓度最高。浓度梯度根据染料品种和基布品种情况而定，通常选择在 0.1%(o. w. f.)～5%(o. w. f.)。如果在一张样卡上无法粘贴全部样卡，也可以按照颜色不同把样卡贴在三张纸张上。

2. 宝塔形标准色卡的基本构成

在染色加工过程中，客户提供的来样一般不太可能是某一单色染料的单色样，通常都需要通过染料的拼混而得到，因此在传统的配色中，标准样卡经常被制作成宝塔形色卡。

制作宝塔形标准色卡的步骤为：选择三原色染料→确定染样个数→确定染料浓度梯度→打样＋贴样＋装订。

(1) 选择三原色染料。通常选择各染料厂家推荐的配伍性较好的同系列的红、黄、蓝三种染料。

(2) 确定染样个数。

① 单色样：三原色在宝塔形色卡的三个顶点上，通常顶端为三原色中的红色，底边左侧顶点为黄色，右侧顶点为蓝色，即 100%红、100%黄、100%蓝。

② 两拼色：三条边上的所有色块，都是由该边顶端两种原色的染料拼色而成的，色卡的每一条边由 11 块色块组成。

③ 三拼色：由三条边所包围的位于宝塔形色卡内部的色块，均是由三原色以一定比例拼色而成的。

宝塔图中各色块的三位数编号表示三原色染料用量，三位数字依次表示黄、红、蓝的染料用量比例。例如，262 号色卡表示该颜色由黄色、红色和蓝色染料以 2∶6∶2 的比例拼混而得到。越接近宝塔形的中心区域，三种染料在染色配方中的比例越接近，总体上色卡的颜色越接近灰色。宝塔形标准色卡中，染样的个数由染样中三原色染料浓度递变梯度决定。若浓度递变梯度为 10%(o. w. f.)，则由 66 块标准色卡组成。若浓度递变梯度为 20%(o. w. f.)，则染样个数为 21 块。

(3) 确定染料浓度梯度。每张宝塔形标准色卡的染料总用量，即染色浓度是一定的，如浸

染可以选择0.5%(o.w.f.)~4%(o.w.f)等浓度,轧染可选择0.5~60 g/L之间的各种浓度。可以分别制作不同浓度的宝塔形标准色卡。染色浓度档次设定得越多,色样的总数量就越多,从而得到一套丰富的各浓度宝塔形标准色卡,可为人工配色提供非常有价值的参考。

3. 大生产参考样卡

经过分门别类整理的不同颜色的小样,就可以作为打样之前确定打样配方的参考样本。生产车间按照化验室制定的颜色配方染色后会得到生产大样,贴在客户来样与化验室打出的颜色样上,就可以制成一本打样用参考样本。通过比对客户来样、化验室打出样和生产车间染出的大样,可以大大缩短配色的时间,提高配色效率和成功率。这些参考样本是人工配色时重要的技术资料。

(二) 标准样卡的制作

1. 染料

首先以分散染料为例,来说明打样过程中的基本要求。按照温度类型来分类,分散染料可以分为低温型、中温型和高温型分散染料。不同类型的染料有不同的特点。如果低温三原色三种,中温三原色三种,高温三原色三种,则常用的分散染料仅为九种。考虑到分散蓝2BLN同时为中温和低温三原色之一,那么常用的原色染料就只有八种。如果再考虑到分散嫩黄4G、分散湖蓝SGL、分散荧光黄8GFF、分散红G和分散紫HFRL,常用的分散染料也不过十几种。在半年之内完成这十几种染料的矩形单色色卡,是很有可能的。

利用拼混染料染色,在加料时对颜色的影响低于用非拼混染料对颜色的影响。这也正是染厂不会过多考虑染色成本而继续使用拼混染料的主要原因。

2. 基布

制作样卡时,采用密度较高的平纹纯织物打样,效果最好。平纹织物厚度适中,布面平整,组织结构引起的色光变化最小。

制作样卡的基布必须经过充分的前处理。棉织物的取样可以在坯布完成练漂以后进行;普通涤纶织物进行必要的精练前处理,前处理后必须用清水把打样样布清洗干净。

为了准确区分不同客户、不同批号的打样用坯布,可以在这些坯布表面的适当位置用记号笔书写简单的记号。

3. 染色方法的确定

标准色卡打样染色工艺一般由打样的推荐染色工艺确定或与该染料在染厂大生产染色工艺相近,包括染料助剂的选择和使用、加料方式、升温速率、降温速率,以及后处理方式等。标准样卡制作时的条件与大生产的条件越接近,大小样的差异越小,标准色卡的可参考性就越强。

标准色卡的染色浓度范围的确定是制作样卡的关键。不同染料的染深性是不同的,即染料在纤维上的颜色深度随所使用的染料量增加而递增的性能不同。无论是宝塔形标准色卡,还是矩形单色色卡,色卡浓度由制作人根据日常生产的实际情况决定。

不同浓度的标准色卡构成某种染料对某种织物染色后的颜色库。用标准色卡作为参考颜色样卡,在其中找到与客户来样相近的染色配方,根据该配方再由染色打样人员做适当的调整,确定新的打样染色配方。利用标准色卡进行打样,在学校实训室内对染整技术专业的学生进行培训,也适用于染厂技术部门对新进打样人员进行系统的培训。

4. 色卡的粘贴

为了便于色卡的粘贴和保存,可以考虑用制作比较精美的卡片作为粘贴色卡的载体。粘

贴时样卡的正反面必须一致，组织纹路必须相同。无论是使用平纹织物还是斜纹织物，相同一类染料的色卡制作必须使用相同规格的织物。样卡的尺寸必须统一，宽 2 cm、高 1.5 cm 比较合适。样卡尺寸过小，也会严重影响样卡显示正常的色光。

三、人工配色的方法

(一) 客户来样分析和管理

客户来样包括颜色样、手感样和风格样，其中客户的颜色样显得尤为重要，是日后进行颜色确认和检验的标准。客户提供的颜色样品的尺寸必须足够大。客户提供的颜色样最好是单色的纺织材料，或者与加工的坯布相一致。纸板样、塑料制成的颜色样，对于最后的颜色确认都有影响。有时，客户会使用潘通色卡的纸板样作为颜色样。

(二) 人工配色

在标准色卡中选择与客户来样颜色接近、织物规格相同或相近的色样配色，用客户的坯布作为小样染色的织物，按照色样的染色配方进行染色实验，这个过程称为打样。在打样过程中，首先要进行配方确认，其次应考虑影响打样的主要因素，如染样设备、染料、助剂、吸料、染色和烘干等。

1. 打样配方的确定

(1) 配方染料的选择。

① 拼色染料种数尽可能少，一般不超过三种。染料的配色过程主要是按减法混色原理进行的，因此每增加一种染料，都将从照射光中减去更多的光谱色成分，反射光的强度降低，所以拼混时染料的种数越多，拼混所得的颜色越灰暗。

② 就近出发，选择基础染料。配色时，应选择最接近来样颜色的染料作为基础染料，在此基础上加以适当调整，以减少拼色染料的种数，便于颜色的调整。比如，拼一种绿色，应尽可能选择一种绿色的染料，再加以调整；不必选择黄色染料和蓝色染料拼混，再进行调整。这样，一方面颜色调整难度增加；另一方面拼色染料越多，所得颜色就越灰暗。对于用来拼色的染料的色光，也应注意，如拼果绿色时，宜选择带绿光的黄色染料与蓝色染料相拼；而拼大红色时，则选择带红光的黄色染料与红色染料相拼。

③ 利用余色原理和补色原理，选择调整色光的染料。若两种不同的颜色相混得黑色，则这两种颜色互为余色，该现象称为余色原理。若两种不同的光相混得白光，则这两种光的颜色互为补色，该现象称为补色原理。拼色时必须熟悉余色原理和补色原理，根据实际情况，利用余色原理和补色原理来提高拼色质量，克服拼色中的盲目性。

采用余色原理，即加入微量与需要消去的色光互为余色的染料进行色光调整。比如，要去除红光蓝色中的红光，可以选用微量的蓝色染料，以吸收红光蓝色中的红光，达到消除红光的目的。这种调整方法除了消去织物上的红光，同时也降低了织物上的颜色亮度，所以适用于浓暗颜色的色光调整。

采用补色原理，即选用色光与需要消去的色光互为补色的同色调染料进行调整色光。比如，要去除红光蓝色中的红光，则选用青光蓝色染料进行调整，红光加青光得白光。这样既去除了红光蓝色中的红光，同时还增加了织物上的颜色亮度，所以适用于淡、艳、明快色的色光调整。

④ 比对和判断来样与标准色卡之间的浓淡差别，然后再比对和判断来样与色卡之间的色光区别。所谓“先看浓谈，后看色光”的打样原则，配方调整时，先看浓淡，再看主色，后看色光。

如果需要调整某种染料，在调控时最少调整半成，也就是 5%，最多调整多少，与打样员的调色水平有关。

(2) 配方的书写。具有独立打样能力的打样员，按照长期以来自己在大脑中形成颜色测量标准，对客户来样和样卡中的色样之间的差别进行测量，每次只写出一个小样染色配方。但对于打样初学者来说，一般根据标准色卡进行调整后开出 3～4 个染色配方，再进行染色，最终选择一个最为接近的配方，或给客户进行确认。

在开具小样染色配方时，打样员按照红、黄、蓝的顺序，在化验室打样配方单上，由上至下书写染色配方。配方可写在普通的笔记本上，便于打样员吸取染液。打样员在书写染色配方时，直接写出染料质量对织物质量百分比，即染色浓度。

(3) 配方的修正。按照配方经过第一次小样染色，通过染出的小样颜色，就可对客户的本批次坯布对染料的吸色性能有一个基本的判断。如有差异，则必须根据第一次打样结果，由打样员做出适当的调整。一般情况下，打样员第二次写出的染色配方可以写在第一次配方的右侧。这样既便于打样员的正常操作，也便于进行色样整理和颜色档案制作。

打样员必须及时把打出的每块颜色样剪成尺寸适中的样卡，用胶粘贴在书写染色配方的笔记本上，以便于在空余时间内制作色卡。

在修正染色配方中，打样员决定某个颜色的打样次数。当打样员确认颜色与客户来样完全吻合或得到客户认可后，制定颜色生产染色工艺和配方，就完成了人工配色过程。

2. 打样

(1) 基布。化验室打样用基布需经必要的前处理。若时间允许，也可以考虑待大货织物在生产车间完成前处理后再取打样用基布，因为，车间内完成的前处理比化验室内的前处理效果好得多。

(2) 染料。

① 染料称量：企业用得比较多的是精度为万分之一的电子天平，将染料称取，置于小烧杯中，称量精度精确到万分位。

② 染液溶解：染料的溶解过程也叫作化料。把准确称取的染料溶解在合适的容量瓶中，是化料的基本过程。加少量水调成浆状便于溶解，再加水逐步转移到容量瓶中。在溶解小烧杯内残留染料时，可用玻璃棒充分搅拌，以加速残留染料的溶解。将化好的染料倒入广口瓶，备用。

③ 染料吸取：打样时每个染料瓶内必须有一支专用的吸量管。为了保证吸取染液的准确性，每次吸取染液时必须保持操作者的目光与吸管内染液液面的高度平齐。打样结束时，把所有的移液管清洗干净，放入烘箱，以备下一工作日继续使用。

(3) 浴比。以红外线打样机为例，打样时小样的织物为 5 g，染液体积最后可通过添加清水和助剂溶液调整为 100 mL。此时的浴比为 1∶20。实际生产中，以国产的高温高压喷射溢流 J 型缸为例，通常情况下，织物的质量为 320 kg 左右。春夏季面料染色时，可以通过更换小口径喷嘴来保证轻薄织物的循环速度。以加入染缸内 4 t 水为例，此时的浴比约为 1∶12。染中浅颜色时，经常会出现实际生产颜色较深的现象。一般情况下，涤纶织物打样浴比为 1∶20～1∶30 比较好，其他染料常温打样时的浴比以低于 1∶50 为宜。

(4) 助剂。染色助剂在实际生产中起重要作用，在染色试验中同样起重要作用。对于分散染料染色来说，调整出合适的 pH 值对于染料上染至关重要。而其他染料的染色实验中，正确使用各种助剂，对于提高染料的上染率、提高染色牢度和颜色准确性都有作用。

(5) 染色。小样试验时与生产实际操作的差别越小，颜色的准确性就越高。注意，用清水洗代替后处理，用热水洗代替固色或皂洗的操作方法，只能给颜色控制带来负面影响。

(6) 烘干。小样烘干的方式很多，可用蒸汽熨斗烫干，也可用烘箱烘干，还可用小型定形机烘干。

3. 配方的管理

正确书写配方，及时整理配方，及时粘贴染色小样，随时利用染色小样制作色卡，是配方管理的主要内容。同时，配方管理是颜色档案管理的基础。处于学徒阶段的化验室内普通打样员，是平时化验室管理配方的主要人员。为师傅制作使用方便的色卡，不仅可以提高本组的打样效率，还可以更多地得到师傅的指点和帮助。采用在布边剪豁口的方式做记号的效果最好。

(三) 颜色确认

凡是经过重新打样的小样，每个颜色的准确性在生产之前一定要得到客户的确认。客户对小样颜色确认以后，应共同签字制定标准色卡并妥善保管，以便作为生产过程中颜色控制和产品颜色检验的依据。

随着坯布原料批号的更换和染厂染料批号或染料生产厂家的更换，前一时期客户确认的颜色样，在生产时可能会出现偏差，所以要及时进行染色复样，即用现有染料按照原来的染色配方对客户的坯布进行染色，以验证颜色的准确性。复样的主要目的是为了检验目前使用的染料与前段时间所用染料之间的颜色区别。染料的色光和力份没有变化，复样后织物的颜色当然也就不会有变化。

第三节　计 算 机 测 色

一、计算机测色配色系统与颜色的表示方法

(一) 计算机测色配色系统

1. 硬件组成

包括测色仪、电脑主机、存储设备、输入设备、输出设备等。

2. 软件组成

包括测色软件(控制测色仪，并对数据进行处理，得出各种应用指标的测色结果)和配色软件(基础数据输入与管理、处方生成与调整、档案管理等)。

3. 分光光度测色仪

(1) 作用。对可见光范围内各波长的光的反射率进行测定，得出物体的光谱反射率曲线或光谱透过率曲线。其作用相当于眼睛的观察测量。

(2) 构成。分光光度测试仪主要由以下几个部分组成：

① 光源：常用高压脉冲氙灯加滤光片，构成接近 D65 标准光源。

② 单色器：通过色散等光学元件，将光源发出的光分成不同波长的单色光，用以测定各波长的光谱反射率。

③ 积分球：内壁涂一层硫酸钡的白色空心球体，光源进入后经四壁多次漫反射，将通体均匀照亮；球体一侧开有测样孔，测色时将布样紧贴于测样孔上。

④ 检测器：安装在积分球内的光敏元件，用来测量光源强度和布样反射光强度，转换成电信号，用以计算出各波长的反射率。

(3) 常用型号。测色仪是电脑测色的关键设备，其测色性能、测色精度、长期重演性等决定了测色结果的误差。美国 Datacolor 公司的 SF600 测色仪是精度较高的测色仪。

(二) 颜色的表示方法

1. 分光反射率曲线表示法

(1) 反射率曲线的测定。通常用标准白板作为 100%反射率来测定布样的相对反射率，计算式如下：

某一波长处的试样反射率=(试样的反射强度/标准白板的反射强度)×100%

由分光测色仪得出的反射率曲线直接反映了色样对各波长光的反射特性，是物体颜色的最直观、最基本的信息，相当于颜色的“指纹”。一般可从中取 16 个或 31 个波长的反射率数据来代表一个颜色。

(2) 反射率曲线与颜色特征的关系。色调：最大反射波长的颜色；亮度：曲线下的面积；纯度：波峰又高又窄的纯度高。

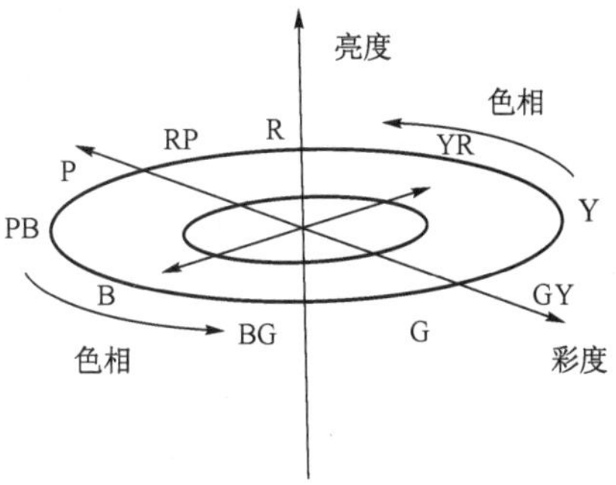

2. 孟塞尔颜色体系

图 9-3-1　孟塞尔颜色体系

(1) 孟塞尔颜色参数。孟塞尔颜色体系(图 9-3-1)由美国艺术家 A. Munsell 发明，是一种常用的物体颜色测量系统。孟塞尔颜色体系模型为一球体，用色调、明度和彩度三个因素(三坐标)来判定颜色，即用三个数据来表示一个颜色。

① 色调 H：在赤道上是一条色带(色相环)，表示不同色调。色相环一周用数字 0～10 和颜色字母代表色调。

② 明度 V：球体中心垂直轴的彩度为 0(中性灰)，上下为明度，北极为白色，南极为黑色。用数字 0～10 表示明度大小。

③ 彩度 C：从球体轴向水平方向延伸出来，是不同级别彩度的变化，从中性灰到完全饱和。用数字 0～20 表示彩度大小。

每个颜色都可用这三个参数表示，格式为：H·V/C。例如，5R·4/14 表示中等明度而彩度较高的红色。

(2) 孟塞尔色卡。通常将孟塞尔体系中相同色相平面上的颜色制成一张色卡，每个颜色都有数据表示，装订成册，便于使用。

3. CIE 1931-XYZ 颜色系统

(1) CIE 1931-XYZ 颜色系统的构成。CIE 是国际照明协会的简称，制定测量颜色的国际标准，对色值进行测定。CIE 在 1931 年规定用 X、Y、Z 作为三个假想三原色，以代表红、绿、蓝，从而标定各种颜色，称为 CIE 1931-XYZ 三刺激值表色系统。

(2) 三刺激值的确定步骤如下：

① 人眼观察颜色匹配实验：用红、绿、蓝三种光，调节不同强弱来匹配各种实际的颜色。其实质是利用颜色是三种感色细胞的刺激强弱，用三种颜色的光对眼睛的刺激来等同于某一颜色对眼睛的刺激，得到各种颜色的 R、G、B 三个刺激数据。

② X、Y、Z 三刺激值；为了方便应用，后来用假想的三原色 X、Y、Z 代表 R、G、B，经修正计算得到 X、Y、Z 三刺激值来表示一个颜色，这三个数据是计算机测色配色的基础。

(3) x、y 色度图。分别用 X、Y、Z 三个值的占比大小，经简化成 x、y、z 三色系数，$x+y+z=1$。

用 x、y 绘出的图称为 x-y 色度图(图 9-3-2)。中心为光源点(白色)，边缘轨迹上为不同波长纯度 100%的光谱色。图中任意一点颜色的色调，对应为从中心延长线到边缘主波长对应的色调；纯度为距中心距离与延长线全长的百分比；而亮度用三刺激值中的 Y 表示。所以一个颜色可以用 x、y、Y 三个数据表示。

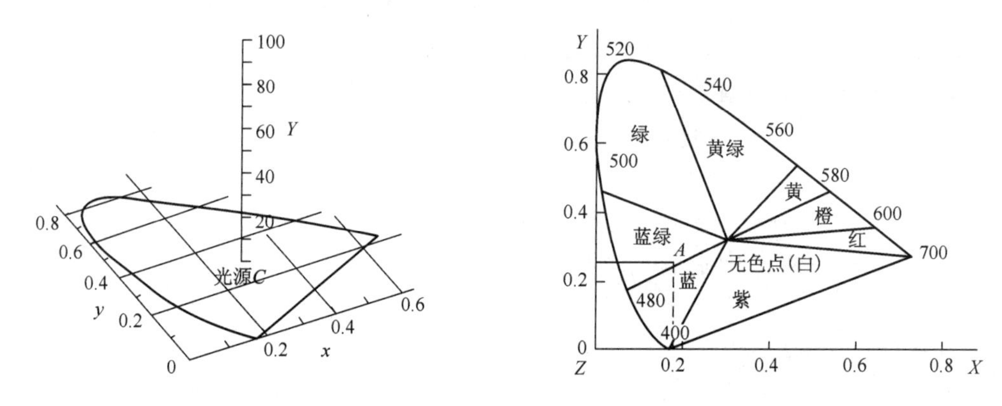

图 9-3-2　x-y 色度图

4. CIE 1976-L* a* b* 颜色空间

为了更方便直观地表示和测量颜色，CIE 在 1976 年推出了 L* a* b* 颜色空间(图9-3-3)。其结构类似于孟塞尔颜色空间，中心垂直的 L^* 轴表示亮度，水平面上正交的 a^*、b^* 轴坐标表示色调和纯度，a^* 轴两端为红＋和绿－，b^* 轴两端为黄＋和蓝－。

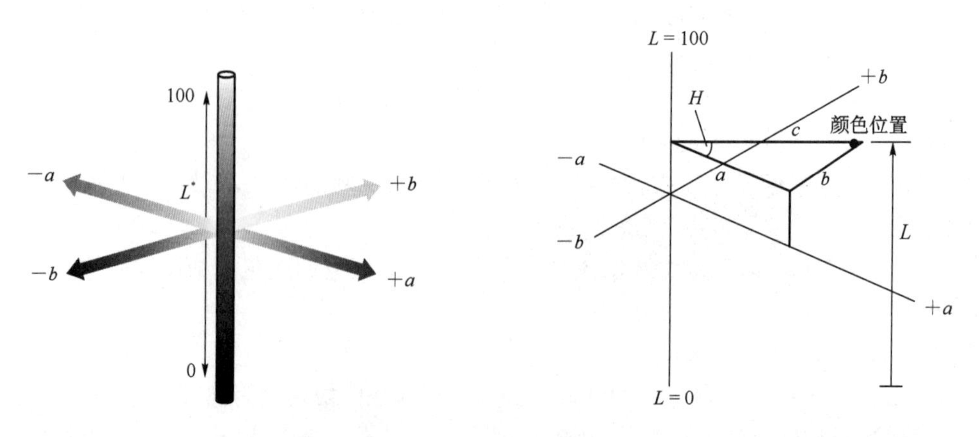

图 9-3-3　L* a* b* 颜色空间

L^*、a^*、b^* 的值可以用 X、Y、Z 三刺激值通过计算而得到。还可以通过计算得到表示

彩度的 C^* 值和表示色相的 H^* 值。L^*、C^*、H^* 的含义对应于孟塞尔系统的 V、C、H，加“ * ”标以示区别。

二、染色物的表面色深及其应用

（一）表面色深的概念

表面色深是织物表面颜色的深度。织物上染料量的多少与表面色深有一定关系，但染料的实际含量并不能表达织物的表面色深，必须研究织物表面色深较为准确和全面的表达方式。

表面色深对于染料和颜料的生产和应用有着重要的实际意义。颜色的深浅直接关系到着色剂的用量，也是染料、颜料着色强度（即染料强度）分析的基础。

（二）表面色深的测定

库贝尔卡-蒙克（Kubelka Munk）函数是通过研究颜料涂布于某基质上，其表面色深与颜料浓度之间的关系推导出来的。K/S 函数是计算表面色深常用的方法，也是计算机配色中配方预测计算的理论基础。

库贝尔卡-蒙克函数简化公式为：

$$K/S = \frac{(1-\rho_{\infty})^2}{2\rho_{\infty}} = kC$$

式中：K——被测物体的吸收系数；

S——被测物体的散射系数；

ρ_{∞}——被测物体为无限厚时的反射率系数，即分光反射率 $R\%$；

k——比例常数；

C——固体试样中有色物质的浓度。

在纺织品配色中，K 和 S 一般不单独计算，而是直接计算其比值。K/S 值越大，颜色越深；K/S 值越小，颜色越淡。

注意：使用 K/S 值比较不同样品的表面色深时，各试样应有相同的色相，一般测定最大吸收波长处的 K/S 值。

（三）表面色深测定在染整行业的实际应用

在印染行业中，常常要对染料的染色性能进行评价，如染料提升力、染料强度，以及染料的染色牢度等。表面色深的测定可以用于这些性能的评价。

1. 染料提升力

提升力是指染料在纤维上的表面色深随着染料量的增加而增加的性质。有些染料在染色时，随着染色浓度的提高，染料利用率逐渐降低，即在较高的染色浓度下，染色物深度的增加趋势减小，以至不再加深。

提升力曲线是以染色浓度为横坐标、以表面色深为纵坐标的曲线，可以直观地反映染料用量和纤维上表面色深的关系，表示了染料的染深性能。

2. 染料强度（力份）的评价

染料强度，也叫染料力份，是染料产品性能一个必不可少的质量指标。染料强度表示批次染料赋予被染物颜色的能力相对于标准染料赋色能力的比例。它是一个相对的概念，表示批次染料相对于标准染料的着色能力。通常用染得相等深度颜色时批次染料和标准染料的用量之比，以百分数形式表示染料强度。染料强度的测定，除采用常规染色比较法和分光光度比较法外，把 K/S 函数应用于染料强度的评价，是一个比较简单而易行的方法。其测定通式如下：

$$K/S=\frac{(K/S)_{批次染料}\times C_{标准染料}}{(K/S)_{标准染料}\times C_{批次染料}}\times 100\%$$

使用 K/S 函数评价染料强度，需注意以下事项：

① 可选取的标准染料的染料用量既不要太低也不要太高。因为颜色太浅时，染色过程产生的误差会对染料强度有较大影响；颜色太深时，K/S 函数与浓度之间的线性关系越差，直线的斜率也越小，结果的准确性越低.

② 本办法适用于标准染料和批次样染料具有明显的最大吸收波长且最大吸收波长完全相同的情形。对于具有两个或两个以上吸收峰的复合染料或没有明显最大吸收波长的灰色、棕色、黑色等暗色染料，可以在最大吸收波长附近，选定一个波长范围，取其平均值，也可以使用整个可见光范围内的分光反射率的平均值进行计算。

3. 染色牢度的评价

评定染料的染色牢度，应将染料在纺织品上染成规定的色泽浓度才能进行比较，因为染料的染色牢度是随表面色深的变化而变化的。如用同一种染料染相同的纤维材料，一般表面色深高，日晒牢度也高；而表面色深低，日晒牢度也低。但摩擦牢度的情况与此相反。为了便于比较，应将试样染成相同的染色深度，否则，测量出的结果是没有意义的。纺织品主要颜色各有一个规定的标准深度参比标样。这个深度写为“1/1”染色深度。同一标准深度的颜色，在心理感觉上是相等的。目前已发展“2/1”“1/3”“1/6”“1/12”“1/2”，连同“1/1”共六档标准深度。“1/3”的深度是标准深度的 1/3。一般而言，商品染料样卡中提供的色牢度性能，分别是“1/1”“1/3”“1/6”等染色深度下的色牢度级别。

三、色差与同色异谱

（一）色差的概念

色差是两个颜色样品在综合色彩上的差异，包括明度差、彩度差和色相差三个方面。印染加工中广泛应用到色差概念和测定。如：跟单中的确认样与标准样的色差，生产样与标准样的色差，批次样之间的色差，等等。评定色差是纺织品加工、检验和贸易中的一项重要工作。

（二）色差公式

由于 CIE-XYZ 颜色体系不是均匀的颜色空间，不同色相颜色区间中，相同距离的颜色差给人的色差感觉不同，所以计算色差一般用 $L^*a^*b^*$ 颜色空间中的颜色距离。

1. CIE LAB（$L^*a^*b^*$）色差公式

在 CIE-$L^*a^*b^*$ 颜色空间中，两个颜色点之间的距离为：

$$总色差\ DE=(dL^{*2}+da^{*2}+db^{*2})^{1/2}$$

2. CMC（$L:C$）色差公式

为了进一步改进色差均匀度，在 CIE LAB($L^*a^*b^*$)色差公式的基础上，对 dL^*、da^*、db^* 增加修正系数，并增加 L 和 C 两个系数，若 $L:C=2:1$，就记作 CMC(2：1)色差。

（三）色差界限值

色差界限是预先由客户确定的一个双方认可的产品合格的 *DE* 值，简称色差值。如国际市场上，纺织品的 CMC(2∶1)色差值 *DE* 通常为 0.6～1.0。

计算机测色配色系统中，对色差合格与否的判定也是根据设定的色差界限值做出的。软件以标准样为中心，以色差界限值为边界，在彩度平面上投影的椭圆区域内为合格。

（四）色差值的应用

1. 色差值的表述

仪器测定一般用 *DE* 值来表示总色差，*DE* 值在 1 以下作为允许色差。

人工测色一般用灰卡测定色差，灰卡级别与 *DE* 值有对应关系，可以将仪器测定的色差值转换成灰卡级别。

2. 生产中色差的确认

确认样与标准样的色差要求小于 0.6，客户可给予确认。生产批次样和标准样的色差一般可以达到 1.2。

实际生产中，可根据色差测定数据，分析色样的颜色偏差，作为修正配方的依据。

3. 染色牢度的测定

可根据仪器测定的总色差来判定染色牢度级别。

（五）白度的测定

可以根据仪器测定的色度数据，采用合适的公式来计算白度。

（六）同色异谱及其评价

1. 同色异谱现象

如果两种颜色被人眼判断为相等，但光谱组成不同，称为同色异谱，或称为条件等色；即在特定光源条件下观察为等色，光源条件发生变化则可能不等色，称为光源色变。

如果两种颜色被人眼判断为相等，而且光谱组成相同，称为同色同谱，或称为无条件等色；即无论光源条件如何变化，都是等色。

在染整生产中，采用相同工艺加工的产品，如果观察颜色相同，一般为同色同谱。

同色异谱主要出现在染色样与客户的标准样之间，因为所用染化料可能与标准样不同，造成色谱组成不完全相同。在生产条件下判断为等色，如果改变了观察光源，就不等色，俗称“跳灯现象”。人工测色配色比计算机配色更易出现“跳灯现象”。

2. 同色异谱程度的评价

同色异谱程度可以用同色异谱指数衡量：选择两个光源（一般为参照光源 D65 和待测光源 A 光源），测定色样和标样在两个光源下的色差 *DE* 值，如果在参照光源下无色差，则待测光源下的 DE_A 即为同色异谱指数。

第四节　计 算 机 配 色

一、计算机配色知识

计算机配色原理大致有三种方式；色号归档检索、反射光谱匹配、三刺激值匹配。

(一) 色号归档检索

将以往生产的品种按色度值分类编号，并将染色处方、工艺条件等一起汇编文件后存入计算机内。有需要配色的来样，可测定来样的颜色，输入计算机或直接输入代码，计算机配色系统会将色差值小于某范围的处方全部输出。

这种配色方法的基本思路与人工配色相同，但避免了实物试样长期保存带来的变褪色，以及人工检索不全面的问题。但计算机给出的这些配方只是以往生产过的与来样最接近的配方，所提供的只能是色泽近似的处方，仍需凭经验进行适当的调整.

(二) 反射光谱匹配

这种配色原理，是使得给出配方染出的产品的反射光谱与来样的反射光谱相匹配，属于最完善的配色，为无条件匹配。具体是通过测定来样在可见光范围内的反射光谱，由计算机进行同材料的颜色匹配计算，给出反射光谱相匹配的建议处方。测定波长范围为 400～700 nm，$\Delta\lambda=20$ nm。在实际生产中较难做到完全匹配。

(三) 三刺激值匹配

三刺激值匹配的结果是给出的配方染物的三刺激值与来样的三刺激值相同，但反射光谱与来样不一定完全相同。由于三刺激值相等，因此仍可得到等色。这种配色方法是最有实用意义的。

二、计算机配色数据库的建立

配色软件的主要功能是进行测色与配色运算，进行人机对话，预告配色处方等。系统配置的软件包括;标准光源的光谱功率分布值，标准观察者光谱三刺激值，有 2°和 10°两种视场的数据，以及各种计算式，包括色差公式、配方计算公式、配方修正公式、染色常数计算公式、三刺激值计算公式、成本计算公式、色变指数计算公式、反射率计算公式、白度和深度比较公式等。

(一) 建立染料数据库

1. 预选染料并编号

将所选的各种不同的染料进行编号。染料选择应考虑其价格、力份、染色牢度、相容性，同时要考虑选用的染料配出的色域范围尽可能大等因素。染料应选用同一厂家、同一批次。对于不同厂家、同一品种的染料，应当作两种染料制备配色用基础数据。

2. 染料的力份与价格

染料编号后，应将各染料的力份和价格输入计算机。

3. 选择配色时所用的染料，给出配方的染料数目

对某一来样用计算机配色时，要注意选择的染料种类应属于同一应用类别，染料的颜色选择要合适。考虑有多少种染料参与配方，各个配方的染料数目是多少，每次配色的染料数目是多少。一般颜色配方的染料数目不超过 3 种，特殊颜色可以是 4～5 种，但不常使用。

参与配色的染料数目最多不超过 20 种。参与制作配方的染料越多或每个配方中的染料数目越多，染料的组合数目增加，计算机计算配方的时间就会增加。

染料以采用大红色、蓝光红色、黄光红色、橙色、绿光黄色、红光黄色、红光蓝色、绿光蓝色、紫色、绿色、黑色这 11 种色光的染料为宜。

(二) 建立基础色样数据库

基础色样是计算机配色的基础标准，必须十分重视基础色样的制作。基础色样染制准确

与否，直接影响配色精度。工厂必须根据自身的实际生产品种、染色工艺，建立本厂专用的基础资料，以确保配色效果。对染料、助剂、基材、染色程序和空白织物，都要进行选择。

1. 染料单色基础数据的建立

(1) 为建立配色用染料基础数据，必须首先将使用的各类单色染料按不同浓度由浅至深分数档进行染色，染制出几套基础数据色样，其覆盖范围应略超过该单色染料的最大可能使用浓度，以提高基础数据库的准确性。

(2) 所用染色浓度的档次视各染料的情况而定，一般根据实际使用的浓度范围，选定若干浓度(6～12 个)。例如：浸染浓度可选 0.05%(o.w.f.)、0.1%(o.w.f.)、0.3%(o.w.f.)、0.6%(o.w.f.)、1%(o.w.f.)、1.3%(o.w.f.)、1.6%(o.w.f.)、2%(o.w.f.)、2.3%(o.w.f.)、2.6%(o.w.f.)、3%(o.w.f.)、4%(o.w.f.)，通常浓度范围为 0.01%(o.w.f.)～5%(o.w.f.)；轧染浓度可选 0 g/L(空白染样)、0.1 g/L、0.5 g/L、1 g/L、2 g/L、4 g/L、8 g/L、16 g/L、32 g/L。具体染料的使用浓度档次可根据实际生产情况适当调整。

(3) 每个单色浓度梯度样品应在不同的时间做两次，直到同一浓度的两块样品的色差检测合格为止。

(4) 基础色样的染色须在同一台小样机上制作，由专人负责，以减少人为操作的误差。基础色样的制作应在连续的一段时间内完成，可重复制样 2～3 次，以求结果正确。

2. 基材数据的建立

所用的纤维材质、组织结构，一般选择工厂经常使用的品种，并且是产量大、具有代表性的品种。如果因纤维品种不同、织物结构不同对染色效果的影响大，应建立不同的基础数据库。

3. 染色程序的建立

在单色样的准备过程中，应严格控制操作和染色工艺一致性，染色工艺和条件的控制应尽可能与大生产一致。多数助剂对染料的上染量有一定的影响，在制备基础数据库时，应按照化验室小样实际染色时添加助剂的品种、用量和方式进行操作，并尽量与大车生产相接近。

4. 单色样颜色的输入

将制好的各单色样在不同时间内，按照浓度梯度，用同一台分光光度计进行多点测色，求取平均值，使测得的基础数据具有良好的重现性。测出的对应反射值，由计算机储存，并换算成 K/S 值，据此建立基础色样数据库。同时，将所要染色的织物经过空白染色处理(不加染料，只用助剂，按同样的浴比，以相同的染色条件进行处理)后，由分光光度计测定其反射率值，输入计算机，再由计算机内的程序将其反射率值换算成 K/S 值。将做好的基础色样，在不同时间内，用同一台分光光度计测定多点反射率。

5. 检验基础色样的准确性

当完成每个色样最后一档浓度测定时，软件系统会自动绘出该色样的 K/S 值与浓度之间的关系，以及分光反射率与波长曲线图，以检查该基础色样的准确性；若曲线出现不规则现象或交点，应启用系统修正功能，对曲线加以修正。

通过曲线观察染料在不同浓度下染样的分光反射率曲线的排列，不同浓度的分光反射率曲线应呈现有规则的平行分布。若某曲线有部分不规则现象，如低浓度与高浓度的分光反射率曲线相互交错，则说明色样有问题，应重新制作该浓度的色样。

由于基础数据库由各种染料单独染色制得，仅体现单种染料的上染规律，不能反映出染料相互作用所产生的影响。在实际生产过程中,绝大多数颜色是由多种染料拼色生产的,若直接使用基础数据库进行配色,系统给出的配方准确率很低。因此,将工厂长期积累的大量实物样进行测色,并将实际配方存入计算机,由系统根据实际配色效果,结合基础数据库,建立修正系数,并利用软件提供的智能配色功能,建立充实的色库资料,从而提高系统配色的准确率。

三、计算机配色的方法

(一) 计算机配方的计算

客户来样可根据计算机自动配色或利用工厂实际配方库配色。计算机根据所选择的染料及其单色基础数据库进行配色,并按色差、价格自动排列,给出每个配方与标样的预报色差、同色异谱指数、价格等参数。具体步骤如下:

(1) 来样色的分光反射率值输入。来样色由分光光度计测定反射率值,输入计算机,再由计算机程序换算成 K/S 值。

(2) 计算机配方的允差范围的设定。色差值是指计算机配方染样色与来样色的色差允许范围数值,是决定计算机所用的配方是否符合要求的限定值。若符合要求,此配方能够打印;否则,继续修正配方,直至符合要求为止。

(3) 运用计算机中已经存在的资料,以及需要输入的资料,可以进行配方浓度的计算,包括来样、空白试样、染料单位浓度 K/S 值和所需染色配方。

(4) 预测色变指数及计算配方成本。计算机给出配方在某标准照明体下(D65)与来样是否等色,如更换另一照明体时是否仍等色,如不等色,其色差是多少等,可以预测色变现象大小(即色变指数大小)。这些都是专业人员想知道的,同时还可以参照输入的染料单价计算出所给出的每个配方的成本。

(二) 打印配方结果

可打印的结果包括标准名称、基质种类、染料编号、染料名称、不同配方组成、染料浓度、成本,以及不同照明条件下的色变(色差)指数等。

(三) 小样染色

计算机给出的配方有若干个,根据需要按照染料的成本、相容性、匀染性、各种牢度和条件等色的参考因素,选择一个理想的配方作为小样试染的处方,在化验室小样机内打小样,以确认能否达到与来样等色。

由于计算机配色是根据统一的数字模型进行计算的,因此难免有不适应实际情况和多变的现象出现,使得所预告的处方不能百分之百地一次正确,所以打小样是不能省去的。

(四) 配方修正

小样试染如果不符合要求,则需要调整处方再次染色,并再次测色,然后调用修正程序,在输入试染的染料及浓度后,计算机配色系统将立即输出修正后的浓度。一般只需要修正一两次,亦有无需修正的。

(五) 校正后的新配方染色

用修正后的配方染色,若色样与来样的色差在可接受的范围内,则此修正后的配方就是所需要的染色配方;反之,应重新修正,直到获得合乎要求的染色配方为止。

(六)其他情况的计算机配色

1. 含有荧光色样的计算机配色

若来样涉及荧光染料，所用的分光光度测色仪的光源需含有紫外光，而且需用后分光或前后分光的方式照射样品，否则会产生不正确的调色结果。

若来样或基础色样的反射率超出空白染色样的反射率，其超出的部分应修改至与空白染色样的反射率相同，然后再将此光学数据输入计算机，计算配方与实际染色配方的相差很微小。

2. 混纺织物的计算机配色

以涤/毛混纺织物为例，其中涤40%、毛60%。

(1) 制作100%聚酯纤维织物和100%羊毛织物的基础色样，分别由分光光度测色仪测定其反射率值，输入计算机，并建立各自对应的染色组。

(2) 将来样与所要染色的混纺纤维材质的反射率值输入计算机，并输入混纺比。

(3) 计算机依据基础色样染色组和所要染色的混纺织物的基材，以及标准样的颜色资料，分别计算出涤纶的染色配方与毛纤维的染色配方。

(4) 分别取染涤纶的配方与染毛纤维的配方，作为试染配方。

(5) 试染的织物：一块只剩余羊毛纤维的织物(涤纶被溶剂处理掉)，一块只剩涤纶(毛纤维被溶解掉)的织物。

(6) 如果得到的试染混纺织物的颜色不符合来样，比较只剩下羊毛纤维的织物与来样的颜色，若不符合，则由计算机进行计算修色。

(7) 如果修色后试染的混纺织物的颜色符合来样，则该修色配方就是所需要的此混纺织物的染色配方，经修色后的配方即为试染配方。

(8) 如果仍不符合，重复步骤(5)(6)(7)，直至得到染混纺织物的配方。

思考题

1. 计算机测配色在染色打样中的作用有哪些?
2. 什么是同色异谱? 什么是“跳灯现象”?
3. 什么是色差，如何评定?

参考文献

[1] 庞锡涛. 无机化学(下册). 北京:高等教育出版社,1987.
[2] 刘正超. 染化药剂(上、下册)[M]. 3版. 北京:纺织工业出版社,1989.
[3] 罗巨涛. 染整助剂及其应用. 北京:中国纺织出版社,2007.
[4] 商成杰. 新型染整助剂手册. 北京:中国纺织出版社,2002.
[5] 南京大学《无机及分析化学实验》编写组. 无机及分析化学实验. 3版. 北京:高等教育出版社,1998.
[6] 蔡苏英. 染整技术实验. 北京:中国纺织出版社,2005.
[7] 袁近. 染色打样项目化教学改革探索. 浙江纺织服装职业技术学院学报,2008(4):105.
[8] 袁观洛. 纺织商品学. 上海:东华大学出版社,2005.
[9] 王革辉. 服装材料学. 北京:中国纺织出版社,2006.
[10] 李青山. 纺织纤维鉴别手册. 北京:中国纺织出版社,1996.
[11] 蔡苏英. 染整实验. 北京:中国纺织出版社,2005.
[12] 瞿才新. 张荣华. 纺织材料基础. 北京:中国纺织出版社,2004.
[13] 余序芬. 纺织材料实验技术. 北京:中国纺织出版社,2004.
[14] 陈英. 新编染整工艺实验教程. 北京:中国纺织出版社,2004.
[15] 王建明. 染整实验. 北京:高等教育出版社. 2002.
[16] 沈志平. 染整技术(第二册). 北京:中国纺织出版社,2009.
[17] 董振礼. 测色及电子计算机配色. 北京:中国纺织出版社,1999.